초급장교를 위한

슬기로운 장교생활

배영민 저

문운당

추천의 글

장교는 군대의 기간(基幹)으로서 중요성은 더 강조할 필요가 없습니다. 군의 승패를 좌우하는 것은 군대를 지휘하는 장교의 자질에 의해 절대적으로 영향을 받는 것으로 우리가 장교의 선발, 훈육, 훈련, 임관에 관심을 가져야 하는 이유입니다.

전쟁사를 돌아보면 전투현장 첨단에서 초급장교의 역할이 얼마나 중요한가에 대한 것을 뼈저리게 확인할 수 있습니다. 하지만 이렇게 중요한 장교가 되기 위해 준비하는 학생들과 대화를 하다보면 군 생활에 대한 부분에 대해 너무 많은 부분을 잘못 알고 있는 모습을 보면서 안타까움을 느끼고 있습니다. 그동안 선배장교들이 제대로 된 역할을 못했구나 많이 반성하고 있습니다.

이러한 측면에서 본인은『초급장교를 위한 슬기로운 장교생활』이라는 책이 매우 시의적절하게 발간되었다고 생각합니다. 초급장교가 겪게 될 다양한 상황에 대한 설명과 군 생활 선배로서 군 장교가 되기 위해 꼭 명심해야 할 내용들을 요약해서 잘 설명된 내용이라고 할 수 있습니다.

본인이 저자에 대해 알게 된 것은 군사학과 학생들에게 열정적이고 헌신적으로 지도하는 모습을 보고 강한 인상을 받으면서 시작되었습니다. 저자는 군 생활을 통해 축적한 경험과 전문성을 바탕으로 초급장교가 인지해야 할 내용을 군 장교의 선배 입장에서 상세하게 제시해 준 것에 대해 매우 기쁘게 생각하며 저자의 요청을 받고 흔쾌히 추천의 글을 쓰게 되었습니다. 장교가 되기를 희망하는 학생이나 군사 분야에 관심이 있는 독자들에게 이 책을 통하여 초급장교 생활에 대한 이해와 공감의 폭을 넓히는데 도움이 되길 바라며, 일독을 권합니다.

2023년 11월

예) 육군대장 이홍기

머리말

"한 마리의 사자가 지휘하는 백 마리의 양떼는, 한 마리의 양이 지휘하는 백 마리의 사자 떼를 이긴다." 라는 말이 있듯이 지도자의 중요성은 더 강조할 필요가 없습니다. 장교는 리더의 역할을 해야 하는 중요한 직책으로 그 책임의 막중함을 설명할 수 없을 정도입니다.

소대장 시절, 소대원들이 어려운 상황에서 소대장인 저의 얼굴만 쳐다보는 그 강렬한 눈빛을 아직도 잊을 수가 없습니다. 장교로서 힘들고 어려운 상황에서 선택의 순간도 많이 있었고 결과에 대해 책임을 져야하는 상황도 많았습니다. 장교는 이러한 상황을 종합적으로 책임져야 하는 능력이 있어야 합니다. 그런 측면에서 장교가 되기 위해 지금 준비하는 인원들을 보면 열정적인 모습에 감동하기도 하고 한편으로는 제가 부끄럽기도 합니다. 장교가 되기 위해 준비하는 학생들을 보면서 군의 미래가 희망이 있다고 생각을 하고 있습니다. 하지만 안타까운 것은 적지 않은 학생들이 군에 대한 배경지식이 부족한 상태에서 피상적으로 확인되는 인터넷 정보, 지인 등을 통하여 불확실하고 와전된 부정적인 내용을 통하여 군에 대한 정확한 실체를 제대로 인식하지 못하는 경우가 있어 안타깝다고 생각하고 있었습니다.

이런 상황을 개선하고자 조금이라도 장교를 준비하는 학생들에게 도움이 될 수 있도록 지금까지 군사학과 학생들에게 적용했던 수업내용을 중심으로 장교가 되어서 겪게 될 다양한 상황과 장교생활을 하면서 인지하면 도움이 되고 필요한 내용이라 판단되는 내용을 중심으로 제시하였습니다. 학생들과 상담을 하다 보면 학생들이 공통적으로 궁금해 하는 상황이 많이 있다는 것을 확인하였고 학생들의 궁금증을 풀어줄 내용을 선별하여 내용에 반영하였습니다. 저의 군 생활을 돌아보면 부끄러웠던 경험도 있지만 개인적인 군 생활의 실패경험도 학생들에게 도움이 될 수 있다면 본 책자에 반영하여 반면교사로 삼을 수 있도록 노력하였습니다.

장교를 준비하는 인원들에게 조금이라도 도움이 되기를 마음으로 항상 응원하겠습니다. 장교를 준비하는 학생들과 야전에서 생활하고 있는 초급장교들의 건승을 기원합니다.

2023년 11월

저자 배영민

차 례

CHAPTER 01

Ⅰ. 알아두면 유용한 군 생활 Tip

스스로에게 먼저 질문해야 할 직업의 조건

1. 전문직으로 미래를 위한 투자 가치가 있는가?
2. 복지 혜택 및 안정적인 생활이 보장되는가?
3. 정년까지 근무할 환경이 마련되어 있는가?
4. 삶의 질을 높일 워라밸이 가능한 직업인가?

학 / 습 / 목 / 차

1. 나는 위국헌신 군인본분 마음가짐이 있는가 ?

■ 국가를 위해 헌신하겠다는 마음가짐 : 爲國獻身 軍人本分

- 내가 왜 군인이라는 직업을 선택했는지 스스로에게 물어봐야 함
- 만약, 안정적이라는 측면만 고려했다면 다시 한번 고민할 필요 있음
  : 확고한 가치관 없다면 군 생활의 많은 난관에서 내적 갈등으로 더 힘들어짐
- 다른 일반적인 직업에서는 요구되지 않지만 '군인' 이라는 직업은 국가 위기 상황에서 "내 생명 조국을 위해" 라는 마음가짐 반드시 필요

■ 장교는 군대의 기간 (基幹)이다.

※ 기간 (基幹) : 어떤 분야나 부문에서 으뜸이 되거나 중심이 되는 부분

- 장교가 무너지면 군대가 무너진다는 마음가짐 필요
  : 당신은 군에서 이러한 막중한 역할을 담당할 준비가 되어 있는가 ?
- 군대가 제대로 된 역할이 부족하여 나라를 빼앗겼던 아픈 역사 기억 필요
  : 나라가 힘이 없어 내 가족이 적국에 끌려 간다면... (실제로 있었던 우리 역사)

■ 지금 대한민국은 군 선배들의 피와 땀으로 지켜온 결과

- 1871년, 광성보 전투시 패배가 명확한 상태에서도 끝까지 진지를 지켰던 조선군

> **▲ 광성보 전투후 미군 보고서 내용**
>
> "적군은 참패의 와중에서 물러서지 않고 결사 항전 중이다. 패배가 뻔히 보이는 상황에서 단 한 명의 탈영병도 없다. 아군이 압도적인 전력으로 몰아 붙임에도 불구하고 적군은 장군의 깃발 수자기(帥字旗) 아래, 일어서고 또 일어선다. 창과 칼이 부러진 자는 돌을 던지거나 흙을 뿌려 저항한다. 이토록 처참하고 무섭도록 구슬픈 전투는 처음이다."

- 나라 잃은 설움에 타국에서 온갖 설움과 고통 속에서 오직 대한 독립의 꿈으로 제대로 된 전투장비 없이 전투를 치렀던 호가장 전투의 영웅 손일봉 분대장
- 6.25 전쟁시 "죽을 수는 있어도 패할 수는 없다" 며 피의 748고지를 목숨으로 탈환한 백골부대의 영웅, 김왕호 소령

▲ 육군 목표 : 국가방위의 중심군

1. **전쟁 억제에 기여한다.**
   군 존재 목적은 궁극적으로 전쟁에서 승리하여 국가를 보전하는 일이지만, 싸우지 않고 이기는 것이 최선. 이를 위해 육군은 평소 철저한 군사대비 태세를 확립하여 전쟁이 발발하지 않도록 억제하는데 기여

2. **지상전에서 승리한다.**
   전쟁억제에 실패하여 전쟁 발발했을 때 육군은 부여받은 임무에 따라 최소 희생으로 단기간에 지상전에서 승리하여 전쟁종결에 기여

3. **국민 편익을 지원한다.**
   육군은 국가시책 구현에 앞장서고 국민 안전과 편익을 적극 지원하며 장병들에 대한 민주시민 교육을 담당하는 국민의 군대

4. **정예강군을 육성한다.**
   미래 예상되는 다양한 안보위협과 첨단정보·과학전 양상에 대비하여 유비무환 정신으로 끊임없는 정예·선진화를 추진하여 상시 최강의 유·무형 전투력 유지

▲ 육군 비전 2030 : 한계를 넘어서는 초일류 육군

1. **미래 다영역 작전을 주도하는 첨단과학 기술군**
   미래형 첨단 플랫폼을 갖추고 실시간 초연결·지능화된 조직으로 변모하여 다영역 전장을 지배하는 디지털 육군

2. **핵심가치로 하나된 가치기반의 전사공동체**
   보편적 · 헌법적 가치에 기반한 자기동기화를 바탕으로 높은 복무의지를 갖고 상호 다양성과 전문성을 장려하면서도 강력한 연대의식을 지닌 하나의 육군

3. **창의적 지력과 리더십을 갖춘 미래지향적 인재의 보고**
   서로에게 영감을 주고, 변혁의 지속성을 이끌어가며, 첨단분야에서 민군 호환성을 갖춘 국가적 인재들이 넘쳐나는 육군

4. **복지·문화의 혁신으로 매력 넘치는 육군**
   모든 구성원이 자부심 갖도록 복장, 생활 및 휴식공간을 멋지게, 가슴뛰게 만들어 높은 삶의 질을 제공하며 인원·생명이 존중받는 안전한 육군

▲ 육군의 3대 역할 : 보장자(Assurer), 구축자(Builder), 연결자(Connector)

1. **보장자 :** 전략적 억제, 작전적 신속대응, 결정방위 / 안전보장
2. **구축자 :** 남북 신뢰형성 및 평화구축 지원, 국민 안전지원, 국제평화 및 군사외교
3. **연결자 :** 의무복무 가치 제고, 사회경쟁력 겸비한 간부육성, 경제 발전 기여

2. 나는 군인으로서 어떤 준비가 되어 있는가 ?

■ 준비된 사람만이 내가 원하는 기회를 성취할 수 있다.

- 누구나 조직에서 인정 받고 즐겁게 생활하고 싶다. 하지만 인정 받으려면..
  내 경쟁력은 무엇인가 ? 나는 어떤 준비를 하고 있는가 ? 스스로 질문 필요
- 매년 4,500 명의 소위가 임관, 조직사회에서 경쟁은 불가피한 현상
  : 경쟁 없는 사회는 이상적이지만 현실에서는 존재하지 않음
- 내가 어떤 회사의 사장이라면 어떤 직원을 선발하여 상위 직급으로 진급 시킬 것인가 ?
  입장을 바꿔 생각하면 내가 무엇을 준비할 것인가 정리 가능
  * 인정받는 요소 : 체력, 전술지식, 대인관계, 업무능력, 주특기 자격증, 잠재역량 등

■ 시간이 부족한 것이 아니라 의지가 부족한 것

- 시간은 누구에게 똑같이 주어진 기회. 시간 없어서 준비하지 못했다는 내용은 변명일 뿐
  : 시간 관리능력은 장교에게 필요한 핵심적 요소이며 기본적인 능력임
- 하고자 하는 강력한 의지가 있어야 함 : 노력 없이 결과를 기대하는 것은 도둑놈 심보

▲ 의지가 강한 사람의 특징

1. 유혹이 될 만한 장소에 자신을 두지 않는다.
2. 조급해하지 않으며 자신이 하는 일에 의미를 부여한다.
3. 본인에게 적절한 보상을 준다.
4. 여러 일을 기웃거리지 않는다. 한 번에 하나씩만 한다.
5. 최대한 하려는 일은 '적금' 처럼 생각해서 앞서 진행한다.
6. 한번 달성하지 못했다고 망연자실하지 않고 다시 시작한다.

■ 군에서 초급 장교에게 요구되는 기본 능력은 명확 : 강인한 체력

- 초급 장교에게 요구되는 것은 첫째도, 둘째도 강인한 체력 : 가장 기본능력
- 체력이 떨어지는 소대장을 보면서 소대원들은 무슨 생각을 할 것 인가 ?
- 전술적 능력은 장교에게 중요한 요소이지만 처음부터 초급 장교에게 기대하지는 않음
- 건강한 몸에 건강한 정신 : 스스로 자신 있는 몸을 만들어 보자
  : 자신감 있는 몸과 체력은 자신감 있는 행동으로 달라지며 정신 건강과 직결됨

3. 규정과 방침을 숙달하자.

■ **군에서 실행되는 거의 모든 업무는 규정 / 지침으로 문서화 되어 있음**

- 군에서 정리된 내용을 찾아보면 세부적으로 자세하게 문서화된 내용 확인 가능
  : 규정, 지침, 지시, 명령, 교범, 체크 리스트, 가이드 라인, 회의록, 결과보고서 등
- 내용을 아는 사람과 모르는 사람의 군 생활의 차이는 크게 달라질 수밖에 없음
  : 규정 아는 사람은 자신감 있게, 근거있게 업무를 진행하여 인정받을 수 있음
  * 얼차려 규정을 알고 있는 소대장이 야전에서 몇 명이나 있을까 ?

■ **관심 가지면 규정 / 방침이 보이고, 숙달되면 전문가 될 수 있음**

- 업무를 하면서 주변에 물어보고 규정을 찾아보자 : 처음에 모르는 것은 죄가 아님
  : 하지만 모르는데 아는 척하는 것은 결국 부끄러운 상황에 직면하게 되는 경우 많음
- 어떤 업무에 대해 전문가로 인식되면 반드시 주변에서 그 사람을 찾고 인정해줌
- 처음부터 잘하는 사람이 어디 있는가 ? 배우면서 내 실력을 쌓아가는 것임
  : 관심이 있는 만큼 보이고, 아는 만큼 나에게 의미가 있는 것임
- 군 특성상 새로운 것, 특이한 것 보다는 과거의 사례를 반복하는 경향 있음
  : 찾아보면 비슷하고 유사한 사례는 얼마든지 있음, 생각보다 어렵지 않음

▲ **지즉위진간 (知卽爲眞看)**
- 내가 참으로 알 때 비로소 보인다. 세상은 아는 만큼 보이고 말하게 된다.
- 알면 보이고 모르면 안 보이는 것이다.

▲ **온고지신 (溫故知新)**
- 옛 것을 본받아 새로운 것을 창조할 수 있다.
- 과거 전통과 역사가 바탕이 된 후에 새로운 지식이 습득 가능하다.

■ **맨 땅에 헤딩할 필요 있는가 ? 엄청나게 많은 기존 자료를 활용하자**

- 업무를 하면서 처음부터 새로운 생각을 적용하는 것은 위험할 수 있음
- 사람들 생각은 비슷한 경향 있어 기존 선배들이 고민한 내용을 활용할 필요 있음
  : 기존 자료만 잘 활용해도 효율적이며 능력있다고 주변에서 인정받음
- 규정 및 방침은 나를 방해하는 것이 아닌 보호하는 유용한 수단이 될 수 있음

4. 병사가 아프다고 하면 아픈 것이다.

■ 병사의 꾀병은 그 자체로 병으로 인정해야 할 경우도 많음

- 선천적, 입대 前, 입대후 등 다양한 이유로 병사들이 아픈 경우가 많이 생김
  : 친동생이라는 마음으로 접근하여 병력관리를 할 필요가 있음
- 내 병력의 보통 30% 수준은 항상 환자라는 인식으로 부하를 관리해야 함
- 누가 보더라도 꾀병이지만 아프다고 하면 최소한의 조치 (외진 등)는 해주어야 함
  : 내가 의학적 지식이 부족한 상황에서 병사에 대한 의학적 판단은 매우 위험

■ 정성을 다해 다가서면 부하의 상태가 이해되는 부분도 있음

- 사람의 진심을 통하는 경우가 많으며 세심하게 확인하면 부하의 상태가 보임
  : 진짜 아픈 곳이 있는데 부대 분위기 때문에 말 못하고 혼자 고민하는 경우도 많음
- 아플 때 부하를 챙겨준다면 그 고마움을 잊지 못하고 진정한 내 사람이 됨
  : 한 명, 한 명 정성을 다해 내 사람으로 만든다는 생각을 꾸준히 적용 필요
- 의학적 판단은 군의관에게 무조건 맡기고 내가 판단할 필요 없음
  : 필요시 군의관 의견서 확보하여 병사 생활에 그대로 조치 필요
    * 군의관 의견이 2주간 휴식이 필요하다고 하면 그대로 2주간 휴식 조치

▲ 전방에 위치한 군 병원

- 강릉병원, 춘천병원, 홍천병원, 고양병원, 양주병원, 포천병원

▲ 후방에 위치한 군 병원

- 서울병원, 수도통합병원, 대전병원, 함평병원, 구리병원, 계룡대지구병원, 육군훈련소지구병원, 해군포항병원, 해군해양의료원, 공군항공우주의료원

■ 병사가 외진을 희망한다면 횟수에 상관없이 무조건 병원 외진 보장

- 아프다고 병원 진료 희망했는데 조치를 안했다면 관리자로서 문제점이 발생할 수 있음
  : 각 증상별 최소한 1회 이상 병원진료 기회 보장
- 너무 자주 외진을 희망하여 생활에 지장 있는 경우, 중대장에게 보고하여 특별관리 필요
  : 혼자 고민할 필요 없음, 경험 많은 간부에 의해 관리되는 것이 효율적임

5. 모두가 Yes 할 때, 나는 No 라고 할 수 있나 ?

■ 초급 장교가 나만 혼자 다르게 표현하는 것은 현실적으로 어려움

- 기존에 적용되었던 군 문화에 대해 나 혼자 바꾸는 것은 현실적으로 불가능
  : 반대로, 군 문화가 왜 그렇게 적용되었는지 이유를 이해하려는 노력도 필요
- 시간이 지나면서 이해되는 군 문화도 있음 : 처음에는 관찰 / 적응 자세 중요
- 처음 야전부대 부임후 최소 3개월은 기존 방식 / 문화를 존중하는 자세 필요
  : 기존 전임자가 사고로 인해 갑자기 교체된 것이 아니라면 기존 방식 의미 있음

■ 나를 제외한 다른 사람들도 바보는 아니라는 상대에 대한 존중 필요

- 내 생각, 가치관, 지식이 맞는 경우도 있지만 초급장교라면 틀릴 가능성이 높은 것도 사실
  : 내가 몰라서 잘못 생각하고 판단하는 경우도 많음
- 충분히 관련 업무를 경험하고 전문지식이 있고 부대 이익에 도움이 된다고 하더라도 초급장교 시절에는 자신의 의견 표현에 대해 신중하게 하는 것을 권장
- 초급 장교의 강직한 기개도 좋지만, 처음부터 무리하게 위험부담을 감수할 필요 없음
  : 부대 전입 오자마자 '똘아이' 라는 인식을 심어줄 수 있는 가능성도 있음

▲ 도저히 내 기준으로 받아들 수 없는 상급자 의견에 대해
초급장교로서 나의 생각을 적절하게 표현하는 방법 (권장)

1. 공개된 자리에서 상급자 의견에 반대하는 표현은 자살행위
2. 최소 1인 이상의 주변 사람들에게 내 생각을 확인 / 검증하고 진행
3. 일정 시간이 지나고 상급자와 개인적 만남을 통한 자신의 의견 전달하기
   : 내 생각의 이유, 장/단점 분석, 제한사항 등 논리적 자료 사전 준비
4. 상급자와 얘기해야 한다면 결론부터 핵심 위주로 설명하는 것이 효율적

■ 무엇보다 내 생각, 가치관을 정리하고 나의 확고한 기준 설정 필요

- 나만 잘났다는 생각보다 상대 이해하는 입장 추천
  : 하지만 건전한 비판의식은 항상 견지해야 함
- 내 생각을 공감하는 인원이 많을수록 잘못된 문화를 바꿀 수 있는 가능성은 커짐
  : 군대는 여론 및 분위기에 매우 큰 영향을 받음

6. 시간은 절대 준수라는 개념 인식 필요

■ 군에서 시간은 금보다 더 중요한 가치

- 군의 모든 활동은 시간 / 분 개념에서 분 개념으로 많이 적용됨
  : 실제 적용은 10시라는 개념보다 10:00분으로 세부적 '분' 단위 개념 적용
- 약속된 시간이 늦었다는 것은 군의 작전이 실패했다는 의미임
  : 공격작전 개시시간을 맞추지 못한 상태에서는 공격작전이 성공할 수 없음
- 민간 사회처럼 사정이 있어 2~3분 늦었다고 인정 해주지 않음 (신뢰의 기본)
  : 많은 구성원이 정해진 시간에 따라 움직이기 때문에 시간 가치는 매우 중요

■ 목적지 도착시간 대비 역으로 이동계획을 세워 여유 / 안전하게 적용

- 정해진 시간에서 시간의 역순으로 반대로 계산하여 필요한 시간 산출
  : 현재 08:00분이고 목표 도착시간 10:00분이라면 역순으로 계산하여 이동하는 시간 40분과 우발상황 대비 20분을 고려한다면 최소 09:00분 출발 필요
- 이동하는 시간 고려시 가장 나에게 불리한 상황을 가정하여 반영 필요
  : 예기치 못한 우발상황이 언제든지 발생할 수 있다는 가정
- 어떤 장소에 도착한다면 최소한 30분 전에는 도착한다는 마음가짐 적용
  : 대부분의 장교들은 조금 일찍 도착하여 행사 준비 등 예비시간 확보

▲ 시간에 관한 명언

- 변명 중에서 가장 어리석고 못난 변명은 시간이 없어서이다. (에디슨)
- 승자는 시간을 관리하며 살고 패자는 시간에 끌려 산다. (하비스)
- 시간 엄수는 비즈니스의 영혼이다. (할리버튼)
- 시간을 관리하지 못하면 다른 사람이 내 삶을 결정하게 된다.(버핏)
- 당신은 지체할 수 있지만 시간은 그러하지 않을 것이다. (벤자민)

■ 불가피성을 인정하지 않지만 정말 안된다면 사전에 반드시 연락

- 군에서 시간을 지키지 못한 것에 대한 불가피성을 인정하는 사례는 매우 제한적임
  : 교통사고, 체증, 장비 고장 등은 핑계로 인식
- 신뢰성 측면에서 시간 준수는 그 사람의 기본적인 성실도와 관심도로 인식
  : 가장 기본적인 시간도 못 지키는 사람이 다른 것은 잘 하겠나 ? 안 봐도 판단 가능
  * 시간 미준수는 군 생활에 대한 의지 부족으로 인식

7. 지휘관을 하나님 같이 생각하라 ?

■ **지금까지 내가 만난 사람은 다 만족스러운 사람들이었는가 ?**

- 나의 지휘관이 내가 보기에 부족하고 능력이 미흡한 사람일 수도 있음
  : 지휘관도 실수할 수 있고 이상한 사람일 가능성도 충분히 있음
- 내가 경험한 사람들은 다 훌륭하고 좋은 사람만 있는가 ? 다양할 수 밖에 없음
  : 내 기준에서 미흡한 사람은 있을 수 있음, 조직이 클수록 다양성 더욱 증가
- 어쩔 수 없이 특이한 사람, 이상한 사람 등 다양한 인원을 만나게 되는 것이 군 조직임
  : 다양한 경험을 통해서 나의 인간관계 능력이 한단계 더 발전할 수 있음

■ **내 뜻과 다르다고 지휘관에게 반항하는 인원은..**

- 지휘관이 내 생각과 동일한 방향으로 결정할 수도 있고 다른 방향으로 결정할 수도 있음
  : 나하고 생각이 다르다고 반항할 것인가 ?
- 반항하는 마음은 은연중 내 행동 / 말투로 지휘관이 내 마음을 알게 되는 경우 많음
- 현실은 내 마음에 안 드는 지휘관이 나에 대한 인사평정의 절대 권한을 가짐
  : 결국, 부대 성패는 지휘관이 책임지는 것, 지휘관의 판단에 따라 모든 것을 할 수 있음
  * 아무리 능력 없는 지휘관이라도 그에게 반항하여 군 생활 성공한 사람은 없음

▲ **내가 지휘관이라면 어떤 부하의 모습을 원하는가? (실제 지휘관 마음)**

1. 나는 지휘관으로서 내 지시에 대해 부하의 건전한 비판을 받아들인다고 말하지만 실제로 부하로부터 싫은 소리를 들었을 때 좋아하는 사람은 별로 없음
2. 내가 지시한 것에 대해 최선을 다해서 열심히 하는 사람을 인정
3. 능동적으로 스스로 먼저 움직이고 미리 준비하여 보고하는 부하를 좋아함
4. 내 조언을 듣기 원하고 찾아오는 부하에게 마음이 더 갈 수 밖에 없음

■ **부대 운영에 대한 정당한 모든 권한은 100% 지휘관에게 있음**

- 내 생각과 다르다고 하더라도 일단, 지휘관의 경험과 판단을 존중할 필요 있음
  : 불법적, 부당한 지시가 아니라면 따라야 하는 것이 초급장교의 자세
- 지휘관의 의지는 생각보다 무서움 (지휘관의 눈 밖에 나는 행동은 괘씸죄 적용 ?)
  : 현실적으로 지휘관과 다른 생각은 실제 생활에서 많이 피곤해질 수 밖에 없음
- 지휘관을 꼭 존경하라는 것이 아니라 상황에 따라 존경하는 척을 보여줄 필요도 있음

8. 경제적인 마인드를 갖는 것 ! 중요

■ 초급장교의 월급은 많다고 할 수 없지만 그렇다고 적지도 않음

- 군인 월급으로 부자가 될 수 있는 수준은 아니지만 그렇다고 부족한 수준도 아님
  : 초급장교 1년차 연봉 2,800만 vs 민간기업 대졸인원 1년차 평균 연봉 3,100만
- 민간기업에 비하여 부족하기는 하지만 생활여건 수준 고려시 부족하지 않음
  : 주택비, 교통비, 식비, 피복비, PX 물품구입비 등 상대적으로 저렴한 생활비 가능
- 개인 생활방식에 따라 전역시 저축금액 수준 천차만별임
  : 2년 단기 복무후 전역인원 A 4,000만원 저축, 전역인원 B 마이너스 수준
    * 전역인원 A : 매달 150 만원 이상 군인 적금, 알뜰폰 사용, 신용카드 없음 등

■ 군인에게 돈은 최선의 가치는 아니지만 차선의 가치 수준은 인식 필요

- 위국헌신 군인본분 자세도 중요하지만 생계유지 측면에서 월급 가치도 중요함
- 내 능력개발을 위한 투자 비용은 지속적이며 집중적으로 적용할 필요 있음
- 초급장교 시절부터 자산관리에 대한 기본적 개념을 공부하고 실천해야 함
  : 적금 / 예금, 주식, 부동산 등에 대한 기본적인 경제지식도 알아야 함

▲ 내가 경제 관념이 있는지 확인하는 방법

1. 나는 예금과 적금의 차이를 설명할 수 있다.
2. 환율과 이자율 변화가 나에게 어떠한 영향을 미치는지 설명할 수 있다.
3. 나는 다음의 중요 경제용어에 대해 기본개념을 대략적으로 설명 할 수 있다.
   : 복리, 기준금리, 가산금리, 연금, 성장률, 연말정산, 청약, 주식, 인플레이션, 고용률, 갭투자, 공모주, 실물경제, 국채, 낙수효과, 부채비율, 예대율, 통화스왑 등

■ 부대 위해 개인 돈 사용한다는 개념은 지양, 하지만 개인의 선택 문제

- 과거에는 부대를 위해 개인 돈을 사용하는 것을 암묵적으로 권장되었으나 지금 분위기는 아님
  * 소대원과 인간관계 측면에서 소대장 개인 돈 사용은 소대원들이 알아주는 경우 많음
- 규정 및 시스템에 의해 정당하게 지급되는 군 예산시스템을 정확하게 인지하는 것 중요
  * 알아야 사용할 수 있음. 누구도 챙겨주지 않음

9. 일과 이후에 건전한 취미생활 / 자기발전 집중

■ 일과 이후의 시간은 누구의 간섭도 없는 오직 나만의 시간임

- 경우에 따라 야근을 하는 경우도 있으나 최근 분위기는 야근을 지양하는 분위기
  : 초급장교 야근 평균 횟수 : 주 1.2회 (O사단 초급장교 야근실태 확인결과)
- 일부 초급장교는 일과 후 게임, 인터넷, 술 등에 중독되어 시간을 허비하고 있음
  : 스트레스 해소를 위해 게임도 방법이 될 수 있으나 중독 수준은 매우 위험
- 일부러 보여주기식 야근을 하는 것보다는 내실 있는 자기발전 집중 필요
  : 상황에 따라 주변에 사람에게 열심히 한다는 모습을 일부러 보여주기도 하고 시간외 수당을 받기 위해 야근을 하는 경우도 있으나 의미없는 불필요한 야근은 지양할 필요 있음

■ 전 육군 차원의 내 경쟁자는 지금도 자기발전을 위해 노력하고 있음

- 경쟁사회에서 다른 사람보다 앞서가기 위해 개인 발전에 노력하는 것은 필수적인 과정
  : 노력 없이 얻어지는 것은 없음 (행운은 준비한 사람에게만 찾아옴)
  * 자기발전 위한 투자비용은 아까워 하지 말자. 투자없이 이루어지는 것도 없음
- 나의 발전을 위해 내가 우선적으로 갖추어야 할 능력에 대한 고민 필요
  : 교범 탐독, 규정 숙지, 전술능력 / 지식 함양, 체력단련, 영어공부, 자격증 등
- 주변에 목표가 될 수 있는 모범적인 간부를 벤치마킹하는 자세 필요
  : 부대 안에서 존경할 만한 인원을 찾아서 배울만한 부분을 찾아야 함

▲ 직장인 취미활동 TOP 6

1. 영화, 공연, 스포츠 관람 : 37.8%
2. 스포츠 피트니스 (헬스, 요가, 등산) : 28.3%
3. 여행 : 19.1%
4. 독서, 만화책보기 : 19.0%
5. 음악 (감상, 보컬, 악기): 15.9%
6. 게임 : 13%

* 취미활동 이유 : 일상 즐거움과 행복, 스트레스 해소, 나만의 시간, 대인관계 확장 등

■ 부대의 요구사항과 나의 발전 방향을 일치시키면 가장 바람직

- 군에서 요구능력이 무엇인지 고민하고 내가 준비할 수 있는 것에 대해 집중 노력
  : 전술능력 함양, 병기본과제, 체력단련, 영어능력, 한국사자격증, 컴퓨터활용 등
- 병과 요구 / 업무 자격증은 우선적으로 획득 필요
  예) 탄약 직능 - 지게차, 급양 직능 - 한식조리사, 수송 직능 - 대형운전면허 등

10. 통신대기는 피할 수 없는 군인의 숙명

■ **군인은 항상 연락 가능한 상태 유지되어야 함 : 군인의 숙명**

* 연락 안 되는 부하에게 어떻게 명령할 것인가 ? 연락 안 되는 부하는 부하가 아님

- 상황에 따라 비상소집이 되는 등 평상시부터 군인의 통신대기 필수
  : 훈련, 비상, 재난상황, 사고 등 다양한 경우에 소집하는 경우 있음
- 연락이 안되는 간부는 부대에 대한 관심이 없는 것으로 인식되는 경향 있음
- 부대별 간부 비상연락망 체계 유지, 나도 중간 연락자 : 중간에서 끊기면 전체 연락망 마비
  : 훈련 상황에서 제일 먼저 진행하는 것이 영외거주자 소집훈련임

■ **연락이 안 되는 장교는 해당 부대의 구성원으로 인식되지 않음**

- 연락이 안 될 경우, 2차적 예비 수단까지 연결되어야 한다는 마음가짐 필요
  : 페이스북, 카톡, SNS, 지인 / 가족 연락처 등 다양한 연락체계 유지
- 내가 지휘관 입장에서 내 부하가 정말 필요한 상황에서 연락이 안된다면 ?
  * 정말 불가피한 상황이라고 이해 or 나한테 / 부대에 관심이 없다고 생각
  : 지휘관의 연락을 못 받은 경우, 확인 즉시 반드시 전화 (늦었다면 최소한 문자)
- 잠을 자다가도 연락을 받을 수 있다는 생각을 가지고 준비할 필요가 있음
  : 비상소집, 전화방문, 비상연락망 확인 등은 대부분 23시 이전에 실시

▲ **상급, 타부대에서 온 전화받기 : 초임장교가 전입후 많이 어려워하는 업무**

1. 처음 하는 일에 대해 두려움을 갖는 것은 당연한 감정 (침착, 여유 필요)
   : 부대 현황이나 업무에 대해 모르기 때문, 조기 업무파악 노력 중요
2. 정해진 절차대로 응대하면 아무런 문제가 없음 (어렵지 않음)
   "통신보안, O소대장 소위 백두산입니다. 무엇을 도와드릴까요?"
3. 본인이 처리할 수 있는 업무인 경우 진행하면 되고 처리할 수 없는 경우라면 해당 업무의 담당자를 찾아서 연결 (필요시 메모작성 전달)

■ **휴가, 외출 / 박 중에도 부대에서 연락이 올 수 있다는 마음가짐 필요**

- 특별 경우가 아니라면 휴가 中 인원에게 연락을 지양하는 분위기
  : 하지만, 부대에서 연락 왔다면 얼마나 급하면 했을까 하는 넓은 마음으로 이해 필요
- 내가 먼저 언제, 어디서든지 부대와 연락된다는 자세 필요
- 통신 축선 대기 : 통신 가능하며 빠른 시간내 부대에 복귀할 수 있는 위치에 대기

11. 군대 용어 / 약어에 익숙해져야 함

■ **어느 조직이나 업무 때문에 사용되는 전문용어는 필수적임**

- 군 업무의 특수성으로 인해 업무별 군에서만 사용되는 전문용어가 방대함
  예) BL (Basic Load) 탄약은 기본 휴대량이라는 의미로 부대에서 너무 자주 사용됨
- 최근에 그들만의 전문용어 / 약어를 풀어서 일반적 이해할 수 있는 용어로 사용하려 노력하고 있으나 여전히 그 업무 영역에서만 사용되는 용어 많음
- 문제는 내가 그들만의 영역에 포함되는 경우, 나만 모르는 바보가 될 것 인가 ?
  : 내가 반드시 해야 하는 업무라면 무슨 수를 써서라도 숙달되고 알아야 함

■ **필요한 군대 용어 / 약어는 자주 사용하면 자연스럽게 알게 됨**

- 업무 파악 단계에서 기존자료를 검토하면서 내가 이해가 안 되는 약어나 용어를 별도로 정리해서 찾아보고 자주 접하게 되는 기회를 확대하고 공부해야 함
  : 다른 사람과 대화 중에 이해가 안되는 용어가 있다면 그냥 넘어가면 안됨
  * 기회가 있을 때마다 찾아보고 내 것으로 만들어야 함
  (모르지만 그 순간만 아는 척하고 넘어가는 경우, 지속적으로 힘들어짐)
- 영어로 된 약어는 전체 단어를 확인하여 의미를 이해하는 것 필요
  : 기억 오래 남고 실용적, 가끔 선배장교들이 전체의미를 확인하는 경우 많음

■ **업무의 기본 용어 / 약어를 모르는 인원과 당연히 얘기하고 싶지 않음**

- 업무에 꼭 필요한 기본 용어도 모른다면 관심이 없는 것으로 인식됨
  예) 일상적으로 자주 사용하는 SNS 라는 단어를 상대방에게 매번 설명해야 한다면..
- 평상시, 작은 것 하나 놓치지 않으려는 내 노력이 축적되어 상대에게 인정받는 것
  : 업무에 대해 내가 지시, 감독, 대화, 회의 등을 해야 한다면 기본용어 숙지는 필수
- 처음 모를 경우, 상대방에게 물어볼 수 있지만 반복된다면 상대방의 신뢰를 얻을 수 없음
  * 지난번에도 물어보더니, 관심이 없는 건가 ? 아니면 나를 무시하는 건가 ?
- 최근 각 병과별로 초급장교가 알아야 할 필수 용어집이 발간되어 활용하면 매우 편리
- 시간이 지나면 충분히 극복하고 적응 가능하나, 조기 적응을 위해 시간 단축 노력 필요
- 군대 은어는 알고 있어도 사용해서는 안 됨

알아두면 좋은 군대용어

- 관등성명 : 계급과 이름을 함께 복창하는 것
- 통신보안 : 군대에서 전화받을 때 하는 말
- 군번줄 : 군인이면 누구나 가지고 있는 금속제 주기표
- 암구호 : 야간수하를 위해 확인하는 암호
- 영창 : 군법을 위반했을 때 가는 곳, 기간만큼 군 복무기간이 늘어남
- 각 : 군인의 절도있는 모습을 보여주는 행동이나 물품의 모습
- 점호 : 기상후와 취침전 이상유무를 파악하여 확인하는 일
- 사수 : 한 조의 선임자나 이것저것 가르쳐 주는 선임병
- 내무반 : 군인들이 자고 생활하는 곳, 생활관
- 관물대 : 군대 생활관에 있는 개인사물함
- 위장크림 : 적에게 들키지 않기 위해 얼굴이나 팔에 바르는 크림
- 신교대 : 신병교육대의 약자
- 오버로크 : 군복에 계급따위를 재봉틀로 붙이는 행위
- 불침번 : 야간 생활관의 병력확인 및 환자확인을 위해 근무서는 병사
- 초번초, 말번초 : 야간근무시 처음서는 근무자와 마지막 근무자
- 고문관 : 다른 병사에게 피해를 주는 병사
- 영점조정 : 사격할 때 가늠자와 가늠쇠를 일직선으로 일치 맞추는 것
- 판초우의 : 군인들이 입는 우의
- 주기하다 : 보급품에 소속, 계급, 이름을 표시하는 것
- 외진 : 부대 의무대에서 한계가 있어 상급병원으로 진료받으러 가는 것
- 얼차려 : 군의 기율을 바로잡기 위해 비폭력적 방법으로 교육하는 것
- 도수체조 : 군대에서 하는 국민체조
- 마음의 편지 : 간부에게 자신의 문제점/애로사항을 제출하는 의견수렴
- 총기수입 : 총기손질
- 각개전투 : 병 개개인의 생명을 보호하기 위해 총검술 등의 전투
- 고무링 : 군복의 하의 밑단을 전투화 위로 올리는 도구
- 모포 / 포단 : 군인들이 사용하는 이불
- 배식 : 식사시간에 반찬이나 밥을 나누어 주는 것
- 신병대기 : 자대배치후 일정기간 동안 적응할 수 있도록 지정한 기간
- 야삽 : 야전삽의 줄임말, 땅을 파거나 텐트를 칠 때 사용
- 지통실 : 지휘통제실의 줄임말
- 진지공사 : 매년 봄, 가을에 진지를 보수 및 설치하는 공사
- 야상 : 야전상의의 약자, 전투복 위에 입는 일종의 외투
- 엑스반도 : 멜빵형식으로 휴대물품을 넣거나 보관할 수 있는 장치
- 활동화 : 운동이나 개인시간에 사용하는 운동화
- 수하 : 적과 아군을 식별하기 위해 질문, 답변이 오가는 행위
- 탄입대 : 총을 쏘기 전 총알을 넣는 장비
- 위문열차 : 군인의 사기진작을 위한 공연

초급장교가 알아두면 좋은 기본 군대약어(영어)

- AFV : 전투장갑차량
- ASP : 탄약보급소
- ATT : 육군훈련 시험
- BDA : 전투피해평가
- BMNT : 해상박명초
- BTCS : 대대전술컴퓨터시스템
- CAL : 구경(탄약)
- CCIR : 지휘관우선정보요구
- CFC : 한미연합사
- CPMX : 지휘소기동연습
- CSS : 전투근무지원
- DMZ : 비무장지대
- EA : 전자공격
- EP : 전자보호
- FEBA : 전투지역전단
- FMS : 해외군사판매
- FTX : 야외훈련연습
- GP : 감시초소 / 추진초소
- HE : 고폭탄
- ILL : 조명탄
- JSA : 공동경비구역
- LO : 연락장교
- MDL : 군사분계선
- MOS : 군사주특기
- NBC : 핵,생물,화생방
- OBC : 초등군사반
- PLL : 규정휴대량 목록
- PT : 체력단련
- RF : 화력증원/강화
- RSR : 소요보급률
- SEAD : 적 방공제압
- SN : 일련번호
- TACP : 전술항공통제반
- TM : 기술교범
- TOD : 열상관측장비
- UFG : 을지포커스가디언
- WP : 백린탄
- AM : 진폭편조
- ATCIS : 육군전술통신체계
- ASR : 탄약보급률
- BOQ : 독신장교숙소
- BSC : 전투모의센터
- C4I : 명령, 제어, 통신, 컴퓨터, 정보
- CAS : 근접항공지원
- CEOI : 통신전자운용지시
- CP : 체크포인트 / 지휘소
- CPX : 지휘조연습
- DEFCON : 방어준비상태
- DZ : 드롭존(투하지역)
- EOD : 폭발물처리반
- FA : 야전포병
- FM : 야전교범
- FSO : 화력지원장교
- GOP : 일반전초
- GS : 일반지원
- HQ : 본부, 사령부
- IR : 적외선
- LAN : 근거리통신망
- M/F : 정비대충장비
- METT+TC : 전술 결심요소
- MOT : 박격포
- OAC : 고등군사반
- OVM : 차량부수기재
- PRI : 사격술예비훈련
- RCT : 연대전투단
- RSOI : 연합전시증원
- SAM : 지대공미사일
- SITREP : 상황보고서
- SOP : 부대예규
- TCP : 교통통제소
- TMO : 교통관리사무소
- UAV : 무인항공기
- WRSA : 동맹국전쟁소유탄약
- XO : 부지휘관

군대에서 자주 사용되는 은어

- 왕고 : 소대 최고 고참
- 이등별 : 막강한 권력을 쥔 이등병
- 따까리 : 주로 후임병을 의미, 라이터 등을 뜻함
- 깍새 : 이발병
- 땅개 : 보병
- 계원 : 해당 직책을 맡은 병사
- 땡보직 : 편하게 군생활 하는 병사
- 피돌이 : PX판매원
- 일말상초 : 일병말에서 상병초를 이르는 말
- 빠지다 : 군기가 빠짐을 일컬음
- 짬 : 군대에서 먹는 밥, 군대에서 지내온 시간, 경력
- 짬찌 : 짬밥 찌그레기의 줄임말, 계급 낮은 후임병사를 비꼬듯 부름
- 짬타이거 : 군 식당주변 먹다 남긴 짬을 먹어 살을 찌운 고양이
- 싸지방 : 싸이버지식정보방의 줄임말
- 풀침 : 불침번 없이 하루 종일 계속 잠자는 것
- 군대스리가 : 군대에서 하는 축구를 독일 프로축구리그에 빗대에 이르는 말
- 군통령 : 군대에서 가장 인기있는 걸그룹을 지칭하는 말
- 싸제 : 군대 밖 사회에서 들여온 물품
- 당취 : 당직근무후 일과시간에 자는 것을 뜻함
- 건프레이크 : 건빵과 별사탕을 우유에 말아 먹는 음식
- 군대리아 : 군대에서 나오는 햄버거를 이르는 말
- 짬대우 : 자기보다 경력이 많은 사람에게 예의를 차리는 것
- 귀도리 : 겨울철 귀를 따뜻하게 해주는 도구
- 깔깔이 : 방상내피, 겨울철 야전상의 안에 입는 도톰한 내의
- 맛다시 : 훈련추진간 많이 사용하는 고추장비빔소스
- 맛스타 : 군대에서 보급 나오는 음료수
- 뽀글이 : 봉지채 먹는 라면
- 찌르다 : 선임의 부조리한 행위를 간부에게 고발하는 행위
- 짱박히다 : 눈에 띄지 않는 곳에 숨는 것
- 올빼미 : 유격훈련 중에 외치는 자신을 나타내는 구호
- 조카/삼촌 : 6개월 차이가 나는 후임병과 선임병
- 아들/아빠 : 1년 차이가 나는 후임병과 선임병
- 짬티 : 짬을 막이 먹는 티를 내는 것, 높은 계급만 가능한 행위
- 예초기병 : 잡초제거를 위해 예초기를 전담하여 돌리는 병사
- 꼬인군번 : 사수나 맞선임과 입대일 차이가 적은 경우
- 빽이치다 : 힘들 일을 하게될 때, 고생할 때 사용하는 말
- 짬때리다 / 짬시키다 : 일을 다른 사람에게 떠 넘기다
- 빵실하다 : 편한 일이나 보직을 두고 하는 말

12. 장교 수첩을 효율적으로 활용하자.

■ 기록은 기억보다 오래 유지된다.

- 장교 수첩은 보급품으로 임관 때부터 전역시까지 매년 보급되는 항목임
  : 매년 수첩 내부 속지를 추가 보급하여 지속적으로 사용할 수 있음
- 군 생활 中 모든 회의, 훈련, 교육 등 활동간 휴대하면서 사용 가능
  : 거의 모든 장교가 항상 휴대하면서 작성하고 있는 상태임
    * 이왕 들고 다닐 것이라면 효율적으로 사용하여 업무에 대한 능률 향상 가능
- 업무를 잘한다고 인정받는 사람 중에는 장교 수첩을 잘 활용하는 사람이 많음

■ 비밀내용을 장교수첩에 기록 : 절대 안됨

- 업무 편의를 위해 습관적으로 부대 장비, 인원 등의 편제 등 비밀에 해당하는 내용을 장교 수첩에 기록하는 것은 보안규정에 어긋나는 위험한 일임
  : 특히, 부대 K2 소총 보유수, 탄약 보유량, 전차 보유수 등 숫자 기록 금지
- 비문에서 확인된 내용만 요약하여 장교수첩에 기록하는 것도 보안사고 해당
  : 부대 보안 관련 불시 점검간에 장교수첩 기록내용 때문에 곤란한 경우 발생

▲ 메모 잘하는 방법

1. 언제 어디서든 중요 포인트만 간단하게 개략적으로 메모하기
2. 나만의 기호와 암호를 활용하여 중요한 사항은 눈에 띄게 기록하기
3. 작성한 메모를 꼭 정리하고 메모를 재활용하기
4. 날짜별, 시간별, 중요단어 위주로 기록하기
5. 이쁘게 메모하려는 생각 버리기

■ 내가 놓치고 실수하는 업무의 10% 는 메모를 통해 극복 가능

- 업무 시작 아침부터 오늘 해야 할 일을 리스트로 정리 필요
  : 생각보다 일이 많다는 것 인식 할 수 있으며 업무 중요도에 따른 실행 가능
- 메모를 통해 놓치는 업무, 실수를 줄일 수 있음
  : 수첩을 통해 하루를 결산하면 매우 효율적으로 업무 가능
- 복잡한 업무에 대해 자신만의 업무 분류 기준 설정 필요
  : 얼마나 중요한가 ? 얼마나 긴급한가 ? 얼마나 소요되는가 ?

13. 비상구급 / 응급처치는 내 부하를 살릴 수 있다.

■ 응급상황은 군 생활 중에 언제든지 발생할 수 있음

- 위급한 상황에서 조치해야 할 사람이 나 뿐이라면 어떻게 할 것인가?
- 기본적으로 의료체계로 연결될 수 있도록 병원시설에 대한 연락처 항상 숙지
  : 연락 우선순위는 첫 번째 군 의무대, 두 번째 지휘관 및 상황실에 연락
- 내가 응급처치 할 수 있는 능력이 있다면 소중한 사람의 생명을 살릴 수 있음
  * 응급상황을 경험해본 사람이라면 응급처치술이 얼마나 중요한지 알고 있음

■ 다양한 상황에서 병사가 갑자기 쓰러지는 경우 있음

- 계절적 특징, 훈련상황, 건강, 날씨 등 다양한 이유로 응급상황 발생
  : 당황하지 않고 기본적 구급법을 적용한다면 평생 생명의 은인이 되기도 함
- 호흡 확인, 의식 확인, 몸에 부담 제거, 필요시 인공호흡, 시원한 곳으로 이동 등
  : 기본적 절차 / 내용을 확인한 후 제일 근접한 병원시설로 빠른 이송 중요
  * 환자를 이동시킬 수 있는 교통수단 확보도 중요한 요소로 미리 준비해야 함
- 시간이 급한 상태에서 군 / 민간 시설에 대한 고려 필요 없음 (무조건 가까운 곳)
  : 선조치 후보고 개념, 지휘관 보고는 나중에 해도 되며 환자 조치 최우선

▲ 반드시 도움을 받아야 하는 응급상황

1. 기도패쇄, 마비환자, 호흡곤란, 숨을 쉬지 않는 경우, 중독환자
2. 심장마비, 심장질환 / 흉통, 심한 화상, 의식이 없는 경우
3. 전기손상, 심한 출혈, 자살기도, 척추손상 의심되는 경우, 경련환자 등

▲ 응급상황시 대처요령

1. 응급상황인지 아닌지 판단
2. 환자상태 파악후 무엇을 할 것인 확인
3. 구급/병원시설 연락
4. 환자를 안전한 장소로 옮긴후 응급처치

■ 어디를 가던지 인근 군 / 민간 병원시설에 대한 연락처 확인 필수

- 모든 상황을 해결 할 수 없기 때문에 전문시설 및 인력 도움 필수 (사전 연락처 확보)
- 평시 건강이 우려되는 병사에 대해 사전에 병명, 병력을 확인하여 중점 관리
- 휴대용 구급셋트 / AED 위치, 사용방법을 확인하여 도움이 될 수 있도록 평상시 준비

14. 할까 말까 고민한다면 하지 않는 것이 맞음

■ **거의 대부분의 군 생활 / 업무에서 선택의 상황에 직면하게 됨**

- 긴급한 상황이 아니라면 시간을 갖고 충분한 고민을 하여 결정하는 것이 좋음
  : 평상시 군 업무를 하면서 긴급을 요구하는 경우는 많지 않음 (미리 예상 가능)
- 시간적 여유가 있다면 관련 내용을 숙지하고 규정에 의거 문제가 없는지 확인
  : 대부분 상황은 규정 / 지침에 따라 찾아보면서 여유 있게 할 수 있음
- 서두르지 않고 침착하게 대응하면 대부분 상황에서 충분히 합리적 선택 가능

■ **시간이 없는 상태에서 긴급하게 결정해야 하는 상황도 있음**

- 아무리 시간이 없다고 할지라도 급한 마음에 서두르다 보면 큰 실수 할 수 있음
  : 시간보다 정확성에 더 중심을 두고 주변 인원에게 1번은 검증하는 방법 권장
- 평상시 멘토 등을 통해 도움 / 조언을 받을 수 있는 인간관계 형성 필요
  : 후회하지 않는 선택 중요, 천천히 신중히 판단하는 것이 더 좋을 때 많음
- 불가피하게 긴급한 상황에서 할까 말까 고민한다면 일단은 하지 않는 것 추천
  : 확신이 서지 않는 상태에서 서두르고 결정해 놓고 후회하는 경우 많이 생김

▲ 천천히 가는 거북이가 급하게 가는 토끼를 이길 수 있다 !

1. 급할수록 일을 그르치기 쉽다. (압박감 발생)
2. 적절한 휴식과 온전한 마음이 장기레이스에서 반드시 필요
3. 성격상 '나는 먼저 하는 것이 맞아' 하면서 미리 하는 것과 서두르는 것은 다름
4. 돌아가면서 생각해보면 조금 더 좋은 방법이 생각날 수 있다.
5. 한 발자국 뒤에서 조금 더 큰 그림 볼 수 있다.
6. 인생은 100m 달리기가 아니고 42.195km 마라톤이다. (페이스 유지)

■ **급할수록 돌아가라 : 한 템포 쉬어가자 !**

- 업무를 천천히 여유있게 한다는 기본 마음가짐 : 서두르면 실수 가능성 높아짐
- '하지 말까' 스스로 생각하는 것이 있다면 분명 어느 부분에서 문제점이 있다고 봐야 함
  : 불안한 문제점 해결하고 진행하는 것이 순서
    * 고민하는 상황에서 제일 먼저 고려할 것은 최악의 경우가 무엇인지 생각 필요
- 평상시 미리 예상하며 준비하는 업무 자세 필요

15. 지휘관 및 참모 제도에 대한 이해 필요

■ 모든 장교는 군 생활 동안 지휘관 아니면 참모 역할 수행

- 장교의 모든 직책은 지휘관 or 참모로 구분되어 역할 수행

: 지휘관(자) - 녹색 견장을 가지고 책임제대에 대한 지휘권을 가지고 있음

* 소대장, 중대장, 대대장, 연대장, 사단장, 군단장, 사령관 등

- 지휘관이 아닌 장교는 어느 조직에서든지 지휘관을 보좌하는 참모 역할

* 참모 중에서 선임장교 or 참모장이 참모 역할 / 기능을 조정, 통합하여 지휘관 보좌

: 보병대대 경우, 작전장교(소령)가 참모 기능을 총괄하는 참모장 역할 수행

- 참모는 기본적으로 본인이 맡은 분야 / 기능에 대하여 지휘관 결심을 보좌

■ 군대는 지휘관을 중심으로 움직인다.

- 부대의 모든 최종결정 권한과 그에 따른 성과에 대한 책임도 지휘관에게 있음

: 참모는 지휘관에게 분야별 전문성을 바탕으로 장.단점 분석을 통한 최선의 방안 건의

- 사안에 따라 지휘관과 다른 생각 가지는 것은 있을 수 있으나 지휘관이 최종 결정하면 부대 구성원으로서 지휘관의 최종결정을 따를 수 밖에 없음

* 추진력, 일관성, 신속성 측면에서 군의 큰 장점일 수도 있고 단점일 수도 있음

: 과거부터 군 조직을 지휘관 중심으로 운영해 오면서 전투 효율성은 증명되었음

- 참모 역할 수행 경우, 내 분야에서 반드시 전문가 되어야 함 (지휘관 혼자 불가능)

: 많은 지휘관이 참모 임무수행에 대해 지휘관 권한을 위임하는 형태로 진행함

▲ 육군 부대의 일반참모 조직 (사단/군단급)

: 작전 + 정보 + 인사 + 군수 + 민사 참모

▲ 육군 부대의 특별참모 조직 (사단/군단급)

: 부관 + 정훈 + 군종 + 감찰 + 법무 + 병기 + 군사경찰 + 병참 + 수송 + 화생방 + 항공 + 의무 + 공병 + 통신 참모

■ 지휘관과 참모는 조직 공동체 : 함께 책임진다는 자세 필요

- 좋은 지휘관을 만나는 것은 나의 복, 하지만 좋은 참모는 나쁜 지휘관을 만들지 않음

- 지 멋대로 해서 지휘관, 무조건 참아야 해서 참모 ?

: 최근 추세는 능력 인정을 받은 사람 위주로 지휘관을 보직하고 있음

- 내가 만나는 대부분의 지휘관은 합리적이고 존경할 만한 사람일 가능성이 많음

: 지휘관은 해당 제대 참모를 먼저 경험후 보직되어 실무자의 고민을 알고 있음

16. 장교로서 분노조절 능력은 핵심 요구사항

■ **사람에게 화가 나는 것은 자연스러운 감정이다. 하지만..**

- 장교는 상황에 따른 분노조절 능력이 더 많이 요구됨
  : 장교는 부대에 미치는 영향력이 누구보다 크기 때문에 고도의 자제심 필요
- 평상시 내가 화를 자주 내는 사람인지 스스로 정확하게 판단하는 것이 중요
- 화가 나는 일이 있어도 평상시 여유있게 웃어 넘기는 마음가짐 / 연습 필요
  : 병력 앞에서 화내는 경우, 나중에 후회할 수 있는 부정적 상황 발생 가능

■ **화를 내는 것도 나만의 방법으로 슬기롭게 표현 / 극복 할 수 있다.**

- 모든 것을 참는다는 것은 현실적으로 불가능 (무조건 참으면 병이 될 수 있음)
  : 스트레스 관리 차원에서 화를 분출하는 긍정적인 방법을 찾아보는 것 필요
    * 화가 나는 상황을 일부로 유머러스하게 넘어가는 방법, 현장을 이탈하여 잠시
- 다른 생각을 하고 다시 현장으로 복귀하는 방법, 혼자서 숫자를 세어보는 방법 등을 통해 병력들 앞에서 화를 내는 것은 피해야 함. (병력통제는 격려와 칭찬이 더 효과적)
  * 병력 앞에서 화를 내면 그 당시, 그 앞에서만 아주 잠깐 가식적인 효과만 있음
- 꼭 병력 질책해야 하는 상황이라면 잘못한 핵심만 정확하게 간단하게 : 연습 필요

▲ 분노 조절장애 테스트 (3개 이상시 상담 필요)

1. 화를 잘 내며 성격이 급하다.
2. 평상시에 작은 일에 욱한다.
3. 보상이 없을시 몹시 화가 난다.
4. 다른 사람이 나를 무시하는 것 같다.
5. 억울하다는 생각이 종종 든다.
6. 잘 풀리지 않을 때 쉽게 좌절한다.
7. 물건을 부수거나 던진 적이 있다.
8. 화가 나서 눈물이 난 적이 있다.
9. 다른 사람에게 잘못을 돌린 적 있다.
10. 폭언이나 폭력을 행사한 적이 있다

■ **화는 순간적 감정이므로 시간이 지나면 많은 부분 해결됨**

- 일시적 감정 때문에 화를 내어 해결되는 상황은 없음
  : 지나고 보면 대부분 인원이 후회하는 경우 많음
    * 화를 내는 사람을 누구도 좋아하지 않음
- 통제가 안된다면 "잠깐, 5분만 쉬었다가 합시다." 등 현장 이탈 : 마음 정리 필요
- 시간은 순간적 감정에 대해 많은 것을 해결 가능, 화 내면서 관계 회복은 어려움
  : 병사는 화를 내는 장교 앞에서 순종하는 듯 보이지만 진심으로 따르지 않음

17. 병사들을 무서워해야 한다 ?

■ 대부분의 병사는 착하고 합리적이다. 하지만 아닌 병사도..

- 군 입대전 병사들은 다양한 환경을 경험하고 각기 다른 가치관 가지고 있음
  : 내 병력을 일률적으로 'OO하다' 라고 판단하는 것은 위험할 수 있음
- 열 길 물속은 알아도 한 길 사람의 속은 알 수 없다.
  : 내가 정말 믿고 있는 신뢰하는 병사도 내 등 뒤에 칼을 꽂을 수 있음
  * 겉으로 모범적인 병사도 소대장 잘못을 찾아서 몰래 기록하고 보고하는 경우 있음
- 나는 상식적, 평균적이라 생각했던 행동이 누구에게는 이상하게 보일 수도 있음
  : 다른 사람을 내 생각으로 설득 시킨다는 것, 나와 같은 생각이라는 것은 큰 착각

■ 내 병력 중에 나에게 불만이 있는 인원은 항상 있다는 생각 필요

- 병사들이 불만을 가지는 이유는 거창한 것이 아닌 사소한 경우 많음
  * A 병사에게만 수고했다고 격려, B 병사에게 수고했다고 말을 안해서 불만 생길 수 있음
- 기본적으로 병사들에게 내 양심에 따른 부끄럽지 않은 행동을 해야 떳떳할 수 있음
- 나에게 불만이 있는 병사는 내 행동, 말 등에 대해 문제가 없는지 끝까지 확인함
  (24시간 동안 내 잘못만 찾으려고 하며 나름대로 기록으로 남기는 경우 많음)
  : 나는 두려울 것이 없다고 하지만 나도 분명히 실수 / 잘못을 할 수 있음

▲ 말 실수 많은 사람이 지켜야 하는 수칙

1. 상스러운 말은 하지 마라.
2. 상대가 제일 싫어하는 말은 하지 마라.
3. 남과 비교하는 말은 피하자.
4. 인격을 무시하는 말로 공격하지 마라.
5. 상대 가족을 헐뜯지 마라.
6. 폭탄선언은 제발 참아라.
7. 유머있는 대화기술 필요하다.
8. 분명한 말은 오해를 남기지 않는다.
9. 비비 꼬는 말은 하지 마라.
10. 사람을 죽이는 독이 있는 말도 있다.

■ 병사를 무서워할 필요는 없지만 어려워할 필요는 있음

- 일부 병사 때문에 내 스타일을 바꿀 필요 없지만 문제가 없는지 확인할 필요는 있음
- 나는 소대원들에게 인정 / 신뢰를 받기 위해서 노력을 하고 있는가 지속적인 성찰 필요
- 병사들이 원하는 모든 것을 무조건 수용하는 인기 영합적인 장교가 되라는 것이 아니라, 내 양심에 비추어 최소한 부끄럽지 않은 초급장교가 되라는 것임

18. 소부대 전투기술과 편제화기는 소대장의 기본

■ **소대장의 역할 : 싸워 이길 수 있는 소대 만들기**

- 소대장이라는 직책을 만들어서 운영하고 있는 이유는 소대 전투력 발휘에 있음
  : 평시 병력관리를 통해 소대원의 전투력 발휘를 보장하는 것이 근본적 목적임
- 전투에서 전투력 발휘를 할 수 없는 소대장의 존재 이유는 없음
  : (전쟁사례) 전투의 승패는 말단 부대의 소부대 전투기술에 좌우되는 경우 많음
- 소부대 공격기동 형태 / 공격작전 형태에 대한 기본적인 개념 숙지는 되어야 함
  * 공격기동 형태 : 돌파 / 포위 / 정면공격 / 침투 / 우회 등
  * 공격작전 형태 : 접적전진 / 급속공격 / 협조된 공격 / 전과확대 / 추격

■ **나의 전투 세부시행 규칙에 대해 완전한 숙지 필요**

- 소대장 임무는 전투세부시행 규칙 (전세규)에 세부적으로 명확하게 기술되어 있음
  : 부대 전입 후 나의 임무에 대해 가장 빠른 시간내 숙지하고 숙달 필요
  (임무 수행을 위해 조기에 능력 완비하는 것 중요, 오늘부터 임무 수행 가능 목표)
- 전세규에 기록되어 있는 변동된 내용을 수시로 업데이트하여 최신화 정리 필요
  * 탄약 운반조 A병장 전역, 식량 운반조 C상병은 병장으로 진급 등 수정 소요 많음

▲ **공격작전간 전술적 이동 및 공격형태**

1. 주변에 배치된 우군 부대 식별 / 집결지 출발 (즉각 전투 투입 가능태세 유지)
2. 공격 대기진지로 이동 : 이동간 주변경계 철저
3. 적 포탄낙하 (공격준비 파괴사격) : 산발 낙하시 신속히 이탈
4. 공격 대기진지에서 공격 대형 전개 완료시까지 단시간 대기 : 은폐
5. 공격 대기진지 출발후
   : 접적전진, 적 경계 진지 조우, 저항진지 공격, 적 진지 탈취후 행동, 적 역습시 행동

■ **소대 편제화기에 대해서 마스터하는 수준 필요**

- 보병 소대 기준으로 소대의 편제화기는 많지 않음, 충분히 전문가 수준 도달 가능
  : 노력하면 마스터 가능하고 부하 지도 수준 가능 (어렵지 않음)
- 편제화기에 대한 기본적인 분해결합, 기능작동에 대한 이해 수준 필요
  : K1 / K2 자동소총, K201 유탄발사기, K3 경기관총 등은 숙달, 반복 중요
- 편제화기에 대한 사격 능력 향상으로 자신감 배양
  : 사격을 잘한다는 것은 기본적으로 소대원들의 존경과 신뢰를 받는 지름길

19. 구타는 거의 없다. 그러나 은따, 왕따는 있다.

■ 요즘 군대에 구타가 있을까? 없다고 보는 것이 타당, 하지만..

- 조직적 / 상습적 / 공개적인 구타는 거의 사라졌음. 하지만 우발적 구타는 가끔..
- 순간적으로 분을 참지 못하고 발생하는 우발적 구타는 여전히 존재
  : 계획적 구타는 아니지만 구타 사고사례에서 지속적으로 보고되고 있음
- 우발적 구타도 구타사고로 강력하게 처벌됨을 평상시 교육에서 강조해야 함
  : 지휘관 의지에 따라 우발적 구타사고도 상당 부분 감소시킬 수 있음

■ 군 내부 가혹행위는 사라졌는가 ? 사라지지 않았음. 형태만 바뀌었음

- 공개적 가혹행위는 많이 사라지는 추세. 하지만 형태가 변경되어 여전히 존재
  : 후임병을 괴롭히는 형태로 암기강요 등 신종 가혹행위가 등장하고 있음
- 소대장은 실 병력을 지휘하는 인원으로서 관심과 사랑으로 바라보면 충분히 발견할 수 있음
  : 소대장 의지와 열정으로 99 % 예방하고 확인 가능
- 24시간 같이 생활하는 분대장이 가혹행위에 대해 모르고 지나가는 일은 없음
  : 분대장을 내 사람으로 만들 수 있다면 소대원 장악은 이미 완료된 상태

▲ 내무 생활간 발생하는 신종 가혹행위 형태

1. 은따 (은근히 따돌림) / 왕따 (아주 심한 따돌림) : 전달 / 지시사항 미전달
2. 회식고문 : 선임병이 사주면서 억지로 먹임, 떡볶이 국물까지 다 먹게 함
3. 기수열외 : 눈도 마주치지 않고, 말도 안 걸고, 인사도 안 하고 유령 취급
4. 체육시간 열외, 질문의 시간 : 후임병에게 대답하기 곤란한 질문하기
5. 로열젤리 먹이기 : 선임병이 가래침을 후임병에게 먹게 하는 행위
6. 물 없이 건빵 및 과자 먹이기, 상병 이하는 침상에 앉아있지 못하게 하기
7. 대청소 가혹행위 : 후임병의 자유시간을 뺏을 목적으로 반복적 청소 지시

■ 병사의 여전한 자살사고 제 1원인 : 구타 및 가혹행위

- 내 소대에서는 '반드시 구타 및 가혹행위가 있다' 라는 생각으로 접근
  (구타 / 가혹행위 = '잡초' 라는 인식) : 실제 없더라도 있다는 접근 자세 유지 필요
- '내 소대는 구타 및 가혹행위 없다' 라고 확신하는 소대장은 멍청한 인원임
  : 다시 살펴보아야 함, 눈에 보이는 구타 및 가혹행위만 없을 뿐
- 내 관심으로 1명의 자살사고를 예방 할 수 있다는 생각으로 접근

20. 술은 내 주량 만큼, 모든 사고의 원인 : 음주

■ **강압적 술을 권하는 문화는 많이 사라졌으나 공식적 군대 회식은 존재**

- 군 내부의 강력한 119 운동 정착으로 술 문화에 대한 많은 부분 개선됨
  * 119 운동 : 회식은 1차에서, 1가지 술로, 9시 이전에 종료
- 구성원으로서 공식적 1차 회식만 참여하는 것으로 충분한 의지 표현한 것임
  : 끝까지 2차, 3차 회식까지 남아 있어야 한다는 강박관념 의미 없음
- 평상시 내 주량을 정확히 알고 초과하는 경우 반드시 내 의지를 표현해야 함
  * '중대장님, 제 주량이 O잔 입니다. 오늘은 여기까지만 마시겠습니다.'
  : 부하로서 버릇없는 행동이 아니며 충분히 할 수 있는 말이고 인정되는 행동임

■ **술을 먹으면 용감해진다 ? 대부분 다음날 후회**

- 음주를 통해 인간관계 형성에 도움 되는 경우 많음 : 절제된 경우만 가능
- 아무리 술을 잘 먹는 사람도 주량을 초과해서 술을 많이 먹게 되면 실수를 함
  : 평상시 조용한 사람이 갑자기 용감해져서 상급자에게 불만을 얘기하는 경우 있음
  * 상급자는 부하가 솔직하다고 좋게만 볼까 ? 좋지 않게 보는 경우 더 많음
- 상급자와 술이 있는 회식 자리는 조금 긴장할 필요 있음 : 상급자는 친구가 아님

▲ **건전한 음주문화 조성 방법**
- 늦은 시간까지 음주하지 않는다.
- 타인에게 강요하는 음주를 하지 않는다.
- 음주로 주변에게 피해를 주지 않는다.
- 술보다 물을 많이 마신다.
- 약과 술은 함께 먹지 않는다.
- 공복에 술을 먹는 것은 피한다.

▲ **알코올성 치매 : 단순히 필름이 끊긴 것이 아님**
- 뇌가 알코올로 인해 손상을 입었다는 의미, 노인성 치매 발전 가능

■ **초급간부의 가장 큰 사고원인 : 음주 (거의 모든 사고는 음주와 연계)**

- 술에 대한 관대한 문화 사라졌음 : 술 먹어서 실수라고 용서해주는 경우 없음
  * 술 먹는 능력 / 자세도 기본적 능력 평가에 반영됨
- 초급간부의 사고사례 대부분이 음주와 연계 : 실수로 인식 안 함, 군 생활에 치명적 영향
- 초급장교는 왜 음주후 특히 사고발생 빈도가 높은가 ? : 음주를 조심해야 하는 이유
  * 술 잘 먹는다고 호탕하고 기개있다고 인식되지 않음

21. 부대 전입후 3개월은 전임자 방식 존중 필요

■ 전임자가 사고로 인해 문제된 경우가 아니라면.. 당분간 지켜보자.

- 내가 전입 前 적용되었던 방식은 그 나름대로 이유가 있으며 존중될 필요 있음
  : 전임자도 자신의 방식으로 치열하게 고민하고 시행착오 통해 적용된 결과임
- 내 생각과 다른 방식으로 적용되어 왔다고 짧은 시간안에 변경하는 것은 위험
  : 기존 병력들의 강력한 반발 발생 가능 (기존 방식에 적응되어 있음)
- 내가 생각한 방식이 내 기준으로 맞다고 할지라도 이론과 현실의 차이는 존재
  : 최소한 처음 3개월은 관찰자 입장에서 기존 방식을 존중하는 것 필요

■ 꼭 필요하다고 생각되는 변화라도 내가 부대에 적응하고 난 다음..

- 3개월 이라는 시간도 내가 정확한 부대 실태를 파악하기에 부족할 수도 있음
  : 실태 파악도 안된 상태에서 변화를 시도하는 것은 큰 부작용 발생 위험성 증가
- 전임자 방식에 대한 최대한의 존중과 이해를 하려는 노력 필요
  : 왜 전임자는 이런 방식으로 했을까 ? 고민을 하면 나름의 타당한 이유가 있음
- 병력들은 신임 소대장이 어떤 생각을 가지고 있는지 긴장하면서 관찰하고 있음
  : 내가 적절한 생각을 가지고 있는지 주변 동료들과 교류 통해 객관적 확인 필요

▲ 선배 소대장들이 말하는 소대장 잘하는 법 (O사단 소대장 길라잡이)

- 자신감 있는 리더가 되자.
- 강인한 체력을 연마하라.
- 혼자 고민하지 마라. (물어봐라)
- 운동경기를 할 때 같이 참가하라.
- 관련 지식을 충분히 숙지하라.
- 원만한 대인관계를 유지하라.
- 병사와 자신이 공통체임을 인식시켜라.
- 골탕 먹이는 행동은 전입 1개월내 발생

■ 너무 서두르지 말자 : 급할수록 돌아가라

- 초급장교로서 부대에 적응하는 최소의 시간(3개월)은 필요
  : 소대원들도 새로운 소대장에게 적응할 시간이 필요 (상호간 천천히 알아가는 시간)
  * 일정기간 필요 하다는 것은 많은 선배가 경험적으로 권장
- 열정적으로 열심히 하는 모습은 보기 좋으나 미숙함으로 돌이킬 수 없는 실수 발생 가능
- 변화의 속도와 폭을 상황에 따라 슬기롭게 조절할 필요 있음
  : 병사들 수준이 내 기준에 미치지 못하는 경우 많음
  * 최소한 '이 정도는 되어야지' 하는 생각은 실망할 수 있음

22. 나의 첫인상은 군 생활에 매우 중요하다.

■ **부대에서 생활은 전입후 1주일 안에 나의 첫인상으로 많이 결정됨**

- 나도 주변에 대해 관심이 많지만 주변사람도 내가 어떤 사람인지 관심있음
  : 전입 초기 행동과 말은 첫인상 형성에 중요 (첫인상 결정짓는 시간 : 8초)
- 내적인 능력도 물론 중요 하지만 외적으로 보이는 모습도 더 많이 신경써야 함
  : 두발, 복장, 전투화, 베레모 등은 다른 사람이 나를 판단하는 중요 요소임
- 전입 소대장이 전입초기 출근을 늦게 한다면 성실하지 못한 인원으로 간주 됨

■ **향후 부대에서 인간관계의 핵심 : 부사관들과 어떻게 지내는가 ?**

 * 부사관은 장교보다 인원도 많고 부대에서 비교적 오래 근무하면서 많은 것을 알고 있음

- 육군 지침으로 장교과 부사관은 기본적으로 상호간 경어를 사용하여야 함
- 계급으로만 부사관의 경험과 나이를 이길 수 있다는 생각은 매우 어리석음
  * 계급이 높다는 것 말고 내가 부사관보다 우위에 있는 요소는 무엇인가 ?
- 부사관에 대한 호칭을 어떻게 할 것인가에 대한 고민 필요 (권장)
  * 병력들 있는 상태에서 공식 호칭 : 담당 직책 (행정보급관, 부소대장 등)
  * 개인적 상태에서 비공식 호칭 : 크게 상관없으나 가급적 '님' 자를 붙여서 호칭

▲ 첫인상에 영향을 미치는 요소

1. 외모, 표정, 태도 등 시각적 요인 : 55%
2. 목소리 등 청각적 요인 : 38 %
3. 말투, 속도 등 언어적 요인 : 7%

▲ 첫인상을 좋게 보이는 방법

1. 먼저 웃는 얼굴로 악수하라
2. 먼저 인사하라
3. 낮은 목소리로 천천히 말하라
4. 언행을 품위있게 하라
5. 3자에게 상대방의 칭찬을 하라
6. 오른쪽으로 다가가는 것이 유리

■ **잘못된 첫인상을 바꾸려면 나중에 10배 이상의 노력이 필요함**

- 처음에는 더 열심히 하는 모습, 열정적인 모습을 일부러 보여줄 필요도 있음
  : 초반 부대 적응, 업무 파악 위해 배우려는 자세 중요 (보여주기식 야근도 필요 ?)
- 독불장군식 생활 자세는 누구에게도 환영받지 못함
  : 원만한 대인관계를 유지한다는 생각 중요
- 전입 초에는 내 의견을 제시하기보다 듣는 것 집중 : 첫인상은 강렬하고 오래 감

23. 지휘관 / 상급자 입장에서 생각해 보자.

■ 시간이 지나고 경험이 쌓여야 이해되는 것도 있음

- 처음 접하는 내용에 대해 내 수준에서 상급자의 지시가 이해가 안될 때 있음
  : 사람 생각은 다양하고 각자 판단기준 다를 수 있음 (서로간 다름을 인정 필요)
- 내가 그 상급자의 위치에 가면 왜 그랬는지 이해가 되는 것도 있음
  : 배경지식, 경험이 쌓이면 안 보이던 것이 새롭게 보이는 것이 생각보다 많음
  * 시간이 지나고 가치관이 정립되어야 비로소 보이는 내용도 있음
- 불법적인 지시 내용이 아니라면 일단 상급자의 판단을 존중할 필요 있음
  : 일하는 방식이 나와 다르다고 불만 가지는 것은 나에게만 손해인 경우 많음

■ 지휘관 / 상급자는 지금 내 위치에서 나와 비슷한 고민을 했던 사람

- 모든 병과의 중대장은 직책 수행전에 병과의 소대장 직책을 반드시 해야 함
- 상급자도 치열하게 고민하고 경험했던 과정을 거치고 현재 위치에 있는 것임
- 역지사지의 마음으로 입장을 바꿔 생각해보면 이해가 되는 부분도 상당히 있음
  : 지휘관 입장에서 고민해보면 나의 능력이 한 단계 더 발전할 수도 있음

▲ 정문정 〈무례한 사람에게 웃으며 대처하는 법〉 중에서

- 잘 모르니까, 모른다고 인정하는 것.
- 모르니까, 쉽게 비난하거나 무시하지 않는 것.
- 내가 모르는 너의 이야기를 더 들어보고 싶다고 말하는 것.
- 그런 역지사지를 꾸준히 해 나가야
- 우리는 서로를 미워하지 않고 대화할 수 있다.

■ 존경스럽지 않은 지휘관이라도 먼저 그에게 인정 받는 것이 순서이다.

- 존경한다면 다행이지만 그렇지 않다고 부정적으로 응대한다면 어리석은 자세임
  : 지휘관 / 상급자는 현실적으로 나를 인사 평정하는 사람임
- 부당 / 불법적인 내용이 아니라면 지휘관의 지시는 따라야 함
  : 지휘관 앞에서 존경하는 척 등 진심이 아니어도 가식이 필요할 경우도 있음
  * 이왕이면 마음 속 진심으로 받아들이는 노력 필요

24. 규정에 대한 마음 속의 울타리를 넓히자

■ 규정 및 지침은 내 군 생활을 힘들게 하는 족쇄인가 ?

- 군에서는 왜 이렇게 '하지마라' 는 내용이 많은가 ? 의문이 생길 수 있음
 : 실제로는 '이렇게 하라' 는 내용이 많지만 기억에 남는 것은 '하지 마라' 는 내용이 더 많음 (왜 '하지마라' 는 것이 생겼는지에 대한 배경을 이해 할 필요 있음)
 * 대부분 '하지마라' 는 내용은 사고사례로 연결되어 군 전투력 유지에 부정적 영향
- 규정 및 지침에 대해 어떤 입장으로 바라 볼 것인지는 결국, 개인 선택의 문제
 : 규정 및 지침이 쉽게 바뀌지 않는 특성 고려시 나에게 도움이 되도록 적용 필요
- 70년 이상 거대한 군 조직을 유지해오면서 통제목적도 있지만 내용이 효율적이라고 증명된 것에 대한 구성원들 간의 최소한의 약속이 규정 및 지침임
 : 업무 적용시 문서화된 규정 및 지침으로 효율적인 진행인 경우가 많음

■ 나의 생활자세를 규정의 울타리 근처에서 활동하지 말자

- 넓은 목장에서 울타리를 설치하고 양을 키우는데 대부분 양은 넓은 목장 내부 공간에서 활동하며 불편함 없음 : 하지만, 일부 양들은 울타리 근처에서만 활동
 * 왜 울타리를 장애물로만 인식 ? 마음의 중심을 목장의 중앙으로 하려는 노력 필요
- 마음먹기 따라서 목장 내부 공간은 크게 느낄 수도 있고 좁게 느껴지기도 함
 : 울타리 설치 목적은 양의 통제목적도 있지만 외부 공격 막아주는 역할도 있음

▲ 민간 조직과 구별되는 군 조직의 특성

1. 전쟁에서 2등은 없다 생각	2. 임무 완수 최우선 (최종성과 업적 중시)
3. 명령에 대한 복종	4. 엄정한 군 기강 확립
5. 단결과 협동을 중시	6. 무한한 희생과 헌신
7. 상하동욕자승	8. 엄격한 상하관계 속 위계질서 강조

■ 초급장교 시절에는 규정안 넓은 공간을 활용한다는 자세 필요

- 울타리를 확장하는 것이 제한된다면 넓은 목장 중앙에서 활동하는 것이 유리
 : 울타리 설치 위치는 많은 선배 장교들의 공감대 속에서 시행착오를 통해 결정된 것임
- 울타리는 효율성 입증된 군 조직 운영의 문화 : 규정 (나를 보호해 주는 울타리)
- 처음 초급장교 시절에는 울타리 경계 위치를 긍정적으로 받아들이는 자세 필요

25. 계획대로 되는 것은 별로 없다. 그래도 계획은 중요

■ 지금까지 인생에서 계획대로 되어진 것이 얼마나 있는가 ?

- 대부분의 경우가 처음 계획 한대로 끝까지 이어지는 경우는 많지 않음
  * 군 생활에 대한 계획 부분도 마찬가지 (상황이 내 의지와 다르게 유동적으로 변화)
- 계획 한대로 되지도 않는데 왜 계획을 하는 것이 중요하다고 말하는가 ?
  : 계획은 목표라는 것을 설정하기 때문에 내 노력의 방향성을 제시할 수 있음
- 관심을 가지고 노력하고 방향을 지향하면 성과 달성 가능성은 증가될 수 있음
  * 조금이라도 성공할 가능성을 높일 수 있는 나만의 방법을 만들어야 되지 않을까 ?

■ 계획 조차도 없이 살면서 후회만 하는 인원들이 생각보다 많음

- 주어진 상황에서 생각없이 생활하는 사람과 목표를 가진 사람은 성과가 다름
  : 목표를 가진 사람은 과정이 힘들어도 준비하는 과정에서 얻는 것이 많음
- 관심이 있어야 내 주변의 중요한 정보가 보이고 노력, 행동의 방향 설정 가능
  : 계획 없는 사람은 무의미한 시간 소비로 중요한 시기를 놓치는 경우 많음
- 계획을 잘 세우는 사람은 기본계획 설정후 우발상황까지 고려한 플랜 B도 준비

▲ 계획 작성의 중요성 (나와의 다짐!)

- 나는 나와의 약속을 지키는 사람, 나는 마음 먹으면 무엇이든 해내는 사람이라는 정체성 확립을 위해 계획을 세우는 것 중요
- 계획대로 실행하고 그런 나에게 충분한 보상을 해주면서 긍정적인 자아 정체성을 정립할 때 자신의 삶을 사랑하고 치유할 수 있음

▲ 조금 더 효과적으로 목표를 달성할 수 있는 3가지 방법

1. 목표는 측정 가능해야 함
2. 목표는 실천 가능한 수준으로 설정
3. 목표는 달성 가능한 한계 시간을 설정해야 함

■ 준비한 사람에게는 행운을 내 것으로 만들 가능성이 높음

- 준비한 사람은 성공의 가능성이 높음
- 처음부터 거창한 계획보다는 실현 가능한 조그만 계획부터 준비
  : 작은 목표 달성의 성공 경험을 반복 필요
- 주변에 운이 좋다는 사람을 분석해 보면 다른 사람은 모르게 꾸준히 준비하는 경우 많음
  * 부러워만 할 것인가? 나는 후회하지 않을 노력을 했는가?

26. 군대는 바쁘다 ? 시간이 없다는 핑계는 그만하자

■ 시간이 없는 것인가 ? 관심이 없는 것인가 ?

- 군 업무는 부대 일정 / 시기상 바쁜 시간도 있고 조금 여유 있는 시간도 있음
  : 업무능력 평가는 바쁜 시기에 어떻게 대응 하는가로 평가될 수 도 있음
    * 기본 A 업무 + 추가 B 업무 + 긴급 C 업무 (군에서는 많이 있는 상황)
- 바쁜 시기에 업무를 잘하는 사람의 특징을 보면 시간관리 능력이 탁월함
  : 중요 / 긴급한 업무에 대해 미리 관심을 가지고 예측하여 준비하는 경우 많음

■ 시간 / 예산 / 인원은 항상 부족 하지만 언제나 최대의 성과는 중요

- 누가 효율적으로 시간을 사용하는가 ? 군 생활을 결정하는 중요한 요소
  : 나는 어느 분야에 우선순위를 두고 어떻게 시간을 사용할 것인가 ? 고민 필요
    * 시간이 없고 할 일은 많다면 지휘관이 지시한 내용에 대해 최우선 처리 필요
- 부대에서 누가 봐도 바쁜 사람인데 업무실적이 탁월한 사람 있음 (벤치마킹 필요)
- 자기만의 효율적 업무형태를 고민하여 내게 맞는 업무패턴 선택할 필요 있음
  * 아침 인간형 : 새벽 5시 이전에 출근하여 조용하고 내실있게 업무처리
    (차분한 상태에서 정리. 본인만의 시간을 집중력 통해 업무성과 극대화 가능)
  * 야간 올빼미형 : 밤 늦게까지 집중하여 업무처리 (많은 장교들이 선택하고 있음)

▲ 인생을 2배로 사는 아침형 인간 ? (소리 없이 강하다)

1. 아무도 방해하지 않는 고요한 아침에 명상으로 업무 집중력 / 효율성 증대
2. 하루 계획, 간단한 운동, 꿈, 미래, 목표 상기를 통해 성공 가능성 증가
3. 일찍 일어나는 새가 벌레를 잡는다. 저녁이 있는 가정생활 측면에서 추천
4. 전체적인 수면시간은 7시간 이상 충분히 보장하여 생체리듬 보장 필요
5. 본인 성향과 업무 특성을 고려하여 시도해 볼 가치 있음
   : 나에게 맞는 방법인지 확인하고 적용 (무작정 적용은 부작용 있음)

■ 실패하는 사람들은 시간이 없었다고 얘기를 많이 함

- 내 삶의 우선순위, 업무의 우선순위를 설정할 필요 있음
  : 멀티 태스킹 능력이 있으면 좋지만 실제로는 많이 어려움
- 동시에 여러 일을 처리할 수 없다면 한가지 일에만 집중하며 순차적 처리도 방법
- 시간이 없다고 말하는 사람을 주변에서 좋아할 사람은 없음
  (시간은 누구에게나 동일하게 부여되는 기회)

27. 가능한 표준어를 사용하자.

■ 표준어 구사능력, 충분히 연습을 통해 향상 가능

- 장교는 병력 앞에서 교육, 지시, 발표, 브리핑 등을 해야 하는 경우 많음
  : 일부 인원은 사투리로 진행하여 위화감 조성 및 내용 집중 방해하는 경우 있음
- 사적 만남에서 사투리는 정겨움을 느끼는 등 긍정적일 수 있지만 공적 상태에서 장교 언어습관은 지역감정 및 내용 전달성 저하, 신뢰성 훼손 등 문제 가능
  : 많은 장교들이 지속적 노력으로 사투리 등 언어습관 개선된 사례 많음

■ 나도 모르는 습관적인 거친 말투는 누구에게도 환영받지 못함

- 욕설, 급식체 등을 포함한 언어습관은 성장 환경 영향을 받아서 본인이 느끼기에 문제가 없다고도 느낄 수 있지만 주변 사람들은 불편함을 느끼는 경우 많음
  : '나는 이렇게 배워왔다, 어쩔 수 없다' 라는 이유는 공감을 받을 수 없음
- 한 번이라도 주변사람에게 언어습관에 대해 지적을 받은 적이 있다면 개선을 위한 노력을 하는 것이 반드시 필요 (보통 '당신 문제가 있다' 라고 이야기 안 함)
  : 습관성 거친 언어가 나도 모르게 할 때 주변 1명이라도 욕설이라고 인식하게 된다면 어느 순간 나는 욕설 간부로 부대 전체 인원에게 알려질 수 있음
  * 1번의 폭언은 경고로 넘어갈 수도 있지만 2번째부터는 경고로 끝나지 않음

▲ 나쁜 말 → 바른 말 변경사용

1. 씨발 → 이런 못 마땅한 2. 개OO → 나쁜사람 3. 지랄 → 헛소리 하네
4. 병신 → 바보, 멍청이 5. 존나 → 정말, 진짜 6. 닥쳐 → 조용히 해 등

▲ 사투리 같이 느껴지는 표준어 / 단어

- 거시기, 시방, 아따, 걸쩍지근하다, 징하다, 욕보다, 식겁하다, 노누다
- 남사스럽다, 뭐못나?, 꼼치다, 찌짐, 꼬실매, 강생이, 여시, 엉가, 무시이파리
- 엥간치, 쬐까, 허벌나다, 암시롱않다, 술찬하다, 가생이, 궁께, 모트다 등

■ 나는 욕이라고 생각하지 않지만 다른 사람은 다르게 느낄 수 있음

- 거친 언어가 과시를 위해 필요하다는 생각은 시대착오적 자세 : '돌아이' 로만 인식
- 어느 순간 내가 욕설 간부로 징계의 대상이 될 수 있음
  * 스스로 심각성을 먼저 인식후, 연습을 통해 개선 가능
- 바르고 고운 표준어 사용은 그 사람의 능력, 인성, 품에 대한 신뢰성 향상
  : 분명히 나에게 도움이 되며 주변에서 보는 시선이 달라짐

28. 부대에서 금전 문제는 단 1원 이라도 정확히

■ 돈 앞에서는 믿을 사람이 없다 ? 예산 사용은 반드시 책임이 있음

- 장교는 지휘관 및 참모 등 대부분 직책에서 할당된 예산사용에 대한 책임이 있음
  : 규모의 크고 작음 있으나 사업, 운영, 활동비 등 다양한 예산과 연계되어 있음
- 예산은 내가 직접 보고, 계획 / 결정, 집행한다는 자세로 세밀하게 접근 필요
  : 모든 예산을 내 눈으로 확인하고 진행 불가능 (상황에 따라 부하 위임 가능)
  하지만, 집행에 대한 책임은 전적으로 나에게 있다는 생각이 필요
- 사람을 믿고 업무를 진행해야 하지만 돈과 관련되면 내 눈을 믿어야 함
  : 모든 예산은 예산에 맞는 사용목적과 지침, 결산방법 있음 (반드시 검열 있음)
  * 상급 부대일수록 예산 규모, 항목 등 복잡하지만 규정에 따라 처리하면 문제없음

■ 가장 기본적 습관 : 예산 사용 = 프린트된 영수증 증빙

- '예산 사용의 1원칙은 투명' 이라는 생각으로 개인적 이익은 1원도 없어야 함
  : 견물생심이라 욕심 나는 경우 있으나 내 스스로 도덕적으로 부끄러우면 안됨
-비용 관련 문제가 생긴다면 파렴치범이라는 인식 속에 더 이상의 군 생활 불가능
  : 100만원 vs 1만원, 비용의 크기보다 본질적으로 파렴치 or 업무실수 여부로 판단
- 기본적인 마인드는 예산사용 결과를 증빙할 수 있는 프린트된 영수증 필수
- 편법적으로 예산 사용목적 변경하여 사용하려는 지휘관이 있다면
  : 규정상 가능하고 정당하여 필요한 경우에는 상급부대 변경 승인 받은 후 실시
  * 내가 예산사용의 실무자라면 지휘관이 책임진다고 해도 나도 자유로울 수 없음

▲ 일반적인 예산 사용절차

1. 상급부대에서 예산할당 받음
2. 예산 사용계획 보고/승인
3. 예산으로 계획 집행 (물품검수관)
4. 영수증 등 증빙서류 준비 / 결산
5. 예산 사용결과 보고
6. 예산 사용결과 감사

■ 예산 사용에 대한 철저한 감시체제 존재, 중요한 것은 부하가 보고 있음

- 논란이 없는 명확한 예산 사용기준이 있음 (규정대로 해야 함)
  : 수시 / 정기 예산 감사로 인하여 평상시 준비 필요
- 아무도 모르겠지 생각은 위험 (반드시 누군가 보고 있음)
  : 소대장 지휘활동비는 영수증 증빙 필요 없지만 소대장의 사용내역을 정확히 알고 있음
  (얼마를, 어디에, 언제, 어떻게 사용했는지에 대해 소대원은 자세하게 인지하고 있음)

29. A4 한 장도 개인적으로 사용금지?

■ 장교생활 전반적으로 공과 사를 명확하게 구분할 필요 있음

- 개인적인 일을 부대 일과시간에 한다는 것은 징계를 받아야 하는 내용임
  : 업무시간에 제한적 개인적 통화나 사적 만남 할 수 있으나 필요한 경우로 한정
    * '아무도 모를 것이다' 라는 것은 순진한 생각 : 많은 경우 알고 있음
- 업무에만 집중하기에도 시간 부족 : 일과시간 부족해서 야근하는 경우도 많음
  * 대부분의 민간 회사에서도 업무시간에 개인 사적인 통화는 지양하는 분위기
- 내가 부대를 위해 노력, 헌신한다는 것을 주변인원에게 일부러 보여줄 필요있음
  : 야근 한다는 생각보다는 일과시간에 집중해서 끝낸다는 생각 필요

■ 업무 / 생활 자세를 위한 나만의 도덕적 기준 정립 필요

- 나를 지탱해 줄 수 있는 나만의 상징적인 양심 기준을 설정할 필요 있음
  * 다른 사람은 규정을 어기는 상황이라도 '나는 다르다' 는 자부심 설정 가능
- 나의 도덕적 기준은 복잡한 상황에서 적용할 수 있는 기준점이 될 수 있음
  : '나는 이런 것도 지키는 사람인데' 하면서 쉽게 유혹에 넘어가지 않음
    * 도덕적 해이를 방지하고 최악의 상황을 미리 예방하여 안전한 군 생활 가능

▲ 나만의 도덕적 기준 정립 예)

- 개인적 필요(예: 연말정산)에 의해서 A4 1장을 부대 프린트 이용하는 경우
- (나의 도덕적 기준) 내가 A4를 별도 구매해서 용지를 바꿔 끼우고 프린트 실시
  : 부대의 프린터 자산을 개인적 용도로 사용하는 것은 무단 사용의 절도라고 할 수 있지만 현실적으로 용인되는 수준이라면 나만의 기준 정립 필요
    * 가장 추천하는 방법 : (부대와 관계없는) 인근 PC방에 가서 프린트하는 것
  : A4 1장이 비용적 측면에서 의미가 없으나 도덕적 측면에서 의미 있음

■ 누구에게도 부끄럽지 않은 나만의 기준 정립 필요

- 인정받는 사람을 보면 다른 사람의 시선에 상관없이 묵묵히 업무를 수행
  : 양심에 기반한 확고한 나의 기준은 나의 정체성이 됨
    * '나는 A4 1장도 사적으로 사용하지 않는다' 생각은 다른 업무의 적용기준 될 수 있음
- 묵묵히 성실히 일하는 사람은 지휘관, 상급자에게 반드시 인정받음
  : 지휘관은 듣는 채널이 많기 때문에 대부분 상황을 인지하고 있음

▲ 어떤 장교가 더 큰 징계를 받을 것인가 ?

- A장교 : 업무 실수로 부대 예산을 비효율적으로 사용하여 2,500만원 손해
  : 예산 규정에 3개 업체 견적서를 받아서 비교해야 하나 변경된 규정 미인지로 2개 업체만 비교하여 더 저렴한 비용으로 구입 가능하였으나 부대 예산 손해발생
    * 변경된 규정 미숙지, 의도적이지 않은 업무실수 : 경고(경징계)
- B장교 : 고의적으로 부대운영비 250만원을 개인용도로 착복
  : 규정을 알고 있으면서 부대원을 위해 사용해야 하는 부대운영비를 지휘관으로서 부적절하게 개인용도로 사용함
    * 규정을 알고 있으면서 고의적 착복, 파렴치 : 해임 / 전역처리 (중징계)

→ 실수할 수 있다. 경고도 군 생활에서 큰 징계이지만 이후 충분히 성실한 복무자세로 극복할 수 있다. 하지만 고의적인 것은 금액의 경중을 떠나 파렴치범으로 인식된 경우 더 가중 처벌되는 경향성 있음
  * 예산을 다루면서 규정 숙지는 매우 중요, 더 중요한 것은 도덕성 견지

▲ 군 인사법 제56조 : 군인 징계 사유

징계권자는 군인이 법에 따른 명령을 위반하거나 품위를 손상하는 행위를 하거나 직무상의 의무를 위반하거나 게을리 한 경우에 군인에 대한 징계처분을 할 수 있다.

* 품위 유지 의무 : 직무의 내외를 불문하고 그 품위가 공직사회에 대한 국민의 신뢰를 실추 시킬 우려가 있는 행위를 하지 않아야 할 의무
* 품위손상 행위 유형 및 판단기준
  : 도박, 강.절도, 사기, 폭행, 축첩, 성폭행, 성추행, 성희롱, 성매매, 음주운전, 마약류 소지 및 투여 등의 사회문제를 포함
  (구체적인 행위가 품위를 손상했는지는 사회통념에 따라 판단)

→ 품위 유지는 직무의 내외를 불문하고 광범위하게 포함되는 경향이 있으므로 개인의 사생활이라도 징계대상이 될 수 있음. 하지만, 군 생활의 목표를 확고한 개인 도덕성 기준으로 존경을 받을 수 있는 수준의 생활을 한다면 징계는 있을 수 없음

30. 병사들에게 '소위' 의 현실적 위치는 어디인가?

■ 군대는 계급사회 ! 하지만 계급으로만 주변사람에게 강요는 문제 발생

- 한국 사회는 기본적 장유유서의 문화가 있는 특성이 밑바탕에 존재하고 있음
  : 아버지 뻘 원사에게 반말로 얘기하는 소대장을 누가 인정하겠는가 ?
- 계급은 직책을 수행하기 위한 수단일 뿐 모든 것을 해결할 수 없음
  : 계급에 맞는 실력과 경험, 인품이 있어야 마음속에서 인정받음
  * 계급 먼저 ? 직책 먼저 ? 보통은 직책이 더 많은 영향 (직책이 높으면 계급도 높음)
- 계급 앞에서 직접적으로 반항하는 인원은 없으나 마음으로 따르게 하는 것 중요
  : 앞에서 순종한다고 나를 따른다는 착각은 어리석음

■ 병사들이 생각하는 '소위' 의 위치는 ? 현실적으로 높지 않음

- 처음 부대 전입 온 소위 계급의 소대장에 대한 병사들의 생각
  : 앞에서 반항은 할 수 없지만 나와 나이 차이도 별로 안 나고, 부대 경험도 내가 더 많고, 아는 것도 내가 더 많은데 장교는 계급으로만 지시하는 것에 대해 답답
- 병사들이 생활하면서 가장 어렵고 두려워하는 1차적 대상은 행정보급관
  : 군 경험 많음, 계급 높음, 아는 것 많음, 실질 생활 통제, 병 생활 완전파악 등
- 소대장으로서 병사들에게 자발적으로 인정을 받는 가장 좋은 방법
  : 체력 우월, 열정, 전문지식, 정성, 관심, 세밀한 조치, 진심 어린 상담 등

▲ O중대 O소대장님 너무 감사합니다. (부모님 감사편지)

저는 O중대 O소대 O분대 훈련병 부모입니다. 아들이 첫날부터 마음을 못잡고 너무 답답하고 힘들어했을 때 **소대장님의 삼촌같은, 형같은 따뜻하고 진심어린 상담**이 이루어지지 않았다면.....

지금 소대장님의 격려와 관심으로 분대장 훈련병이 되어서 잘 적응하고 있는 것이 좋은 소대장님을 만난 하늘의 은혜라 생각됩니다. **훈련병 한명 한명을 열과 정성을 다해 키워내시는 모습**이 정말 존경스럽습니다. 또한 저의 문자 하나하나를 귀찮아 하지 않으시고 도움 주셔서 감사드립니다.

많은 훈련병을 지도하시느라 힘드신 줄은 알지만 부모 마음을 너무 잘 헤아려 주신 점 또한 너무 감사드립니다. 올 한해도 너무 고생하셨으리라 생각됩니다. 아무쪼록 내년에도 건강하시고 가정에 늘~행복이 함께 하시길 바라겠습니다. 새해 복 많~이 받으시기 바랍니다.

■ 장교라는 계급을 제외하고 내가 병사들보다 잘하는 것은 무엇인가 ?

- 군대가 존재하는 한 계급체계는 존중되겠지만 병사의 마음속에서 인정받아야 함
  : 실질적인 멋있는 소대장이 되려면 병사들의 인정을 받는 것이 우선
- 병사에게 인기가 아니라 소대장의 진정한 실력으로 인정 받아야 함
  : 행군간 낙오하는 소대장을 어떤 병사가 인정할 수 있는가 ?
    * 월등한 체력은 군 생활의 기본적인 자신감이며 내가 노력하면 성취 가능한 부분
- 병사들이 마음속으로 인정하는 계급 순위는 ?
  : 장군 > 원사 > 병장 > 소위 (아는 사람만 인정하는 순위 ?)

▲ 병사들이 절체 절명의 위기 상황에서 복종하는 이유

: 죽기 위해 복종하는 것이 아니라 살기 위해 복종하는 것

첫째, 평소 내 상관은 군사 전문가이므로 실수하지도 않고 군대에 대해 전문가라서 명령대로만 따르면 죽지 않으며, 상관의 능력으로 볼 때 '나는 반드시 살 수 있다' 는 믿음을 가질 수 있어 동굴 안으로 들어갈 수 있는 것임. 즉 '산다' 는 믿음 때문에 들어감. 평상시 상관의 인품, 자질, 나한테 했던 솔선수범 행동으로 인해 저 사람이 나만 두고 혼자 살 사람이 아니라는 믿음, 즉 상관의 전문능력과 자질에 대한 믿음 때문

둘째, 자기 전우에 대한 믿음, 부대에 대한 믿음(애대심), 즉 우리 부대는 싸우면 반드시 이기는 최고의 부대이며 내 전우는 나를 죽게 놔두지 않을 것이라는 전우애, 애대심 때문에 살 수 있다는 믿음을 가지고 죽을지도 모르는 명령에 복종할 수 있음

셋째, 평상시 숙달된 자기 훈련에 대한 믿음, 다시 말해서 실전과 같은 훈련으로 자신의 전투기술, 주특기 능력이 최고이므로 어떠한 적을 만나더라도 이길 수 있다는 믿음 때문

....

여러분이 전투적 사고를 견지해서 전투 프로가 되지 않는다면, 부하를 전쟁터에서 지휘할 수 없으며, 전쟁터에서 부하를 지휘할 수 없다면, 이미 장교가 아님. 舊 일본 군대에서 소위는 술 한잔을 먹어도 북방경영을 할 것인가 아니면 남방경영을 할 것인가, 즉 대륙전략을 할 것인지 해양전략을 할 것인지를 가지고 밤새워 토론했음.

- 前 육군참모총장 남재준 장군, 학생장교에 대한 강의자료 中

31. 병사들과 약속은 반드시 지켜라!

■ 병사들과 한번 무너진 신뢰는 회복하기 매우 어려움

- 병사들과 약속은 무슨 일이 있더라도 반드시 지킨다는 생각 필요
  : 1 번이라도 약속을 어기게 되면 그동안 쌓아온 인간관계의 성과는 무너짐
- 현실적으로 소대장의 권한은 그렇게 많지 않음 : 내가 할 수 있는 약속만 해야 함
  * 소대장이 소대원에게 포상휴가를 약속할 수 있는가 ? 포상휴가 건의는 가능
- 병사들과 약속은 매우 신중하게 해야 함 (말은 천금처럼 신중하게)
  : 지킬 수 없는 인기 위주의 지킬 수 없는 대책 없는 약속은 악순환만 초래함

■ 나는 약속을 잊을 수 있어도 해당 병사는 절대 잊지 않음

- 내가 병사들과 한 약속이 있다면 즉시 실행하고 시간이 필요해 나중에 한다면
  : 알람, 기록, 메모 등을 통해 잃어버리면 안 됨(병사에게는 소중한 내용)
- 약속을 지키려는 소대장의 노력하는 모습에 대해 긍정적으로 평가할 수도 있음
  : 정말 피치 못할 사정으로 약속을 못 지키는 경우라면 사전 충분한 설명 필요
- 함부로 병사들과 약속하면 안되고 내가 할 수 있는 일인지 반드시 확인 필요
  * '내가 알아보고 다시 확인할게', '내가 중대장님께 보고하고 건의 하겠다' 수준 가능

▲ 약속을 지키지 못하는 3가지 상황

1. 약속을 지키려고 노력하였으나 어쩔 수 없는 상황
   : 불가항력 ?, 부하들이 이해는 할 수 있으나 실망감은 클 것임
2. 애초에 지키기 힘든 약속을 하는 상황 (거짓말은 더 큰 거짓말을 만듬)
   : 미봉책, 신뢰없는 공약(空約)을 남발하는 정치인 같은 사람, 오래 갈 수 없음
3. 약속을 지킬 의사가 없는 상태에서 약속을 한 상황 (상종 불가)
   : 거짓말, 사기 수준의 행동으로 절대 성공할 수 없는 사람

■ 약속은 서로간의 합의 하에 이루어진 신뢰의 시작

- 약속 미준수는 마음이 상하는 것은 물론 소대장에 대한 불신 풍조 만연
  : 역할을 더 이상 할 수 없음(성공하는 사람은 함부로 약속을 하지 않음)
- 인간관계, 지휘, 업무에서 약속을 소중히 여기는 사람은 최소한 욕을 먹지는 않음
  : 신뢰를 위해 작은 약속도 소홀히 하지 않는 자세 필요

▲ 증자 (공자의 제자)의 약속 준수

: 증자 - 동양 최고의 성인 반열이며 4현 中 한명으로 평가 됨

어느 날이었습니다. 증자의 부인이 장을 보러 집을 나서던 중이었습니다. 이를 본 어린 아들이 따라가겠다며 떼를 쓰자 증자 부인은 아이를 달래고자 "시장에 다녀온 뒤 돼지를 잡아 맛있는 반찬을 해줄 터이니, 울지 말고 집에 있어라" 라고 말했습니다. 아들은 울음을 그쳤지요.

부인이 장을 보고 집에 들어오자 남편인 증자가 마당에서 돼지 잡으려고 준비하고 있었습니다. 부인이 "어찌 돼지를 잡으려 하십니까? 마을 잔칫날도 아닌데요?" 라고 물어보니 증자가 답했습니다. "당신이 아이에게 돼지를 잡아 반찬을 만들어 주기로 약속했으니 잡을 수밖에 없습니다."

부인은 아이를 달래기 위해 그냥 해 본 소리라며 말렸지요. 하지만 증자는 결국 돼지를 잡고 말았습니다. 아이는 부모를 보고 배우는 법인데, 약속 지키지 않으면 아이가 무엇을 배우겠냐고 말하면서 말입니다

그날 밤, 잠을 자던 증자의 아들은 자다가 일어나 밖으로 나가려 했습니다. 증자가 어디에 가느냐고 물어보니 아들은 "친구에게 빌린 책을 오늘까지 돌려 주기로 약속 했습니다. 아버지가 약속을 지키셨는데 어찌 제가 약속을 어기겠습니까?" 라고 말하고 친구에게 빌린 책을 돌려주고 왔다고 합니다.

▲ 세계적인 축구선수 토레스, 8살 어린이와의 약속을 지키다.

어느 날 아버지와 아들은 비행기에서 가장 좋아하던 축구선수 토레스를 만나게 됩니다. 너무 반가웠던 아버지와 아들은 토레스에게 싸인과 기념촬영을 부탁했지요. 토레스는 싸인을 해주고, 비행기에서 내린 후 사진을 찍어 주기로 했습니다.

그러나 비행기에서 내린 후 약간 문제가 생겼습니다. 아들과 아버지는 가방을 찾고 공항을 나가는 수속에 시간이 오래 걸렸기 때문인데요. 약 30분 정도 걸려 겨우겨우 가방을 찾아 나가게 되었고 아버지는 아들에게 "토레스 같은 스타가 우리를 30분이나 기다리고 있을 리 없다, 그는 매우 바쁠 테니까"라고 말하며 아들이 실망하지 않기를 바랐습니다.

이때 토레스는 국가대표팀에 합류하기 위해 이동하던 중이었고, 공항에는 국가대표팀 버스가 토레스를 기다리고 있었지요. 하지만 토레스는 그들과 약속을 지키기 위해 30분이나 그 부자를 기다리고 있었고, 아이와 함께 기념사진을 촬영해 주었다고 합니다.

32. 축구만 잘하면 장군 될 수 있다 ?

■ **축구 : 군대에서 제일 많이 하는 단체운동**

- 집단적 특성의 군 성격상 축구를 통해 체력단련, 부대원 단합 등 많이 실시
  : 군 전역한 인원들이 군에서 축구한 얘기를 빼면 할 얘기가 없을 정도
- 축구를 할 수 있는 군대의 조건 완벽 : 축구공 1개 + 연병장 + 인원 11명
  * 미니축구 형태의 풋살, 족구 등 적은 인원으로 하는 경우 많아지고 있음
- 일부 지휘관은 축구에서의 승리를 전투에서 승리로 인식하는 경우 있음
  * 축구는 체육대회 등에서 가장 배점을 많이 하여 '축구 우승 = 종합 우승' 많음

■ **모든 인원이 골을 넣는 공격수가 될 수는 없음**

- 공격수는 중요하지만 자질, 경험, 기술 등 특별한 능력이 더 많이 요구됨
  : 하지만 군대 축구에서 공격수만 중요한 것이 아니고 수비수 역할도 중요
- 수비수는 연습을 통해 일정 수준 도달 가능 : 나만의 특성화 분야 선정 필요
  (예: 나는 수비수를 하면서 공이 오면 뻥 멀리 차는데 최고가 되겠다)
- 현실적으로 인식되는 수준 : 축구 잘함 = 체력 좋음 = 열정 있음 = 능력 있음

▲ **축구를 잘해서 장군 되었다는 선배**

"처음 부대 갔더니 맨날 축구만 하는거야. 나는 축구를 못하는데 거의 매일 축구만 하니까 죽겠더라고. 그래서 결심했지. 한번 해보자. 그런데 골 넣는 공격수는 죽었다 깨도 안 될 것 같더라고. 분석해 보니까, 군대 축구는 공을 뻥하고 멀리차면 인정을 받는 것 같더라고. 그래서 매일 새벽 4시에 나와 3개월 동안 연병장에서 공을 멀리 차는 연습을 했지. 처음에는 멀리 안나가더니 시간이 지나니까 요령 생기고 자신감이 붙던데. 그 이후부터 축구하면 나를 찾더라고 하하.., 축구 잘한다고 소문이 나니까 여기저기서 나를 부르더라고 주변에서 인정받기 시작하니 업무도 재미있어지고 즐겁게 군 생활하면서 결국은 여기까지 온 것 같아, 실제로 나는 축구로 장군 된 것 같아"

■ **군 생활에서 나만의 특성화된 무기를 준비하자**

- 모든 분야를 잘하면 좋지만 현실적으로 어려움 : 잘 할 수 있는 분야 더 집중 필요
- 군에서 어떤 임무를 할 때 그 사람을 필요해서 찾는다면 이미 성공한 것
  : 내가 노력하기만 한다면 전문가 될 수 있는 분야는 너무 많음
  (예: 부대일지 / 각개전투 / 교관 / 실습계획표 / 상담 / 인사규정 / 당직근무 / 보고 등)

33. 사람있는 조직은 어디에나 갈등은 있다.

■ 군대는 정말 다양한 사람이 모이는 조직

- 입대前 각기 다른 경험 / 가치관을 가지고 전국 8도에서 오게 됨 : 갈등요소 많음
- 나와 의견이 다른 사람들과 교류함으로써 내 식견이 넓어지는 계기 될 수 있음
  : 현실적으로 피할 수 있는 인간관계가 아니기 때문에 긍정적으로 볼 필요 있음
- 가치관이 다른 사람과 업무를 해야 하는 경우, 현실적 방법은 내가 적응해야 함
  : 내가 선택해서 나와 맞는 사람을 업무 관계자로 고를 수 없는 현실임
  * 다 성장한 성인의 가치관을 내가 바꿀 수 있다는 생각도 매우 오만한 생각임

■ 사람들의 생각은 나와 다르다는 것은 자연스러운 현상

- 서로 간 생각이 다르면 마찰 요소가 발생할 수 있고 갈등으로 확대될 수 있음
  : 마찰 요소를 어떡해 해결해 나갈 것인가 ? 인간관계 / 조직관리의 핵심임
- 조직안에서 대부분의 갈등은 권력 관계 or 인간의 감정과 연관이 되어있음
  * 군에서 가장 큰 갈등 유형 : 상사-부하 간, 동료-동료 간, 부하와 갈등
- 지나고 보면 별 것도 아닌데 작은 것에 집착하기도 함(주도권, 자존심, 질투 등)
  * 나와 1년 밖에 차이 안 나는 선배가 자꾸 일을 떠넘겨서 짜증이 난다.
  * 실적은 비슷한 것 같은데 왜 동기만 인정을 받지 ? 등 시기, 질투 갈등 상황 많음

▲ 갈등을 다루는 2가지 방법

1. 적극적 경청 : 상대방 입장에서 생각하고 말하기
   : 대화 도중 내 의견이나 판단은 일단 중지하고 상대방 입장에서 공감
2. I - Message : 나로 시작하여 의견을 전달하는 기법
   : 자신의 위신을 낮추어서 나의 감정을 드러내는 대화법

자료종합이 많이 늦어졌어, 그래서 중대장님 보고도 미뤄졌고 우리를 보는 중대장님 시선이 어떻겠어? 빨리 자료 종합해서 나한테 보내 !	→	자료종합이 늦어져서 많이 걱정된다. 중대장님 보고 일정 고려해야 하거든. 자료 종합이 빨리 된다면 나는 걱정을 좀 덜 수 있을 것 같아.

■ 잘되는 조직은 갈등을 관리하는 탁월한 리더가 있음

- 업무 역할, 업무 스타일, 성격 등에 대한 정확한 파악 우선
  : 면밀한 분석을 통한 경청, 대화, 인정, 중재 등의 방법 적용
- 리더가 갈등을 조장하여 문제를 일으키는 무책임한 경우도 존재함
  : 일부 인원 편애, 지역감정, 비공식 조직 활용, 지역감정, 학연, 혈연, 불공정 등

▲ 인간관계를 망치는 최악의 말투

1. **지적하고 비난하는 말투**
   * 옳고 그름을 이야기할 수 있으나 지적하듯이 비난하듯이 하는 말투는 최악
   "~그렇게 하는 거 아니야", "그거 봐, 넌 맨날 그렇게 하더라",
   "네가 하면 잘 안된다고 했잖아", "비켜봐, 그냥 내가 하는게 낫지"
2. **비교에서 비교로 끝나는 말투**
   * 비교하는 것이 습관이, 상대방이 아무리 잘해도 실수하고 못하는 것에만 집중
   "A는 잘 한다던데, 당신은 할 줄 아는게 뭐가 있어", "B는 시간도 없는데 성과가 좋다고 하던데, 너는 기회를 줘도 그 모양이야?"
3. **"~ 당연해" 라고 하는 말투**
   * 가까운 사람이라도 세상에 당연한 것은 없는데 감사함을 표현할 때도 표현 안함
   "내가 어제 했으니까, 당신이 오늘 하는 거는 당연 한거야","네가 당연히 해야 할 일인데, 빨리 해","그거는 원래 당신 사수가 했던거야"
4. **자기식대로 합리화하는 말투**
   * 그럴듯한 이유를 대면서 내 행동을 정당화 시키는 방어기제
   "네가 그렇게 안 했으면 화를 낼 이유가 없지", "내가 화내지 않으면 네가 말을 들어?", "네가 잘 알아듣게 하려고 강하게 말하는 거야"
5. **협박 아닌 협박 같은 말투**
   * 상대방을 나의 의도대로 움직이려는 경향이 있을 때 잘 안될 경우
   "이번에도 진급시험에 떨어지면, 휴가 제한할 거야", "지금 밖으로 나가면 우리는 앞으로 다시 볼 일은 없어", "좋은 말로 할 때 해, 마지막 경고야"

▲ 빠르게 손절해야 할 인간관계 유형

1. **습관처럼 뒤에서 남 얘기를 하는 사람**
   * 남을 깍아 내리며 자신을 높이는 유형, 내가 없을 때는 나의 부정적 얘기를 함
2. **습관처럼 연락을 안 받는 사람, 약속에 항상 늦는 사람**
   * 대인관계에 최소한의 노력도 하지 않으려 하며 사람관계를 안일하게 생각
3. **하는 말마다 "~끼리, ~사이에" 를 붙이는 사람**
   * 자신의 잘못된 행위를 정당화, 친분이란 자신의 불리함을 상쇄시키는 수단일 뿐 본인 잘못을 인정하지 않으려 하고 인지 조차 못하는 경우 많음
4. **자신의 말이 항상 옳은 사람**
   * 어느 집단을 가던지 항상 불화를 만드는 유형, 자신의 의견을 상대에게 주입하며 교묘하게 본인의 의견을 정답인 것처럼 상대에게 강요
5. **사람을 돈으로만 보는 사람**
   * 대인관계를 물질로만 생각, 자신에게 이득 될만한 사람에게만 접근, 자신에게 쓸모가 없어졌다고 생각하면 뒤도 안 돌아보고 관계를 정리

34. 업무는 경중완급(輕重緩急) 조절이 필요하다.

■ 군대는 항상 바쁘다 ?

- 군은 역동적 조직을 추구하며 한 순간도 병력을 그냥 방치 하지 않음
  * 명절 등 긴 연휴기간에는 병력을 역동적으로 움직이게 하기 위해 체육활동 실시
- 연간 부대훈련예정표를 보면 부대 관리 / 정비기간, 훈련 후 휴식 / 정비 등 진행되는 내용을 확인할 수 있으며 바쁠 때도 있고 여유 있을 때도 있음
  * 평균 월 1회 수준 야외기동 훈련 편성되는 경우 많음, 혹서기는 상대적 휴식 개념
- 항상 바쁘다고 느끼는 사람은 업무에 대한 사전 준비가 부족한 경우 많음

■ 업무 중요도 / 긴급도 기준으로 효율적으로 진행 필요

- 바쁜 사람은 항상 시간 없다고 얘기 : 어떤 일을 하고 있는데 추가되는 일 많음
- 여러 가지 일을 한 번에 처리하는 멀티태스킹 능력이 있다면 가장 이상적임
  : 하지만 대부분 인원은 한 번에 여러 가지 일을 하는데 어려움을 느끼고 있음
- 나에게 맞는 업무스타일을 찾을 필요 있음 : (권장) 중요도와 긴급도로 우선순위 설정
  * 급한데 중요한 일 > 급한데 안 중요한 일 > 급하지 않고 안 중요한 일

▲ 단순하게 일하기, 한 번에 하나씩 가장 중요한 일부터

1. 군더더기 없애기, 본질을 파악하기
2. 우선순위 정하기, 필요한 일만 정리하기
3. 역산으로 순서 정하기, 나만의 업무 틀 만들기
4. 정보는 필요한 것만 효율적으로 모으기, 꼭 필요한 것만 메모하기
5. 선택과 집중을 통해 대략계산하는 능력 적용하기

■ 가장 먼저 해야 할 일 : 지휘관이 지시한 업무

- 불가피한 경우 지휘관에게 상황을 설명하고 이해를 구하는 것 반드시 필요
  * 소대장으로서 중대장 지시 먼저 ? 대대장 지시 먼저 ?
  : 중대장 지시 우선 처리, 대대장에게 상황 설명(이해 못할 대대장은 없음)
- 다른 일을 하고 있더라도 지휘관 지시는 최우선
  * "대대장님, 제가 지금 중대장이 지시한 임무를 수행하고 있습니다.
    빨리 마무리하고 대대장님 지시를 하겠습니다."
- 내 업무보다 동료가 부탁하는 업무 우선(얼마나 힘들면 나에게 도와 달라고 하나 ?)
  * 고마움을 느낀 동료는 나중에 반드시 내가 어려울 때 내 부탁을 도와줌

▲ 당신의 일처리 능력은?

- 동시에 2~3개의 일을 한다.
- 100% 완벽하지 않은 기획안은 보고하지 않는다.
- 필수 정보외의 주변정보까지 수집한다.
- 숫자는 소수점 아래까지 계산한다.
- 일의 순서는 A부터 Z까지 시간순으로 정한다.
- 문제가 생겼을 때 매뉴얼부터 확인한다.
- 잘 모르지만 일단 해보고 본다.

0개 당신은 완벽한 프로일잘러,
1~2개 당신은 딱 1% 부족한 일잘러
3~4개 정작 핵심은 못 짚는 당신 ?
5~7개 일 습관에 대한 재점검이 필요한 당신

▲ 일 잘하는 사람의 습관 !

- 한 번에 하나씩
- 60%만 완성한다는 느낌으로 초안 작성
- 필수정보만, 처음 시작은 대략 어림셈으로
- 문제발생시 감각적 판단으로 모르면 거침없이 질문

▲ 상대방을 이해하여 가까워질 수 있는 단어

- 동의 : 나는 당신과 뜻이 같다.
- 동감 : 나는 당신과 같은 상황에서는 같은 느낌을 갖는다.
- 공감 : 나는 당신과 생각이 다르더라도 당신 입장에서 그 느낌을 이해한다.

35. 주변 사람을 내 사람으로, 안되면 적은 만들지 마라

■ 대부분의 스트레스는 업무보다는 인간관계에서 발생

- 일이 힘든 것보다 사람 관계에서 어려움 많음 : 주변 사람을 내가 선택할 수 없음
- 다른 사람이 나를 대하는 태도 = 내가 그 사람을 대하는 태도에 의해 결정
- 받기만 하려는 마음가짐은 인간관계 형성에 부정적 영향 (내가 한 만큼 받음)
  : 군에서 주변사람과 기본적 업무관계는 Give & Take 로 생각할 필요 있음
    * 내가 도움을 받고자 한다면 나도 상대방에게 도움이 되어야 함

■ 주변 사람을 모두 내 사람으로 만드는 것이 좋으나 현실은 불가능

- 내 사람으로 만드는 것은 많은 노력 필요 (모두를 내 사람으로 만들 필요는 없음)
  : 하지만 최소한 나에게 적대적인 감정을 가지지 않도록 하는 것은 중요
- A 간부가 급해서 도와달라 했는데 내가 불가피한 사정으로 도와주지 못했을 경우, 상황을 이해하지 못하고 A 간부는 나에 대해 불편한 감정이 생길 수도 있음
  * 상황을 설명하고 상대방이 기분 나쁘지 않게 이해시키는 방법도 필요
  : 불편한 감정을 가졌다면 앞으로 A 간부의 도움은 기대할 수 없음
    (최악의 경우, 적대적 감정으로 나에 대한 부정적 소문을 확대시킬 수 있음)

▲ 다른 사람의 호감을 얻는 6가지 방법

1. 다른 사람에게 진정한 관심을 가져라.
2. 웃어라.
3. 상대방의 관심에 대해 이야기하라.
4. 잘 듣는 사람이 되라.
5. 상대방이 스스로에 대해 말하게 하라.
6. 상대방이 인정받고 있음을 느끼게 하라. 그리고 진심으로 인정하라.

■ 원만한 대인관계 유지 : 군 생활 적응의 지름길

- 부대에서 혼자 할 수 있는 일들이 많지 않음
  : 원만한 대인관계 → 부대 적응 향상 → 업무 효율성 가능
    * 초급간부의 부대 부적응 원인 1순위 : 대인관계
- 모든 주변 인원을 내 편으로 만들 필요도 없고 현실적으로도 불가능
  : 하지만, 1명이라도 적으로 만들면 군 생활이 매우 힘들어짐
    (나의 노력으로 최소한 상대방을 적으로 안 만드는 것은 가능)

▲ 상대에게 믿음을 주는 아들러식 8가지 경청 방법

1. 공감하면서 듣는다.
2. 흥미를 가지고 듣는다.
3. 몸 전체로 듣는다.
4. 일방적으로 이야기하지 않는다.
5. 상대방의 말을 함부로 정리하지 않고 끝까지 듣는다.
6. 호감을 얻는 맞장구, 반감을 사는 맞장구를 구별하여 적용한다.
7. 상대방을 이해한다는 마음을 담아 질문한다.
8. 상대방의 주관에 끌려가지 않고 듣는다.

▲ 인간관계가 원만하지 않은 사람의 10가지 특징

1. 자기도 모르게 부정적 사고를 하게 된다.
2. 자기도 모르게 다른 사람과 비교한다.
3. 다른 사람의 말을 경청하지 못한다.
4. 분노를 통해서 사람을 조정한다.
5. 부럽다는 말을 자주한다.
6. 하지만, 그래도, 어차피가 말버릇이다.
7. 자신과 생각이 다른 사람을 거부한다.
8. 문제 행동으로 주목 받으려 한다.
9. 커뮤니케이션을 승부라고 생각한다.
10. 잘못을 인정하지 않는다.

▲ 관계의 변화를 만드는 실전소통법

1. 일상. 직장에서 자주 소통하기
2. 같은 말도 듣기 좋게 하기
3. 진정성 있게 사과하기
4. 기분 나쁘지 않게 부탁하기
5. 세대 차이, 성격차이를 인정하고 다르게 말하기
6. 어른의 사춘기도 기다려주고 포용하기

36. 군대에서 인원파악과 보고는 시작과 끝 !

■ **어떠한 상황에서도 인원파악은 기본 중에 기본**

- 초급장교는 내가 통제하는 병력이 어디에서 무엇을 하고 있는지 정확히 알아야 함
  : 인원파악만 제대로 하고 있어도 기본은 한다는 얘기 듣는 경우 많음
- 인원파악 보고형식에 대해 반복 연습을 통해 숙달될 필요 있음 (표준보고 양식)
  : "충성, OO교육 인원보고, 총원 OO명, 열외 O명, 현재원 OO명, 열외사유
  휴가 O명, 파견 O명, 근무취침 O명, 입실 O명 이상 OO명 OO교육 집합 끝"

■ **사고 예방의 기본 : 모든 병력은 내 가시권 범위내 있어야 함**

- 사고는 내 눈 밖에서, 내가 없을 때, 열외병력에서 발생할 확률이 높음
  : 가능한 내가 눈으로 직접 보고, 내 손으로 확인한다는 개념으로 접근 필요
- 열외병력에 대해서는 어떤 방법이던지 반드시 확인한다는 생각 중요
  : 내 병력은 내가 책임진다는 생각을 가지고 끝까지 추적하여 관리 필요

▲ **군대는 보고로 시작해서 보고로 끝난다.**

1. 보고도 훈련 중 하나이다.
2. 보고는 책임에 대한 문제이다.
3. 보고만으로 문제가 해결되기도 한다.
4. 보고는 의사소통이다.
5. 보고를 자주 한다고 싫어할 상급자는 없다.
6. 보고는 지휘관계, 인간관계, 업무관계의 시작이다.

■ **상급자에게 보고하는 것을 어려워하지 말자**

- 보고는 적시성, 정확성이 생명 : 시기를 놓쳐서 보고 의미를 상실하는 경우 많음
- 초급장교가 혼자 해결하려고 하면 더 큰 문제가 발생할 확률이 높음
  * '이 정도는 내가 처리할 수 있겠다' 는 생각은 중대장 이후 군 생활부터 적용 가능
- 어려운 상황일수록 신속한 최초보고의 중요성 강조됨
  : 보고를 하면 나의 고민은 상급자의 것이 된다는 생각으로 업무 수행 필요
  * 혼자 고민할 필요 없음 (보고 누락은 큰 문제임)
- 초급장교로서 할 수 있는 것이 생각보다 많지 않음
  : 여러 사람이 고민하면 합리적 해결책 적용 가능

37. 초급장교가 해결 할 수 있는 일은 많지 않다 ?

■ **문제의 최종 해결자는 아니지만 중간 역할은 할 수 있다.**

- 초급장교가 병사들의 어려운 상황을 인지하고 할 수 있는 일이 있는가?

 : 상황에 따라 직접적 해결책 없는 경우 많지만 Listener 역할은 할 수 있음

  * 병사들은 소대장이 문제를 직접 해결해 줄 것으로 기대하는 경우 많지 않음

  : 들어주는 것만으로 스트레스 해소되고 스스로 답을 찾는 경우 많음

- 병사들에게 실질적 해결책을 제시할 수 있는 역할은 현실적으로 중대장부터 가능

 : 중대장은 병사들에게 필요한 휴가 및 보직, 징계 등에 대한 조정 권한 있음

  * 소대장으로 빨리 인지 / 공감하고 문제 해결을 위한 중간 역할로 연결 기능 중요

 : 상황에 따라 병사들과 비밀유지 보다 보고를 통해 해결하는 상황적 융통성 필요

■ **그래도 초급장교에게 중요한 것은 자신감 (처음부터 잘하는 사람 없음)**

- '내 병사는 내가 책임진다. 건강하게 전역 전까지 관리하는 것이 내 책임이다' 라는 병사 관리에 대한 확고한 가치관 정립 필요

 * 소대장으로 자신감, 책임감이 있어야 병사들이 믿고 의지할 수 있음

- 초급장교 권한이 크지 않지만 소대원에 대한 진정성을 가지고 적극적 자세 필요

 : 적극적인 자세 중에 발생하는 실수, 잘못 등에 대해 질책하는 분위기 아님

▲ **의지할 수 있는 사람의 특징**

1. 책임감이 있다 : 일상적으로 신뢰 있고 끝장을 보는 의식 강함
2. 발걸음이 가볍다 : 부탁을 들어줄 때 즉시 행동, 타이밍 중요
3. 정성껏 해준다 : 상대방을 위해 뭔가 해주고 싶다는 의식 강함
4. 경험이 많고 아는 것이 많다 : 다양한 케이스에 대응 가능
5. 자신의 한계를 정확히 안다 : 방향성을 제시하거나 적임자를 찾아 소개

■ **누구나 마음 속 깊은 곳에 이해받고 싶은 욕구 있음 : 공감 필요**

- 병사들이 혼자 힘들어하지 않도록 먼저 찾아가서 손을 내밀어 주는 것 필요

 : 병사가 먼저 다가오는 병사의 경우 많지 않음. 내가 먼저 찾아가는 적극적 자세 중요

- 병사들이 필요한 도움을 받을 수 있도록 다양한 방법을 안내할 필요 있음

 : 부대 상담관, 군의관, 군종병, 지휘관, 정부 지원시스템 등을 연결해줄 수 있음

- 내 부하들의 고민 / 스트레스를 공감해줄 수 있도록 공감적 경청방법 숙달 필요

 : 상대방 마음을 충분히 이해하고 공감하면서 하나가 되고 싶은 마음가짐 중요

▲ 공감적 경청 3단계 방법(전역후 진로에 대해 고민하는 병사)

(1단계) 설득 = 머리 높이로 듣기

: 교육에 집중도 잘 안 하고 체육활동도 참여하지 않으니 네가 무슨 생각을 하는지 잘 모르겠다. 어느 정도 목표가 정해져야 전역 후 취업도 생각할 텐데, 고민을 좀 해 봐야 되지 않겠니?

* 자신의 주장과 생각을 피력하여 상대방을 설득하는 것이 목적

(2단계) 동감 = 눈 높이로 듣기

: 프로게임머 좋지, 너 게임을 좋아하니까 그쪽으로 진로를 생각하는 것도 좋겠다. 그런데 프로게이머 되는 것이 쉽지 않다고 하니 다른 진로도 한번 생각해봐야 되지 않을까 ?

* 말하는 사람의 관점에서 들으려고 애쓰고 동감하고 인정하면서 조금 더 객관적 의견과 견주어 비교하는 것이 목적

(3단계) 공감 = 가슴 높이로 듣기

: 그냥 게임만 하는 것이 아니라 스스로 좋아하는 일에 연결시켰네, 훌륭하다. 그것도 모르고 게임만 한다고 뭐라 했으니 많이 억울했을 것 같다. 게임도 잘하지만 사람들에게 더 멋진 모습을 보여주는 프로게이머가 되기 위해 공부도 함께 하면 좋겠다고 얘기하면 많이 불편한가 ?

* 듣는 입장에서의 상대방의 느낌을 함께 느끼려는게 목적

▲ 진로 때문에 고민하는 병사의 특징

1. 미래에 대한 생각이 없음 (어떤 식이던지 살겠지 뭐..)
   → 유사 집단 선배들의 사례 제시, 본인이 스스로 느낄 수 있도록

2 비현실적 / 무리한 진로계획 (1년 안에 사법시험을 패스 하겠어..)
   → 객관적 사실 제시, 동료집단과의 대화 유도 등 본인 인지 중요

3 실패에 대한 두려움 / 불안 (해도 안될 것 같아...)
   → 작은 성공의 경험을 반복하여 자신감 배양 기회 제공

▲ 마음의 문을 두드리는 화법

- 감정의 타당화 : 그럴 수도 있겠네
- 수용 : 그런데 지양, 그리고 지향
- 명료화 : 내가 지금 이해하기로는 .....
- 감정반영 : OO이가 얼마나 ..... 했을까 !

38. 작은 성공을 통해 자신감 향상될 수 있다.

■ 맥락 없는 '화이팅, 너는 할 수 있어' 는 진실되게 공감되지 않음

- 자신감은 다른 사람이 만들어 줄 수 없음. 오직 본인이 느껴야 하는 것임
  : 스스로 자신감을 느끼고 행동해야 업무를 통해 주변에서 인정받을 수 있음
- 주변의 작은 인정으로 자신감 향상 가능 (고기도 먹어본 사람이 더 잘 먹는다.)
  : 잘 되는 놈은 계속 인정받으면서 부대에서 더 발전하는 경향 있음
    * 어떻게 처음 인정을 받고 시작하느냐에 따라 달라짐, 작은 인정이 시작임
- 자신감과 자만심의 차이 : 혼자만 잘했다고 생각하는 것은 자만심
  * 쓸데 없는 자존심은 있으나 자신감 없는 사람 많음 (인정받은 자존심은 자신감)

■ '나도 해보니까 되는데' 라고 스스로 느끼는 것이 중요

- 처음부터 욕심을 낼 필요 없음 : 처음 목표는 실현 가능한 작은 목표부터 시작
  : 간단한 업무부터 인정을 받는 것으로 시작하여 점차적으로 확대할 필요 있음
- 시작도 해보지 않고 처음부터 "나는 안돼" 라는 생각은 어리석음 (해봤는가 ?)
  : 초급장교 업무 난이도 수준은 어렵지 않음 (보통 사람이라면 충분히 가능한 수준)
- 긍정적인 생각으로 일단 해 보았는가 ? 정말 최선을 다해 보았는가 ?
  : 스스로 판단하여 최선을 다했는데 결과가 좋지 않더라도 후회하지는 않음
    * 최선을 다했는데 아쉬움이 있는가 ? 그래도 안 된다면 안되는 것을 받아들이면 됨

▲ 자신감 향상 10가지 방법

1. 내 한계에 도전하자.
2. 미안해하지 말고 자기 뜻대로 살자.
3. 두려워하는 부분을 인정하자.
4. 완벽함이란 없다.
5. 내 주장의 표현을 연습하자.
6. 최상의 신체상태를 유지하자.
7. 자신있게 생각하자.
8. 자책하지 말고 용서하라
9. 몸가짐에 신경쓰자.
10. 나는 대단한 사람이란 것 잊지 말자

■ 작은 성공의 반복으로 누구나 자신감 배양 가능

- 작은 성공을 반복하는 습관 필요 : 성공 습관은 인생의 큰 자산이 될 수 있음
- 목표 설정에 대해 실천 가능한 작은 것부터 시작할 필요가 있음
  * 올림픽 나가서 금메달 따기 ? (현실적 불가능)
  * 체력수준 1급 / 특급으로 만들기 ? (환자가 아니라면 충분히 가능)

39. 처음부터 군이 적성에 맞는 사람은 별로 없다.

■ 나는 나의 직업적 적성을 정확하게 알고 있는가 ?

- 대부분 스스로에 대해 어떤 직업이 나에게 맞는지 정확하게 알기는 쉽지 않음
  : 성공한 장군들도 처음부터 군인이 되겠다고 마음먹은 사람은 많지 않음
- 초급장교로 시작할 때 처음부터 군 적성에 맞는 확고한 사람은 별로 없음
  : 태어나면서 군인 or 군인 아니면 안 될 것 같은 사람도 일부 있기는 함
    * 대부분 인원은 내 적성이 군 생활에 맞는지 안 맞는지 모르는 상태에서 시작함

■ '군 생활하다 보니 적성에 맞는 것 같네' 라는 사람도 의외로 많음

- 군 적성을 찾은 사람의 공통점은 업무하면서 주변사람에게 인정받은 사람임
  : 주어진 임무를 성공하여 주변인원에게 인정받으면 자연스럽게 자신감이 생김
- 인정을 받으려면 의도적으로 내 가치관을 조직 방향과 일치시키려는 노력 필요
  : 생각을 바꾸면 행동이 바뀌고, 행동이 바뀌면 습관이 되고, 습관은 운명이 됨
    * 군 생활에 재미를 느끼고 장기 지원하는 사람들의 공통점을 살펴볼 필요 있음

▲ 목표 달성에 성공하는 법

1. 큰 목표를 작은 목표로 세분화 : 최종목표 → 대목표 → 중목표 → 소목표
2. 생애주기로 목표를 분할 : 10년 목표(최종) / 1년 목표(대, 중, 소)
3. 최종목표를 위한 목표 크기 / 범위 / 달성시간을 세분화
4. 목표는 논리적으로 연계되게 설정

▲ 빠른 목표 달성을 위한 조언

1. 목표를 점검하라
2. 계획을 세워라
3. 계획을 실천하라
4. 명상 등으로 유연한 마음을 유지하라
5. 신뢰할 수 있는 사람에게 보여주고 조언을 들어라

■ 조직이 지향하는 방향에 의도적으로 관심을 가지자 !

- 지휘관 / 상급자가 자주 사용하는 단어를 분석할 필요가 있음
  : 자주 사용하는 단어는 상급자의 지향성 및 생각, 정책방향을 나타냄
- 시간적 여유가 되어 2단계 상급 / 인접 부대 계획에 관심을 가지면 유리할 수 있음
  : 부대간 상호 연결되고 지휘관계이기 때문에 미리 방향성, 지향점 확인에 유리
- 관심을 가지고 최선을 다해 노력했으나 그래도 결과가 좋지 않다면...
  : 최종적으로 군 조직이 나와 맞지 않다고 판단되면 그때는 다른 길 준비 필요

40. 장교는 필연적으로 앞에 나설 때가 많음

■ **사람들 앞에서 얘기해야 하는 경우 많음 : 피한다고 피할 수 없음**

- 교관, 브리핑, 교육, 상황 보고, 회의, 토의, 지시 등 사람들 앞에 설 기회 많음
- 소대원 앞에서 교관 역할 할 경우 병사들은 소대장의 준비상태를 바로 판단 가능
  : 교육내용 숙지하지 못하고 대충 더듬거린다면 소대장 역할은 기대하기 힘듬
  * 교관인 경우, 반드시 내용 숙지하여 사전 반복연습을 통해 완전 외우는 수준 필수
- 당직사관으로 다음날 지휘관에게 야간상황을 종합 보고할 경우 미리 연습 필요
  : 연습을 통해 숙달 가능, 나의 능력을 보여줄 수 있는 중요한 기회임
  * 숙달된 고참 장교들도 상황보고를 반복해서 완전한 수준까지 연습하는 경우 많음

■ **사람들 앞에서 신뢰를 받지 못하면 장교로서 역할 수행 제한**

- 한 번, 두 번 반복적으로 신뢰를 받지 못하고 지적이 누적된다면 회복하기 힘듬
  : 한 번은 실수로 인정 가능, 두 번째 부터는 실수가 아닌 실력으로 생각함
- 중요한 브리핑이 있다면 사전에 해당 장소에서 미리 연습하는 것 반드시 필요
  : 내용은 외울 정도로, 간단하게 핵심 위주로, 말하는 것은 명확하게 또박또박
- 사람들 앞에서 말하는 것을 피할 수 없음 : 내가 기회를 즐긴다는 마음가짐 필요
  * 사람들에게 공개적으로 인정을 받을 수 있는 기회는 많지 않음

▲ 발표를 잘하는 방법

1. 논리적 이야기로 청중과 소통하라.
2. 이야기의 핵심만 추려서 줄여라. (하고 싶은 말의 1/10만 발표)
3. 발표할 때 인사 / 초반에서 임팩트를 잘 주기만 해도 반은 성공이다.
4. 발표할 때 필수내용과 보조내용을 구분해서 발표하라.
5. 자신있는 태도, 목소리, 태도, 제스쳐는 중요하다. (발음과 발성은 매우 중요)
6. 호기심을 자극하는 멘트와 결론부터 제시하라.

■ **장교는 어항 속 금붕어 인가 ? 사람들 앞에 나선다는 것은 기회임**

- 주변 인원은 내가 어떤 사람인가에 대해 생각보다 자세하게 알고 있음
  : 자신있게 내가 어떤 사람인지 보여주자 !
  * (잘못된 경우) "아무도 모르겠지" : 많이 알고 있음, "다 알겠지" : 많이 모름
- 실수는 할 수 있지만 실수를 덮기 위한 거짓말은 금지
  : 솔직하게 사람들 앞에서 나를 보여줄 기회로 활용하자 !
  * 연습을 통해 숙달되어 내 능력은 이렇다는 것을 자랑하자.

▲ 사람들 앞에서 나서기 어려웠던 사람이 자신감을 찾은 사례

A라는 사람은 연구 분야에 경험도 많고 전문지식이 많은 사람이다.
하지만 사람들 앞에서 나서서 말할 기회가 별로 없어서 자신감은 없는 상태였으며 말하는 기술도 별도 없다고 느끼고 있었다.
그렇게 시간이 지나는 동안 A라는 사람은 본인이 하던 연구분야에 대해 실적을 인정받아서 전문가로 케이블 TV에서 강연을 해달라는 부탁을 받게 되었고 약속된 방송예정일이 다가오고 있었다.

평소에도 사람들 앞에 나서서 얘기하는 것에 대해 부담감을 갖고 있던 A는 방송일이 다가올수록 잠을 못 잘 정도로 긴장하고 불안하여 정상 생활을 할 수 없는 수준이 되었다.

A는 고민 끝에 이대로는 안 될 것 같아, 평소 존경하던 대학교 지도교수를 찾아 뵙고 본인의 사정을 설명하였다.

"교수님, 너무 걱정되어 잠을 잘 수 없는 수준인데, 어떻게 하면 좋을지 조언을 부탁드립니다."

A는 지도교수의 말을 듣고 자신감을 찾게 되었다.
지도교수는 A에게 무슨 말을 해 주었을까?

"너무 걱정하지 말게, 그 케이블 TV 아무도 안보네,
자네가 무슨 소리를 해도 아무도 신경쓰지 않으니 하고 싶은 말 다하게"

………………

→ 자신감은 본인에 대한 심리적 안정이 중요한 요소로 작용한다.
사람마다 본인이 안정감을 찾을 수 있는 요소는 각기 다를 수 있다.
어떤 사람은 사람들 앞에 나설 때 마다 꼭 가지고 다니는 볼펜이 있어야 심리적 안정을 찾는 사람도 있다.

→ 사람들 앞에 나설 때 떨리는 마음이 없는 것도 정상은 아니다.
적당한 긴장감은 긍정적인 성과로 이어지기도 한다. 사람들은 과도하게 떨리는 마음을 안정시키기 위해 대부분 연습을 많이 한다.
연습을 많이 한다고 모든 사람이 다 좋아지는 것은 아니지만 많은 사람들이 반복적인 연습을 통해 긍정적 효과를 본 것은 분명하다.

41. 솔선수범이 제일 좋지만 안된다면 최소한..

■ 일단 보여주어야 믿고 따라올 수 있음 : 솔선수범

* 병사들은 직접 보지 않으면 믿지 않고 '소대장님이 먼저 해보십시오' 라고 얘기함

- 피동적인 병사를 대상으로 진행하려면 방향을 먼저 제시하고 보여주어야 함
  : 내가 하지 않으면서 부하에게 시키기만 한다면 따르지 않음 (너나 잘 하세요)
- 남 보다 앞장서서 행동해서 다른 사람의 본보기가 되는 것은 많은 준비 필요
  : 아는 것이 있어야 앞에 나설 것이 아닌가 ? 의지만 있는 솔선수범은 부끄러움
- 보병학교 구호 (나를 따르라 !) : 평상시 전술교범 숙달을 통해 군 전문지식 준비
  * 솔선수범 조건 = 머리에 채워진 전술지식 + 행동으로 보여줄 수 있는 강인한 체력

■ 내가 월등하지 않다면 잘하는 인원에 대한 벤치마킹 노력은 필수

- 처음부터 부하들을 지도할 만큼의 솔선수범 수준은 현실적으로 쉽지 않음
  : 시행착오 겪는 것은 당연하겠지만 주변에 잘한다는 사람을 연구할 필요 있음
  * 잘 한다고 인정받는 사람은 무엇을 잘하나? 무슨 준비 하나? 어떤 장점이 있는가 ?
- 군에서 다른 사람을 모방하여 따라가려는 것은 비도덕적 행위가 아님
  : 장려되는 문화, 잘하는 사람의 방법을 그대로만 적용만 해도 인정받는 분위기

▲ 군에서 적용 가능한 벤치마킹 유형

1. 내부 벤치마킹 : 지역內 기능이 유사한 부대 내의 활동을 비교 대상
   - 자료 수집 용이, 관점 제한적 가능, 편중된 내부 시각 우려
2. 경쟁 벤치마킹 : 동일 부대에서 병사를 직접적으로 대하는 경쟁인원 대상
   - 업무/기술에 대한 직접 비교 가능, 적대적 태도로 자료 수집 어려움
3. 비경쟁적 벤치마킹 : 가장 우수한 실무를 보이는 비경쟁적 타 부대 활동
   - 혁신적 아이디어의 창출 가능, 환경 사례 가공 필요

■ 부하를 감동감화 시키는 것은 어렵지만 준비하면 진정성은 전달 가능

* 준비 요소별로 분석하여 모범이 될 수 있도록 실천하는 행동이 무엇보다 중요

- 모범성 : 위험하거나 힘들거나 기피하는 업무, 역할, 순번을 자청하여 실시
- 선도성 : 지금 보다 효율적인 일 처리방식을 시도
- 능동성 : 다른 사람이 선뜻 나서지 않는 문제를 자원
- 실천성 : 현장지향 행동, 언행일치의 실행적 자세 / 행동
- 영향성 : 조직적으로 바람직한 의미있는 일 지향

42. SNS 활용은 스마트하게, 하지만 조심스럽게

■ 첨단기기 활용하지 못하면 시대적 흐름에 도태 될 가능성도 있음

＊ MZ세대 특징 (첨단기기 사용, 거부감 없음) : 내 고객(?)은 MZ세대

- 얼리어답터 수준은 필요 없지만 주변 사람들과 어울릴 수 있는 수준은 필요
  ＊ 카톡이 귀찮아 사용하지 않는다 ? (본인만 편함, 주변 관계를 단절하는 지름길)
- 지금은 정보의 시대 : 정보의 출처는 가능한 많은 계통을 확보하는 것 유리
  : 다 알고 있는데 나만 모르는 내용이 있다면 내 정보획득 능력을 반성해야 함

■ 앞서가는 초급장교는 SNS 활용 능력 우수한가 ? 사람마다 다름

- SNS 활동을 잘하여 인정받는 초급장교도 있지만 규정 모르는 상태에서는 위험
  : 자신없고 위험한 분야까지 다른 사람이 SNS 활동을 한다고 따라갈 필요는 없음
- 초급장교가 많이 하는 실수 :부대내 활동을 사진 찍어 개인 SNS에 올리는 것
  : 차량, 인원, 시설, 장비, 건물, 편제, 훈련 등 관련 사진 게재는 보안규정 위반
  ＊ 처음 올리기 전에 애매하다면 일단 멈추고 주변 선배장교, 정작계통 확인 필요
- 군인 신분에서 정치적 의견을 SNS에 게시하는 것은 정치적 중립 위반 사항
  : 한번 게시되었던 내용은 삭제되어도 흔적은 유지, 지속적으로 괴롭힐 수 있음

▲ 국방 사이버 기강 통합관리 훈령

- 제5조(사이버 기강 준수사항) 군인은 「군인복무기본법」 제27조, 「군인복무기본법」 시행규칙 제3조 및 「정보통신망법」 제44조의 7에 따라 사이버공간에서 다음 각 호의 행위를 하여서는 아니 된다. : 부대 정보, 군(부대)의 상징물, 직무 등을 노출하여 개인의 의견이 군의 공식의견으로 보이거나 군사정보로 오해될 수 있는 행위
- 제11조(위반자 제재) 사이버 기강 위반자는 「국방부 군인·군무원 징계 업무처리 훈령」에 따라 징계위원회에 회부·처벌되며, 법률 위반자는 해당 법률에 따라 형사 처벌됨을 인식하고 주의해야 한다.

■ 보안규정 준수하면서 얼마든지 소통 창구로 SNS 활용 가능

- 병사들 부모님과 SNS 활동을 통해 건전한 의사소통 가능
  : 부모님을 통한 병사들에 대한 우회적 접근도 인원관리에 효과적
- 사이버보안 지침 등 가이드 라인 준수하면서도 실질적 사용 가능
- 아무리 개인적 / 폐쇄적 SNS 활동이라도 군 관련 내용은 나중에 공개될 가능성 큼
  : 보안사고는 군생활에 치명적이므로 조금이라도 애매하면 멈추고 규정 확인 필요

43. 육군의 가치관을 알고 있는가 ?

■ **가치관 : 구성원들이 공유하고 실천하는 의사결정과 행동방식의 기준**

- 조직의 구성원으로서 최소한 조직의 지향하는 방향이 무엇인지는 인식해야 함
  : 조직의 목표와 내 목표를 일치시킬 수 있다면 조직에서 바라는 이상적인 모습
- 표현의 형태는 다양할 수 있으나 핵심가치에 대한 본질적 내용 인지 필요
  : 나를 돌아볼 때 5대 가치관(충성, 용기, 책임, 창의 존중)을 준비 하고 있는가 ?
  * 나는 용기있는 행동을 한 적이 있는가 ? 나는 책임있는 행동을 한 적이 있는가 ?

■ **육군 3대 핵심가치를 알고 있는가 ? (2019년 이후)**

▲ **육군 3대 핵심가치 재정립**
: 위국헌신 / 책임완수 / 상호존중
- 美 육군 핵심가치 : 충성, 의무, 존경, 봉사정신, 명예, 진실됨, 용기

▲ **육군 비전 2030 : 한계를 넘어서는 초일류, 대한민국 육군**

▲ **헌법 제 5조**
: 국군은 국가의 안전보장과 국토방위의 신성한 의무를 수행함을 사명으로 한다.

- (육군본부) 육군을 구성하는 모든 사람이 핵심가치를 기반으로 서로를 존중하고 맡은 바 책임을 다하며 국가와 국민을 위해 헌신할 때 하나의 육군 가능
  * 핵심가치 : 전 구성원이 참된 군인이자 민주시민으로서 어떠한 상황에도 옳고 그름을 판단 할 수 있도록 하는 사고와 행동의 기준
- 일부 장교는 육군의 핵심가치가 있는지도 모르고 조직이 지향하는 방향성도 모르는 상태에서 인정을 받을 수 있는가 ? (조직에 대한 관심이 없는 것으로 인식)

■ **가치관이 준비된 사람은 더 쉽게 인정 받을 수 있음**

- (위국헌신) 가치관이 내재된 사람은 행동이 다름
- (책임완수) 보여주기식이 아니라 실질적으로 군인으로서 노력해야 하는 내용
- (상호존중) 다양성 인정, 존재가치 동등하게 존중, 권한과 책임의 차이 인정
  * 상급자가 가끔씩 군번줄이나 가치관 확인하기도 함

▲ 육군의 가치관 정립 변천사

- 나는 무엇을 위해 군 복무를 하는가?
  : 끝까지 지킬게 → 위국헌신 (군의 존재목적)
- 나는 어떤 군인이 되어야 하는가?
  : 끝까지 다할게 → 책임완수 (군의 정체성과 역할)
- 나는 군인이기 전에 누구인가?
  : 끝까지 함께해 → 상호존중 (군의 저변과 토대)

* 권한과 책임의 차이는 인정, 서로의 다양성과 인격 / 인권 및 존재가치는 존중

⇨ 신뢰와 조화를 바탕으로 하나의 목표로 나아갈 때,
우리는 하나된 육군으로, 승리를 쟁취할 것이다.
하나된 육군, ONE ARMY

- 육군 핵심가치 홍보영상 내용 中

....

▲ 내 가치관 탐구하고 정립하기

1. 삶에서 중요하게 여기는 것들 적어보기
2. 내가 살아있음을 느끼게 해 주었던 경험 3~5가지 생각해 보기
3. 내 팔순잔치 때 사람들이 나에게 해주었으면 하는 말 생각해 보기
4. 다른 사람들의 어떤 점을 동경하는지 생각해 보기
5. 내가 삶에서 정말 원하는 것들이 무엇인지 적어보기
6. 나만의 가치 목록 작성해 우선순위 파악하기
7. 내가 고른 가치 중에서 가장 중요한 10가지 선정하기

44. 오직 경쟁 뿐인가 ? Win-Win 가능하다.

■ 군대 조직은 어쩔 수 없는 피라미드 구조

- 계급이 올라갈수록 경쟁이 더 치열해지는 것은 조직사회에서 당연한 결과
  : 올라갈 자리 적고 대상자는 많으면 경쟁 불가피하다는 생각도 받아들여야 함
- 초급장교 시절에는 경쟁한다는 마음가짐보다 상호 Win-Win 한다는 생각 필요
  : 부대 안에서 초급장교간의 경쟁은 아무 의미 없음, 서로 경쟁상대가 아님
  * 나의 장기선발 경쟁상대는 전국적 단위의 같은 병과의 육군장교임

■ 초급장교 시절에는 동료간에 상호 Win-Win 충분히 가능

- 부대 전입후 지식 및 경험이 부족한 상태에서 내가 알고 있는 것은 제한적임
  : 내가 지엽적으로 획득한 정보가 있다면 상호공유 통해 더 많은 정보 획득 가능
  * 일방적으로 주기만 하는 관계는 없으며 공유확대를 통해 나에게 더 도움이 됨
- 조직사회에서는 철저한 Give & Take 문화 정착되어 있음 (철저한 상호주의)
  : 내가 가진 것을 오픈해야 상대방도 나에게 필요한 정보를 오픈하는 경향 있음
  * 나만 알고 있는 정보를 동료에게 알려주지 않겠다는 생각은 편협한 자세

▲ 상호 이익을 모색하라 ! (Think Win-Win)

1. 나도 이기고 상대방도 이기는 승-승 패러다임은 모든 대인관계에서 서로의 이익을 추구하는 방식 (내가 먼저 양보한다는 접근 자세 필요)
2. 당신이 하는 방식이나 내가 하는 방식이 아닌 더 나은 방식 존재
   즉, 더 높은 차원의 방식이 반드시 있다고 믿는 것에서 출발
   : 단기간의 이익보다는 중장기적 이익으로 사람을 얻는다는 마음 필요
3. 승-승 패러다임을 가진 사람들은 동시에 상대도 만족시키는 해결책 찾음
   : 성공하는 사람 특징은 시너지 효과, 넌제로섬 게임의 자세 추구

■ 초급장교 동료간 상호협조 자세는 중장기적으로 군 생활에 많은 도움

- 초급장교 시절의 부대 안에서 경쟁은 무의미
  : 주변에 협조적이며 원만한 대인관계라는 인식을 줄 필요 있음
  * 초급 시절의 좋은 인연은 군 생활 내내 도움되는 경우 많음
- 내가 베푼 만큼 나에게 돌아옴 : 왕따는 스스로 만듬
  : 주변 사람이 나에게 하는 행동은 '내가 주변에 어떻게 했는냐' 에 따라 달라짐

45. 당장의 손해가 길게 보면 이익이 될 수 있다.

■ 군 생활을 조금 길게 본다는 생각을 가지자 !

- 당장의 장기 선발, 진급 때문에 마음이 급한 것은 인간으로서 당연한 생각
  : 하지만, 눈 앞의 이익이라는 판단 때문에 행동을 잘못하는 경우도 많음
    * 내가 장기 선발되기 위해서 부대 동료장교 A보다 무조건 잘해야 한다 ?
  : 동료장교 A를 행동으로 시기질투하게 되면 이기적 장교로 인식될 수 있음
- 당시에는 내가 우선이고 상대방을 이겨야 하는 상황이라고 판단할 수 있지만
  : 시간이 지나서 보면 매우 의미 없는 행동이었다고 느끼는 경우 많음
  * 한 템포 여유를 가지고 당장의 이익보다는 조금 길게 적용할 필요 있음

▲ **인간만사 새옹지마 (人間萬事 塞翁之馬)**

- 노인이 기르던 말이 국경을 넘어 도망쳤다. 이웃 주민이 위로의 말 전하자 노인은 “이번 일이 복이 될지 누가 압니까?” 하며 태연했다.
- 몇 달이 지나 도망쳤던 말이 암말 한 필과 함께 돌아왔다. 그러나 노인은 “이게 화가 될지 누가 압니까 ?” 하며 기쁜 내색을 하지 않았다.
- 며칠 후 아들이 말을 타다 다리가 부러지고 말았다. 사람들이 위로하자 노인은 “이게 복이 될지도 모르는 일이오” 하며 표정을 바꾸지 않았다.
- 얼마 후 오랑캐가 다시 침략해 왔다. 젊은이들이 모두 전장에 나가야 했다. 그러나 아들은 다리가 부러진 까닭에 전장에 나가지 않아도 되었다.

■ 사람이 생활하는 곳에 갈등 없는 곳은 없다.

- 내 것만 챙기는 사람, 이기적인 사람, 비협조적인 사람, 양보하지 않는 사람은 누구나 싫어하는 사람이며 어느 조직에서도 환영받지 못함
  : 본질이 제일 중요하지만 다른 사람에게 어떻게 보일지도 신경써야 함
- 내가 누구인가와 갈등 관계에 있다면 나의 자세를 어떻게 정립할 것인가 ?
  : 내가 손해본다는 생각으로 양보해도 결국은 손해보지 않는 경우 많음
    * 지휘관은 전체 관망, 조직 인화단결에 필요한 사람을 우선적으로 판단하고 있음

■ ‘언제인가는 나의 진정성을 인정받을 것이다.’ 라는 생각 필요

- 모든 것을 양보하라는 것을 강조하는 것이 아님
  : 내가 조직을 위해 양보 / 협조적이라는 인식을 줄 필요 있음
- 편협한 당장의 이익 집중하기 보다 자기능력 발전 집중
  : 노력하면 실력 쌓이고 조직에서 필요한 사람으로 찾게 됨

46. 너무 나서지 마라. 하지만 꼭 나서야 할 때도 있음

■ **자신감만으로 군 생활하기는 조금 부족할 수도 있다.**

- 스스로 할 수 있다는 자신감을 가지는 것은 중요하나 진정한 실력이 있어야 함
  : 실력이 없으면 내가 얼마나 부족한 사람인지 주변에게 알려줄 뿐임
- 무조건 "제가 하겠습니다." 라는 말을 하기 전에 준비가 되었는지 확인 필요
  : 복지부동하여 아무것도 하지 말라는 것이 아니라 자신있는 실력을 쌓아야 함
    * 모든 분야를 잘할 수 없음. 내가 가장 잘하는 분야를 특성화 시킬 필요도 있음
- 나 혼자 노력으로 할 수 있는 것도 있고 내 조직과 함께해야 하는 경우도 있음
  : 내가 소대장인데 소대 시범식 교육을 나 혼자만의 노력으로 할 수 있는가?
    * 소대장의 너무 적극적인 의지는 소대원을 피곤하게 할 수 있음 (불만 증가요인)

■ **가만히 있으면 중간이라도 한다?**

- 준비가 안된 상태에서 하는 것보다 잠시 멈추는 것이 좋을 때도 있음
  : 부대 전입 초기 시절의 실망스러운 결과는 극복하는데 오래 걸릴 수 있음
    * 초급장교 시절에는 뒤로 물러서야 할 때도 있음 (너무 나선다는 부정적 인상?)
- 아무 것도 하지말라는 것이 아님 (꾸준히 자기 발전을 위한 노력 병행 필요)
  : 주변 사람들이 무엇을 하는지, 최신 내용은 무엇인지 확인하는 노력 필요
    * 중대장 입장에서는 무작정 의지만 있는 소대장은 피곤한 경우도 많음

▲ **초급장교의 실수사례**

1. 잘 모르는 일에 대해 아는 척 한마디 하다가 틀린 부분을 지적 받음
2. 어설픈 변명을 해서 상급자나 부하를 화나게 하여 상황을 악화 시킴
3. 다른 사람들은 다 쉬고 있는 시간에 혼자만 쉬지 않고 땅을 파고 있음
   * 너무 잘 하려고만 하다가 주변 사람들에게 부담만 주는 경우
4. 상급자의 험담을 했는데 그 얘기가 결국은 그 상급자에게 알려짐

※ 1등으로 인정받는 것은 어려움. 하지만 1등 아니어도 우수하다고 인정받는 것은 불가능하지 않음. 너무 잘하려는 생각보다는 현실적 목표 설정 필요

■ **부하를 위하는 경우라면 손해 보더라도 나서야 함 (부하들 감동 포인트)**

- 부하의 잘못을 내 잘못으로 책임지는 경우 (내 탓이오)
  : 지휘 책임이라도 내가 책임지는 실질적 범위는 크지 않음
- 부하들은 나의 리더가 나를 위해 어떻게 행동하는가 주목함
  : "소대장은 우리를 위해 나서는 사람이야" 라는 인식 필요

47. 사고사례 전파내용은 내 애기인 것처럼..

■ 군에서는 정말 많은 사고사례가 주기적으로 전파됨

- 해당 내용이 나에게 일어날 수 있으므로 동일한 사고를 예방하는 것이 목표임
  : 하지만, 대부분의 간부가 제목만 확인하고 무시하여 넘겨버리는 경향이 있음
    * 전파되는 내용을 보면 거의 모든 경우가 나에게도 일어날 수 있는 가능성 높음
- 사고의 모든 상황을 100% 예방할 수는 없지만 발생 가능성은 낮출 수 있음
  : 사고의 원인을 알고 미리 준비하면 사전에 막을 수 있는 내용이 많이 있음
    * 막상, 내 부대에서 동일한 사고가 발생하고 난 다음에 후회하는 경우 많음
- 사고사례 자료는 부하들을 교육시킬 수 있는 훌륭한 교육자료가 될 수 있음
  : 지속적이고 반복적인 교육을 통해서 부하들의 생각을 바꿀 수 있음
    * 설마 이런 일이 우리 부대에 발생하겠어 ? 라고 생각부터 바꿔야 함

■ 나만 잘하면 사고가 발생하지 않을 가능성은 커진다 ?

- 내가 잘못하는 경우도 있지만 관리하는 부하들의 문제가 발생하는 경우도 많음
  : 부하들에게 필수적인 상급부대 지시, 지침을 교육하는 것은 중요한 문제
    * 특별강조 교육을 해야 하는데 안한 상태에서 사고가 발생했다면 책임은 불가피
- 최근 빈발하는 사고사례는 그만큼 더 나에게 경각심을 가져야 되는 내용임
  : 자주, 최근에 발생하는 빈도 높은 사고는 나에게도 발생할 가능성이 높음

▲ 1-10-100 법칙 (쥬란 법칙)
: 1의 노력을 투입함으로써 사고발생 후 수습과 회복에 투입해야 하는 10과 100의 노력과 비용을 절감할 수 있는 법칙

▲ 1-29-300 법칙 (하인리히 법칙)
: 대형사건 1건이 발생하기 전에 이에 앞서 300건의 미미한 사고가 발생

■ 군사경찰(헌병) 사고사례 자료를 교육자료로 이용하자 !

- 군에서 발생하는 사고는 대부분 예방할 수 있다는 마음 필요
  : 사고는 발생 前 징후가 반드시 보임 (관리자의 세심한 관심)
- 군 전투력 유지의 핵심은 기본적으로 사고가 없어야 함
  : 업무로 인정을 받아도 1번의 사고로 물거품 되는 경우 많음

48. 합리적인 책임 회피 방법도 필요하다.

■ **전임자의 잘못에 대해 내가 책임져야 하는 경우도 있다 ?**

- 상식적으로 전임자의 잘못을 내가 책임지는 경우는 있어서는 안되지만 존재하기도 함
- 대상에 대한 인수인계를 정확히 하지 않았다면 결국은 내 책임으로 귀결됨
  : 총기, 탄약, 비문, 중요장비는 내 눈으로 직접 보고 확인해야 함
  * 전임자에 의한 강압적인 인수인계서 서명은 절대로 수용해서는 안 되는 사항임
- 과거부터 관행이라는 이유는 인정되지 않으며 현 상태에서는 내가 책임져야 함
  : 전.후임간의 인간관계보다 책임 소재에 대해서는 명확하게 한다는 자세 필요

■ **업무 내용에 대한 약속은 가능한 문서로 된 근거를 남겨야 한다.**

- 하지만, 부대 업무의 모든 것을 공문으로 진행하는 것은 현실적이지 않음
  : 실질적으로 문서보다도 전화, 상담, 구두약속 등으로 많은 부분 진행됨
- 꼭 중요하다고 판단되는 내용은 반드시 공문으로 진행해야 하며 문서 진행이 불가하다면 최소한 온나라 시스템의 이메일 / 메모의 근거는 있어야 함
  * 구두 합의된 내용은 상대방이 문제가 되는 경우라면 번복하는 경우도 적지 않음

> **▲ 구두 약속으로만 업무가 진행된 경우 (중요한 내용이라면)**
> : 온나라 메모를 통해 다음과 같은 내용 발송 예)
> "김 상사님, O월 O일 전화 통화해서 말씀드린 것처럼 저희 소대에 전투조끼 3벌을 금요일까지 가져다 주신다고 해서 너무 감사드립니다.
> 저희 소대원들에게 이야기했더니 우리 소대장님 최고라고 인정을 받았습니다.
> 모두 김 상사님 덕분입니다. 항상 감사합니다.
> 항상 건강하시고 다음에 다시 연락드리겠습니다."
> * 상대방이 읽었다는 표시를 확인할 수 있고 답장도 중요한 근거가 될 수 있음

■ **현재 미흡한 상태 : 개선을 위한 나의 노력을 근거로 남겨야 함**

- 편제 기준 10개를 가지고 있어야 하는데 현재 보유가 2개 뿐인 경우
  : 책임자로서 현재 수준을 반드시 인식하고 있어야 하고 이를 개선하기 위한 나의 노력(예: 청구건의 공문 등)을 근거를 남겨야 함
- 상급부대 재산 현황을 확인하고 공문으로 보급 건의 내용을 작성하여 문서번호 부여하여 추적하고 기록해야 함 : 수동적이 아닌 적극적으로 문제를 해결하려고 노력해야 함
  * 기본 간부자세 : 현 수준 파악 + 현 수준 개선 노력

49. 상급부대 계획에 관심을 가지자 !

■ 군대는 최고 지휘관이 있는 극단적인 피라미드 구조임

- 군대만큼 지휘체계가 일원화된 조직 없음. 모든 구성원에 대한 지휘관이 존재
  * 지휘관이 관심 갖는 업무는 가장 1순위로 처리한다는 마음가짐 필요
- 내가 모시는 지휘관도 상급 지휘관이 있으며 상급 지휘관의 지시에 따라야 함
  : 2차 상급 지휘관이 무엇을 원하는지 알고 있다면 더 원활한 임무수행 가능
  * 물이 위에서 아래로 흐르는 것처럼 업무는 상급부대에서 하달식으로 진행

■ 현재 부대 업무가 바쁘더라도 예상되는 업무는 사전에 미리 준비 필요

- 대대 교육장교로 근무하고 있다면 사단의 교육분야 계획를 미리 확인해야 함
  : 대대는 연대의 통제를 받지만 결국, 연대는 사단의 통제를 받음
  * 2단계 상급부대 계획을 알 수 있다면 현행업무를 하면서도 미리 준비할 수 있음
- 상급부대 계획은 업무의 방향성을 예측할 수 있으며 2번 일하는 비효율성 감소
  : 업무를 잘한다는 장교의 공통점은 시간을 효율적으로 사용하고 있음
  * 부대 업무가 항상 바쁜 것은 아니지만 정말 밥 먹으러 갈 시간도 없는 경우 있음

▲ 미리 준비가 필요하다는 의미의 속담

1. 썰매는 여름에 장만하고 달구지는 겨울에 장만한다.
   : 무엇이든 제철이 되기 전에 준비하여 두어야 낭패를 보지 않음
2. 열 달 만에 아이가 나올 줄 몰랐던가 ?
   : 아무래도 당할 일을 미리미리 준비하여 두지 않고 있었음을 꾸짖음
3. 소금도 없이 간 내어 먹는다.
   : 준비나 밑천도 없이 큰 이득을 보려 하는 경우를 비꼬는 말
4. 잔치날 신부를 가마에 태워 놓고 버선이 없다 한다.
   : 큰 일을 치르면서 그에 걸맞은 준비나 마련이 없음을 비난함

■ 육본 지침 및 계획은 모든 부대에 공통적으로 영향을 미침

- 육본에서 어떠한 내용을 전파한다면 얼마 지나지 않아 나에게 영향을 미침
  : 미리 육본 정책 방향을 인지하고 있다면 사전 준비 가능
- 시간이 된다면 육본 수준까지 확인 필요하지만 최소한 1차 상급부대 계획은 확인
  : 관심을 가질수록 여유가 생기고 효율적 업무 추진 가능

50. 기존자료 분석만 잘해도 업무능력 인정받음

■ 군 업무 中 특별한 창의성을 요구하는 것은 많지 않음

- 초급장교가 경험하는 업무 90%는 매년 반복되는 경향, 대부분 기존자료 많음
  : 반복적인 업무는 과거 자료를 잘 분석하여 나의 것으로 만들면 훨씬 효율적
- 창의성 요구하는 대부분 업무는 영관장교 수준에서 사령부, 육본 수준에서 실시
  : 초급장교가 근무하는 야전부대에서는 계획보다는 실천에 중심을 두고 실시됨

■ 기존자료는 대부분 전산화되어 관리되고 있음 : 어디 있는지 알아야 함

- 육군 인트라넷 시스템에 저장되어있는 자료는 엄청나게 유용한 내용이 많음
  : 어디에, 어떤 자료가 있는지 아는 것도 장교에게 요구되는 능력
- 부대일지, 인수인계, 인접부대 등의 기존자료는 매우 요긴하게 사용할 수 있음
  : 아무것도 없는 상태에서 고민하는 것보다 기존자료를 통해 시간 절약 가능
  * 내가 많이 고민하여 창의적으로 만드는 것이 기존자료 수준보다 높지 않음

▲ 보고서를 가장 효율적으로 준비하는 방법

1. 부대에서 가장 많이 사용하는 보고서 형식을 구해 사용한다.
2. 보고를 받는 상급자가 만들었던 보고서 자료를 구해 사용한다.
3. 부대에서 보고서를 가장 잘 만든다는 사람에게 가서 지도받는다.
4. 보고서는 상급자 입장에서 가능한 핵심 위주로 요약, 간단하게 작성한다.
5. 육본, 사령부 등 상급부대에서 사용하는 보고서 형식을 참고한다.
6. 관련 내용에 대한 기존자료를 최대한 확보하여 참고한다.
7. 작성한 내용에 대한 근거 및 출처를 명확히 표시한다.
8. 문서 내용을 흐름을 자연스럽게 하고 보고서의 목적을 명확히 한다.

■ 부대 주변에는 보고 배울 만한 것이 분명히 존재

- 군에서 잘하는 것을 벤치 마킹하는 것은 장려되는 문화임
  : 타 부대에서 잘한다는 것을 내 부대에 해볼 필요 있음
- 벤치마킹 통해 모든 일을 다 잘할 수 없지만 중간 수준 이상으로는 할 수 있음
  : 시간 절약 필요 (여유있는 시간으로 내가 집중할 분야에 투자할 필요 있음)
- 많은 것을 배우고 경험하면 언제인가는 나의 큰 자산이 됨

자동차 운전 vs 군 장교 생활 비교

1. 초행 길, 모르는 길을 갈 때는 가운데 차선이 유리하다.
→ 군에서 중간만 가도 괜찮다(?), 무리할 필요 없음, 자신없다면 중간 수준..

2. 앞에 적당히 가는 페이스 메이커를 따라가면 편하다.
→ 기준점이 있으면 유리. 벤치마킹 할 수 있는 선배가 있다면 더 좋음

3. 위험할 수 있는 버스 or 덤프 옆에는 가지 마라.
→ 일부러 위험한 상황에 내가 노출될 필요는 없음. 안전제일

4. 주변 자동차들이 갑자기 속도를 늦춘다면 분명한 이유가 있다.
→ 주변 사람들이 기존방식에서 갑작스러운 다른 방식으로 변화가 있다면 나만 모르고 있는 상급부대 지시, 지침 변경, 사건사고 등 원인이 있음

5. 법규, 신호는 지켜야 한다. 서로 간의 중요한 약속.
→ 장교는 규정을 무조건 지켜야 하고 규정을 자세하게 알고 있어야 함. 군 생활을 오래하기 위해서는 법규, 신호를 몰랐다는 핑계는 안 됨

6. 네비게이션을 너무 믿지 마라.
→ 기계도 가끔 고장날 수 있음. 군 생활의 네비게이션이라고 생각하고 신뢰했던 사람이 실망을 줄 수도 있음. 절대 신뢰의 대상은 나 뿐 !

7. 주변 차량의 속도, 흐름에 내 차를 맞추어라.
→ 튀지 않는 것이 중요, 집단의 흐름 속에 나만의 내실을 다지는 것 필요 1등은 견제와 시기, 질투를 받는 경우 많음. 1등이 끝까지 1등인 경우 ?

8. 전방 상황, 주변 상황을 항시 중시하라
→ 상황은 항상 역동적으로 변화, 조금이라도 빨리 인식하는 것이 대응에 유리

9. 역주행은 미친 짓
→ 아무리 화가 나고 억울해도 지휘관의 의지에 반하는 행동은 자제해야 함

10. 술 먹었을 때 운전대는 잡지 마라.
→ 쉴 때는 쉬어야 함. 내 상황이 힘들고 지쳐서 자신이 없는 상태에서 일부러 무리해서 중요한 보고나 임무를 나서서 할 필요는 없음
: 전쟁 상황이 아니라면 조금 더 여유를 가지고 충분히 쉬는 것 중요

11. 고속도로에는 암행 단속도 있다
→ 내가 잘하고 있다고 스스로 판단이 될 때는 나의 잘못이 있는지 없는지 나에 대해 몰래 확인하고 있는 시기, 질투 세력이 존재할 수 있음

자동차 운전 vs 군 장교 생활 비교

12. 내 페이스를 유지하라. 오버 금지

→ 나와 능력이 다른 훌륭한 사람을 무작정 따라가는 것은 무리가 생김

13. 안전 보조장치는 편리하다. 그러나 과신은 금지

→ 업무를 옆에서 도와주는 사람은 필요할 때 있음. 하지만 모든 중심은 내가 잡고 책임지면서 마무리 해야 함. 다른 사람을 믿기보다 나를 믿어야 함

14. 운전하는 목적지를 정하고 출발하라.

→ 군 생활 지향점에 대해 목적을 가지고 생활하면 성공 가능성 높아짐

15. 갑자기 발생하는 우발상황 대비 필요

→ 계획대로 되는 것이 거의 없음. 예비계획을 준비하여 최악은 방지해야 함

16. 운전할 때 시간적 / 마음적 여유를 가져라.

→ 마음만 바쁘다고 일이 되는 것이 아님. 마음 속의 여유는 항상 필요 부대 임무도 내가 마음의 여유 있어야 효율적으로 진행됨

17. 급히 갈 필요가 없다. 서두르지 마라.

→ 군 생활은 마라톤 같음. 너무 서두르면 오버페이스로 금방 지침

18. 5분만 먼저 출발하면 전체 운행 길이 여유 생긴다.

→ 조금만 더 준비하면 다른 사람보다 훨씬 여유가 생김. 습관의 차이임. 사고는 5분 먼저 가려고 서두르다 생기는 경우가 많음

19. 빗길, 눈길, 야간 운전은 위험하다.

→ 통계적으로 사고가 많이 나는 상황이 있음. 군 관련 사고도 많이 발생하는 사고유형이 존재함. 사고발생 위험이 높다면 예방 대책이 필요함

20. 운전중 파리가 들어왔다고 밖으로 쫓아내려 하지마라.

→ 중요한 일을 하고 있는데 별 내용도 아닌 것 가지고 일을 망치면 안됨. 일단은 중요한 일을 마무리하고 다음 단계의 준비상태에서 재검토 필요

21. 운전 중에는 조금 멀리있는 상황 주시

→ 급한 현안 업무 때문에 정신이 없지만 더 중요한 일을 놓치지 않도록 확인 필요

22. 신호는 정기적으로 바뀐다. 신호에 맞추어 출발하려는 준비 필요하다.

→ 신호가 일정시간 후에 변경되는 것을 알고 있는 것처럼 군 업무도 시기별 예상되는 내용이 있음. 미리 준비한다면 훨씬 여유가 있음

자동차 운전 vs 군 장교 생활 비교

23. 자동차 정기검사는 반드시 필요하다.

→ 나의 몸을 건강하게 오래 사용하려면 정기적으로 건강상태 확인 필요

24. 차선 바꿀 때 방향 깜박이는 필수이다.

→ 갑작스런 변화는 조직원의 반발과 저항을 가져옴. 진행하려는 방향을 미리 공지하여 변화의 흐름을 조직원이 천천히 인지하게 하는 것 중요

25. 갑자기 끼어들기 하는 차량은 자주 있다.

→ 갑자기 얄밉게 자기가 다한 것처럼 행세하는 얌체 같은 인원도 있음
여유있는 마음으로 군 생활을 길게한다 생각하고 양보도 필요할 때 있음
당장은 손해인 것 같아도 길게 보면 이득인 경우도 생각보다 많음

26. 폭주 차량이 가끔씩 있다. 분위기에 휩쓸리면 안된다.

→ 급한 성격에 앞뒤 안 가리고 무작정 들이받는 사람 있음. 주변에 이런 사람이 있으면 알게 모르게 영향을 받음. 냉정하게 이성적으로 판단 필요

27. 백미러보다는 앞 유리가 크다.

→ 지금까지 해왔던 경험도 가끔은 돌아봐야 하지만 중요한 것은 앞으로 해나가야 할 방향임. 노력의 중심을 미래를 보고 집중해야 함

28. 엔진오일은 정기적으로 교환하라.

→ 소모품은 필수 투자비용, 내 발전을 위해 꼭 필요한 비용을 아까워하지 말 것

29. 자동차도 휴식이 필요하다.

→ 기계도 쉴 때가 필요한데 사람은 더 정기적인 휴식이 필요. 적당한 휴가는 업무를 더 효율적으로 할 수 있는 원동력임. 군 생활은 길게 봐야 함

30. 방향만 잘 정립되면 도착시간은 비슷하다.

→ 중간에 신호, 사고, 흐름 등 영향으로 진행 방향만 맞다면 도착시간은 크게 차이나지 않음. 군생활에서 앞서 간다는 사람도 그렇게 멀리 못 간 경우 많음.

31. 멀리 간다면 2시간에 1번은 휴게소 이용 필요하다.

→ 일을 할 때도 2시간 동안 앉아만 있으면 효율성이 떨어질 수 있음

32. 앞차와 안전거리 확보는 나를 지키는 일이다.

→ 군 생활도 나만의 사고예방을 위한 노하우, 대책을 가지고 있어야 함

33. 차선은 미리 바꾸면 편하다. 그런데 변경할 적절한 시점이 있다.

→ 가고자 하는 방향에 대해 미리미리 준비하는 것은 필요. 하지만 너무 빨리 준비해서 지칠 수 있기 때문에 적절한 시기에 적당한 수준 선택 필요

CHAPTER 02

Ⅱ. 학생들이 자주하는 질문

손자병법 행군 편

卒未親附而罰之　則不服　不服則難用
卒已親附而罰不行　則不可用也

졸미친부이벌지　즉불복　불복즉난용
졸이친부이벌불행　즉불가용야

병졸들과 아직 숙달 / 친해지지도 않았는데
이것을 처벌하면 복종하지 않고,
복종하지 않으면 활용하기가 어렵다.

병졸들과 이미 숙달 / 친함이 되었는데도
처벌을 실행하지 않으면, 활용할 수 없는 것이다.

학 / 습 / 목 / 차

1. 장기 선발은 어떻게 하면 되는 것인가?
2. 병과 선택은 어떻게 해야 하는가?
3. 소대장 길들이기 있는가?
4. 인사평정을 잘 받는 방법이 있는가?
5. 장교는 왜 이사를 많이 다니는가?
6. 장기선발 안되면 전역후 어떤 일을 하나?
7. 자대배치후 처음해야 하는 일은 무엇?
8. 소대장의 하루 일과는 어떻게 되는가?
9. 장기적으로 비전이 있는 병과가 있는가?
10. 당직근무는 어떻게 수행하는 것인가?
11. 자격증/영어 등 군생활에 도움이 되는가?
12. 장교로서 경력관리가 필요한가?
13. 군에서 진급 잘되는 직책/보직이 있는가?
14. 나를 힘들게 하는 지휘관 만날 가능성?
15. 장교 출신에 따른 차이가 존재하는가?
16. 군에서 업무 잘하는 방법이 있는가?
17. 다른 사람보다 앞서갈 수 있는 방법은?
18. 부당하고 억울한 일 당했을 때 어떻게?
19. 전투업무만 하면되지 행정업무가 필요한가?
20. 군대 회식문화는 업무의 연장인가?
21. 초급장교도 신용카드,자동차 사용가능?
22. 발표 및 브리핑 잘하는 방법은 무엇인가?
23. 보고서를 잘 만드는 방법이 있는가?
24. 위수지역은 반드시 지켜야 하는가?
25. 지시 안 따르는 병사는 어떻게 해야 하는가?
26. 부사관과 관계설정은 어느 수준 좋은가?
27. 상급자 지시가 잘못되었다고 느껴졌을 때?
28. 육군 진급제도 공정하고 투명한가?
29. 초급간부 외박 및 휴가는 어떻게 진행?
30. OBC과정에서 좋은 성적을 받는 방법은?
31. 소대장 지휘활동비는 어떻게 사용하는가?
32. 중대장이 바라는 소대장의 모습은 무엇?
33. 초급장교 부적응 원인은 무엇인가?
34. 초급장교 징계사례에서 가장 큰 원인은?
35. 소대장이 얼차려 부여 가능한가?
36. 병사들 병영부조리를 확인하는 방법은?
37. 부대훈련vs사고예방, 어떤 것이 더중요?
38. 군인연금은 얼마나 받을 수 있나?
39. 준사관,어떤 신분? 관계설정은 어떡해?
40. 병사들과 친해질 수 있는 방법은 무엇?
41. 내가 군 생활 적성이 맞는지 모르겠다?
42. 부대 주변동료는 경쟁자 or 협조자인가?
43. 어렵고 힘들 때 군 외부기관 도움 가능?
44. 병사 18개월 기간, 전투력 창출/유지가능?
45. 내 몸에 맞는 전투복 주문 제작, 착용가능?
46. 가장 많이 사용하는 전산시스템은 무엇?
47. 매년 반복되는 가장 큰 훈련은 무엇?
48. 장교들의 숙소는 어느 정도 수준인가?
49. 장교는 기술자 아닌 관리자 아닌가?
50. 주간 위탁교육, 장교영어반 갈 수 있는가?

1. 장기 선발은 어떻게 하면 되는 것인가 ?

■ **년도 / 병과 / 출신 / 부대별 차이 있지만 일정한 경향성 존재**

- 장교에 대한 인식수준 / 사회 분위기에 따라 유동적으로 장기선발 경쟁률 변화됨
- 보병 장교의 경우, 대략적으로 실질 경쟁률은 평균 3 : 1 수준(?)으로 추정
  : 일부 병과, 일부 출신, 일부 임관년도에 따른 차이는 항상 존재
- 장교 인력획득 / 장교 인사관리 / 장교 진급관리 계획 등을 종합적으로 고려하여 병과별, 부대별 장기 선발 공석 인원을 발표하고 해당년도 장기선발 진행

■ **장교 장기 선발은 보통 3번 (1차 / 2차 / 3차 이상) 기회 부여**

* 일부 병과의 선발인원 부족할 경우 추가 선발이나 전과를 통한 제한적 모집 실시

- 매년 계획된 장기선발 해당년도 임관장교를 대상으로 1차 선발시(중위 1년차) 전체 공석에서 20~40% 수준을 선발하려는 경향성 있음
  * 2차 선발 목표 : 계획된 전체 공석의 30~40% 수준
  * 3차 선발 목표 : 계획된 전체 공석의 20~40% 수준
- 매년 발표되는 병과별 장기 선발인원 수준을 분석해 보면 년도별 일정 규모를 선발하는 경향성이 있으며 1년 전 선발했던 선발규모와 차이가 크지 않음
  * 2023년 보병의 장기선발 인원 500명이라면 2024년 보병의 장기선발 인원도 비슷한 수준에서 선발할 것으로 예상할 수 있음 (과거 자료 분석 필요)

■ **장기 선발을 위해서는 다양한 평가요소를 종합적으로 준비해야 함**

* 평가요소 : 평정, 체력, 상훈, 경력, 교육성적, 잠재역량, 지휘 추천권 등

1. **평정** : 중위 1년 / 2년 차 수준에서 지원하는 인원간 실질적 차이는 크지 않음
   - 장기를 희망하는 인원이 부대에서 성실하지 않게 근무하는 경우 거의 없음
   - 전입후 장기희망 의지를 중 / 대대장이 알고 있다면 별도 관리 가능성 있음
2. **체력** : 장기 선발을 실질적으로 결정하는 가장 중요한 요소
   - 지원하는 인원 간에 가장 많이 차이가 나는 요소임
   - 체력등급이 2등급 이하인 인원은 장기선발에 부정적 영향 있음
   - 특급 체력이 특별히 강조되는 시기는 100% 선발되는 경우도 있음

3. **상훈** : 중위 1년 / 2년 차 수준에서 지원하는 인원간 실질적 차이는 크지 않음
- 대부분 인원이 대대장 / 연대장 수준의 상훈 점수로 기본점수 충족함
- 중위 1 ~ 2년차 인원들이 중요한 상훈을 받는 경우는 많지 않지만 드물게 부대 업무를 인정 받아 군단장 이상의 상훈에 대해서는 긍정적으로 반영되기도 함

4. **경력** : 장기 선발에 거의 영향을 미치지 않음
- 대부분 인원이 해당 병과에서 요구하는 기본 경력을 충족한 상태임

5. **교육성적** : 장기 선발에 상대적으로 많은 영향을 미치는 요소임
- 병과별 OBC 과정의 교육성적은 장기 선발을 위한 중요한 요소로 반영됨
  : 교육성적이 해당 교육대상 인원의 30% 수준 이내라면 우수하게 평가 가능
- 성적 반영하는 이유 : 동일한 시간 / 기회 동안 얼마나 성실히 집중했는가를 판단하는 것 (교육성적이 좋다면 업무에도 성실히 할 것임을 예측되기 때문에)
- 교육성적이 우수한 인원이 장기 선발이 잘되는 경향성은 존재

6. **잠재역량** : 다른 조건이 비슷한 경우 추가적 고려요소로 반영되기도 함
- 해당 병과에서 필요로 하는 자격증을 보유하고 있는 경우 유리하게 작용
- 절대적이지는 않지만 해당 병과와 연관된 석사 / 박사 학위는 매우 유리
- 잠재역량 공간을 채우기 위한 기본 자격증(운전면허 등)은 의미 없음
- 육군에서 장교 역량 강화를 위해 추진하고 있는 자격 분야는 유리하게 반영
  : 영어 자격증, 한자 자격증, 컴퓨터 자격증, 무도 자격증, 한국사 자격증 등
    * 영어 자격의 경우 토익 점수는 외국어 능력자로 반영 가능

7. **지휘 추천** : 야전부대의 장관급 지휘관이 장기 선발을 위해 추천하는 인원
- 야전 지휘관 지휘권 보장 측면에서 추천된 인원은 거의 반영되는 추세
- 야전부대 장관급 지휘관도 아무나 지휘 추천을 하는 것이 아니라 지금까지 언급된 요소를 바탕으로 자체 판단을 통해 될 만한 사람을 지휘 추천 선정

8. **사고유무** : 장기 희망하는 인원의 사고기록은 거의 없으나 아주 가끔 있음
- 중위 1 ~ 2년차 수준에서 군 경력이 길지 않기 때문에 사고 경험이 없을 가능성이 높지만 일부 인원이 사고가 있다면 장기선발은 어려울 수 있음
- 구두경고 종결사고 경우, 선발에 영향을 미치지 않음 (기록된 사고만 반영)

9. **군번 빠름** / 늦음 : 장기 선발에 전혀 영향을 미치지 않음
- 일부 인원은 본인이 군번이 늦기 때문에 처음부터 장기가 안될 것이라고 포기

: 전혀 영향이 없는데 패배주의적 생각임

- 다른 조건 다 똑같은 경우, 심사위원별로 참고사항으로 볼 수도 있겠지만 군번에 관한 자료는 심사에 제공되지 않음

10. **특급전사** : 시기별로 다르지만 매우 중요하게 반영되는 요소
   - 특급전사에 대해 중요하게 강조되는 경우 거의 장기선발 되고 있음
   - 과장된 말로 특급전사인데 장기선발이 안되었다면 다른 요소에서 아주 큰 결격 사유가 있는 것으로 의심된다고 할 정도로 중요하게 반영됨

11. **임관년도별 할당** : 내 동기인원이 몇 명이 장기선발 되었는가 확인해야 함
   - 임관년도별 적정한 수준을 유지하기 위해 선발인원을 조정하는 경향 있음
   - 1~2년 선배들의 년도별 장기선발된 인원의 규모는 알고 있으면 추정 가능

▲ 장기선발 필승 공식 (예: 대위 → 소령)

= 특급 체력 + OBC 성적 우수 + 평정 우수 + 지휘추천

: 다른 평가요소가 큰 변별력이 없다면 실질적으로 내가 할 수 있는 부분에 대해 집중할 필요가 있음 (특급체력 인원이 장기선발 안되는 경우 많지 않음)

* 내가 다른 경쟁인원보다 무엇이 우수한가 객관적으로 판단하는 것 중요

▲ 주변에 장기를 희망한다는 것을 지휘관에게 알려야 함

: 장기희망에 대한 생각을 혼자 마음 속으로만 하는 경우 있음

* 장기 선발 시즌에 갑자기 대대장에게 찾아가서 본인은 장기를 희망한다고 하면 너무 늦어서 관리가 안될 수 있음. 처음부터 의지표명 필요

▲ 1차 선발에서 장기 선발 안되었다고 절대 포기할 필요 없음

: 육본 입장에서는 임관년도별, 병과별 일정한 선발 수준을 반드시 유지해야 하기 때문에 내가 지원했던 시기에 나의 경쟁자 수준에 따라 나의 선발 가능성이 변동될 수 있음 (1차는 전체 공석의 20~40% 수준)

* 1차로 선발된 나와 동일한 임관년도, 병과인원이 몇 명이 선발되었는지 확인해 보고 2차 선발에서 몇 명을 선발할 것인지 추정해 볼 수 있음

▲ 매년 발표되는 장교장기 선발 공석 규모는 병과별 야전운영 인원 규모와 소령 진급 공석 규모와 밀접하게 관련이 되어 있음

: 매년 발표되는 병과별 소령 진급 결과와 과거 장기선발 공석 수준을 분석하면 일정한 경향성이 있는 것을 알 수 있음

* 내년도 장교장기 선발 공석 규모 예측 가능

▲ 육사를 제외한 출신별 장기선발 수준은 그렇게 차이가 크지 않음

: 육본에서 년도별, 병과별, 출신별로 장기선발에 대해 일정수준 / 지침을 가지고 관리하는 것으로 추정되나 어느 출신이 월등하게 유리하다고 할 수 있는 수준은 아님 (상대적으로 3사 출신이 아주 조금 높은 수준)

* 육본 : 출신에 따른 장기선발 수준을 공식적으로 공개하지는 않음

▲ 병과 / 년도 / 출신별 차이 있지만 종합 수준에서 단기장교를 제외하고 장기 희망하는 실질적 중기장교(3사 / 학군 / 학사 / 간부사관 / 군장학생 등) 대비 실제 장기선발 비율은 1, 2, 3차를 포함하여 OO % 수준으로 추정

: 장기 희망하는 전체 인원이 선발될 수 없음

* 매년 상황에 따라 차이는 분명히 존재, 이해 돕기 위해 대략적 수준 제시

* 출신에 대한 선발율 차이보다는 얼마나 준비했는가의 개인적 능력에 따른 차이가 훨씬 크게 작용 (육사 제외, 출신에 따른 유.불리요소 없음)

2. 병과 선택은 어떡해야 하는가 ?

■ 병과 선택은 결혼 배우자 선택보다 중요하다 ?

- "병과를 선택하는 것은 군 생활의 시작과 끝이다" 라는 말이 있을 정도로 한번 선택한 병과는 변경되지 않고 군 생활에 정말 많은 부분 영향을 미침
  : 병과에 따라 하는 업무가 천차만별이기 때문에 병과 선택은 매우 중요함
- 결혼배우자는 정말 불가피한 상황에서 이혼 가능 ? (2023.1월 기준 이혼률 36%)
  : 임관하여 최초 병과 선택후 전역할 때까지 병과 변경 비율 1% 미만
  * 육본 인사관리 규정에 의거 원칙적으로 병과 변경(전과) 불가
  * 특별한 경우에 한해 일부 병과 / 극소수 인원에 대해 아주 제한적으로 전과 변경
  1) 해당 병과의 필수 운영을 위한 대규모 결원 발생하였을 경우 (거의 없음)
  2) 정책적으로 전투병과에서 특수 직능으로 기능 부여 (전과 아님)
     : 원 병과를 유지한 상태에서 감찰, 기무 등 직능부여 제한적으로 실시
     → 한번 확정된 병과를 바꾸는 것은 현실적으로 불가능

■ 장교로서 선택 가능한 병과 : 23개 병과

* 기본병과 (전투 / 기술 / 행정) / 특수병과로 구분
- 전투병과 : 8개 * 보병 / 기갑 / 포병 / 방공 / 정보 / 공병 / 정보통신 / 항공
- 기술병과 : 4개 * 화학 / 병기 / 병참 / 수송
- 행정병과 : 4개 * 인사행정 / 군사경찰 / 재정 / 공보정훈
- 특수병과 : 7개 * 의무 (군의, 치의, 수의, 의정, 간호) / 법무 / 군종
  * 특수특기 : 교수, 연구개발 (원 병과는 유지된 상태에서 특기 부여)
  → 특수병과는 관련 조건을 충족해야 하므로 실질적 선택 가능 병과는 16개

■ 장교 선발과정

* 장교 선발시 병과를 고려하지 않으며 양성교육시 임관 전에 병과 분류
- 병과분류 우선순위
  : 병과 별로 인정되는 전공학과를 우선으로 하며 병과 + 관련된 자격증
  + 희망병과 우선 1, 2, 3순위 + 양성 교육기간의 군사성적 순으로 분류
- 군사학과의 경우, 선택 가능한 모든 병과에 임관 가능
  : 지원한 병과에 대해 육본에서 병과별 인정하는 전공학과 출신의 지원자가 많을 경우, 군사학과 학생은 선발 우선순위에서 다소 밀릴 수도 있음

■ 병과별 임무 및 기능

1. 보병 : 전투를 수행하는 육군에서 가장 많은 인원이 근무하는 핵심 병과
   - 지상 전투시 적 공격 및 방어는 물론 분쟁지역을 점령하여 작전을 종결
   - 전투병과, 전투근무지원병과 등과 긴밀한 협동과 지원하에 전투의 승패를 결정하는 지상 전투의 핵심 병과로 육군의 주력 병과
2. 포병 : 육군의 가장 규모가 큰 화력으로 기동부대 지원
   - 가용한 화력 수단을 통합하여 화력전투 수행
3. 기갑 : 기동력, 화력, 충격력을 발휘하여 공격
   - 전략적 / 작전적 수준의 결정적 작전을 수행하는 지상 작전의 종결자
4. 공병 : 아군의 기동을 촉진, 적의 기동을 방해, 생존성을 보장하는 부대
   - '시작과 끝은 우리가' 라는 모토 아래 군의 전투력증강 기여
5. 정보통신 : 최신 정보통신기술을 활용하여 정보의 실시간 전파
   - 정보우위 달성 및 전장의 주도권 장악
   - 사이버 공간상에 정보보호를 통한 네트워크 생존성 보장
6. 정보 : 적 도발 징후 조기 탐지, 경보 전파
   - 적에 대한 출처 / 첩보 수집 및 분석을 통한 정보생산
   - 아군의 정보를 보호하는 대정보 및 보안업무 / 심리전 수행
7. 항공 : 각종 장비 및 항공기를 전투상황에 맞게 이용 전투에 기여
   - 항공을 통한 공세기동작전을 통하여 지상작전 승리에 기여
8. 방공 : 중·저고도 대공방어
   - 전투부대, 전투근무지원부대 등에 대한 중·저고도 대공방어
9. 병기 : 육군의 지상 작전 수행을 위한 장비 / 탄약 / 수리부속 지원
   - 작전 수행간 피해장비 및 물자의 정비 / 복구와 후송 및 처리
10. 병참 : 부대의 전투력을 유지 및 증대시키기 위하여 작전을 지원하는 기능
    - 군 임무수행을 위하여 필요로 하는 물자(식량, 연료 등)를 지원
11. 수송 : 육로, 철도, 항공, 수로 등 이용한 인원 및 장비, 물자에 대한 수송지원
    - 군 작전도로 및 철도에 대한 이동관리 및 통제
12. 화학 : 핵 및 화생방무기 공격시 정찰 및 인체 · 장비 · 지역 · 제독으로 생존성 보장
    - 화생방 테러 발생시 신속한 현장 출동 및 조치로 국민의 생명 보존
13. 인사행정 (부관) : 인력획득 및 인사근무, 제대군인 지원 업무
    - 준(부)사관병 및 군무원 인사관리 및 전 신분 인사처리
    - 의전 및 주요 의식행사, 상훈업무, 영현 및 전사망자 처리
14. 재정 : 육군의 전투력을 강화하고 유지하기 위한 예산 획득, 집행 및 결산
    - 시설공사, 물품구매, 용역에 대한 입찰·심사·계약체결·정산 등

15. 군사경찰 (헌병) : 군 경찰로서 법과 규정을 집행하여 군기 및 법 · 질서를 유지
- 전투지원부대로써 전투부대의 작전지원을 주 임무 지원
16. 공보정훈 : 장병 정신교육을 통해 올바른 군인정신, 국가관, 안보관을 함양
- 문화 활동을 통해 장병 사기진작, 정서 및 교양 증진 도모
17. 의정 : 전시 의무지원 계획수립 및 전투발전 소요제기
- 국방 의무정책을 위한 법규 및 제도발전
18. 군종 : 평시 군의 무형전력 극대화, 전시 싸워 이기는 강한 군대를 육성 기여
- 종교, 교육, 선도, 대민업무 : 종교행사 / 의식 등을 통한 신앙심 고취
19. 법무 : 군내 법치주의 확립 및 장병 기본권 보장
- 법령의 제정 · 개정 및 법령의 해석 · 자문, 군사법원, 군 검찰 운영
- 소송 · 배상 · 행정심판 및 징계업무 수행, 법률상담 및 군법교육 등 범죄예방

■ 병과 선택시 우선 인정되는 전공학과

1. 보병 : 모든 학과
2. 포병 : 이·공·인문사회 계열학과
3. 기갑 : 이·공학 계열학과 (안경 미착용자 우선)
4. 공병 : 건설 / 건축 / 설비 / 설계 / 토목 / 기계공학, 지리, 지질학, 측지학과, 토목공학, 환경, 해양토목, 전기공학 등
5. 정보통신 : 멀티미디어, 무선통신, 소프트웨어, 전기전자, 정보통신, 전산정보, 컴퓨터공학, 과학, 교육, 통신공학, 항공, 전자정보, 나노정보공학 등
6. 정보 : 모든 학과 (종교, 음악, 미술, 의학, 가정 / 식품 등 특수학과 제외)
   * 일부 언어학과 관련하여 우선적으로 인정되는 경향도 있음
7. 항공 : 항공·자동차, 기계정비, 컴퓨터 자동화 시스템, 영어통역, 정보통신설비, 컴퓨터응용기계, 금형·금속계열 학과
8. 방공 : 전자통신, 유도전자무기, 전기, 전기전자, 전산체계, 전산학, 수학전자계산기, 전자컴퓨터, 통신, 컴퓨터공학, 정보통신 / 처리 계열학과
9. 병기 : 금속, 기계, 기계교육, 설계, 로봇, 시스템공학, 메카트로닉스, 신소재, 산업무기체계, 병기, 자동차공학, 전자공학, 정보기계, 제어계측 계열학과
10. 병참 : 가공식품, 경영학, 경제이론, 제도학, 경제통상, 행정학, 식품가공, 생명, 영양급식, 자원학, 원예과학, 조리, 식품미생물가공, 화학공학 계열학과
11. 수송 : 교통공학, 행정학, 기계공학, 기관학, 물류학, 유통학, 자동차 / 전기공학, 전자전기, 항공관리, 교통, 운항학, 조선, 컴퓨터, 경영, 관리학과 계열
12. 화학 : 공업화학, 생물학, 미생물학, 생화학, 원자력, 핵공학, 화공학, 환경학, 화학공정, 화학공학, 환경생물, 화공, 화학, 천문, 핵화학 계열학과

13. 인사행정 (부관) : 개발행정, 도시행정, 무역사무자동화, 사무정보, 정보화학, 전산학, 전자계산학, 정보사무, 지방행정, 지역개발, 행정과학 계열학과

14. 재정 : 경제, 경영학, 회계, 무역학, 금융학, 경제금융, 회계재무, 컴퓨터학, 경영정보, 경제무역학, 전자계산기학 계열학과

15. 군사경찰 (헌병) : 경찰행정, 경호행정, 공법학, 교정학, 국제법무학, 법규수사, 법률, 법학, 행정과학, 행정학, 안전경호, 공안행정학 계열학과

16. 공보정훈 : 신문방송, 윤리, 심리, 한국철학, 사학, 신문학, 교육심리, 역사교육, 국어국문, 언론, 북한학, 영상학, 문화영상창작, 방송언론 계열학과

17. 의무 : 약학, 보건학, 위생공학, 보건행정학, 병원행정학, 제약학, 물리치료, 임상병리, 식품영양, 재활학, 의약, 의료생체공학, 전자공학 계열학과

18. 군종 : 기독교, 천주교, 불교, 원불교 신학과 졸업자

▲ 병과 유형별 분류

① 전투병과

: 전투를 수행하는 병과로서 보병, 기갑, 포병, 방공, 공병, 정보통신, 항공 병과

② 전투지원병과

: 직접 전투를 담당하지는 않지만 전투에 있어서 필수적인 요소를 담당하는 병과로 병기, 병참, 수송 등이 있음

③ 전투근무지원병과

: 전투와 직접적인 관계는 없지만 군대 유지에 필요한 병과를 의미하며 인사, 군악, 공보정훈, 군사경찰, 재정과 같은 행정병과와 의무, 법무, 군종과 같은 특수병과

▲ 병과학교 홈페이지 주소

1. 육군보병학교 : http://www.inftsch.mil.kr (보병)
2. 육군기계화학교 : http://www.armorsch.mil.kr (기갑)
3. 육군공병학교 : http://www.engsch.mil.kr (공병)
4. 육군정보통신학교 : http://www.signal.mil.kr (정보통신)
5. 육군항공학교 : http://www.ass.mil.kr (항공)
6. 육군종합군수학교 : http://www.clsch.mil.kr (병기, 병참, 수송)
7. 육군수사단 : http://www.mp.mil.kr (군사경찰)
8. 육군중앙경리단 : http://www.acfc.mil.kr (재정)
9. 육군의무사령부 : http://www.medcmd.mil.kr (의무, 간호)

▲ 병과 선택을 위한 참고사항 1

: 가능한 복수전공을 통해 선택의 폭을 넓혀라 !

- 병과 선택의 가장 중요한 요소는 병과에서 인정하는 관련학과의 조건을 충족했느냐의 여부, 병과의 특성을 이해하고 최대한 유사한 학과라면 인정
- 과거 인정되었던 학과사례를 확인하여 현재 전공外 추가적 복수전공을 하는 것이 유리
  * 만약, 장기 선발이 되지 않고 7년 중기 복무후 전역시 복수전공은 선택의 폭을 넓힐 수 있는 좋은 기회가 될 수도 있음

▲ 병과 선택을 위한 참고사항 2

: 병과의 최종 선택을 위해 나의 1 ~ 3 순위를 선정하여 비교하라 !

- 관심 있는 병과를 3개 선정하여 각각의 장·단점에 대해 비교하고 분석하는 과정 필요
- 인터넷 등 통해 대략적 정보를 획득할 수 있으나 실무적 정보는 해당 병과에서 근무한 선배장교에게 듣는 것이 가장 정확함 (주변을 찾아보고 연결되면 무조건 찾아가라)
  * 인생이 걸린 선택인데 충분히 찾아가도 됨 (선배들도 그렇게 싫어하지 않음)

▲ 병과 선택을 위한 참고사항 3

: 규모가 큰 병과일수록 나에게 주어지는 기회가 훨씬 더 많다.

- 일부 학생들이 보기에 '보병장교는 신체적으로 너무 힘들 것 같다' 생각하여 무작정 기피하는 경향이 있는데 아쉬운 부분
- 보병장교가 다른 병과에 비해 신체 능력을 요구하는 것은 일부 사실이나 보병장교의 신체적 능력을 요구하는 시기는 2차 중대장까지 정도
- 이후 군 생활은 주로 참모 보직으로 활동함 (다른 병과도 비슷한 수준)
  * 육군의 주력병과로서 보병은 육군이 제공하는 모든 선발기회에 우선권 있다고 할 정도로 많은 기회가 보장되어 있음
  * 규모가 작은 병과에서 1번의 실수는 회복할 수 없음 ? (금방 소문 퍼짐)

▲ 병과 선택을 위한 참고사항 4

: 초급장교 시절 경력관리는 아무 의미 없음

- 부대 처음 부임후, A보직 하고 B보직으로 이동해서 마지막으로 C보직으로 가겠다는 계획은 큰 의미가 없음 (계획대로 절대 되지 않음)
- 초급장교 시절의 보직은 필수보직이라는 개념보다도 주어진 직책에서 최선을 다해 인정받으면 자연스럽게 다음 보직으로 이동이 되는 개념임
  (주어진 보직에서 인정을 못 받는데 다른 보직으로 가서 인정을 받겠는가 ?)
  * 초급장교의 필수보직은 큰 의미 없으며 현 직책에서 인정받겠다는 자세 필요

3. 소대장 길들이기 있는가 ?

■ 공식적으로 확인된 사고사례 수준의 소대장 길들이기 : 없음

- 초급장교 지휘활동 보장 위해 육군 지휘부 차원 강력한 활동으로 거의 사라짐
  : 하지만, 소대장의 지시내용이 무시되는 사례는 다수 존재하고 있음
- 어느 조직이던지 새롭게 전입 온 인원에 대해 궁금해하는 부분은 당연히 존재
  : 새로 온 사람이 어떤 성격, 어떤 능력인지 궁금한 것은 자연스러운 현상
    * 소대원들의 가장 큰 관심사 : 우리 소대장의 체력은 어느 정도일까 ?

■ 처벌하기 애매한 수준의 소대장 무시하기는 존재할 수 있음

- 소대장이 행군을 낙오하고 소대원은 완전군장인데 소대장이 단독군장이라면..
  : 병사들이 소대장을 믿고 따를 수 있을 것인가 ? 아무도 따르지 않음
- 병사들에게 계급으로만 인정받는 시대는 지났음, 계급 + 실력이 필요함
  : 공개적으로 계급을 무시하는 경우는 없지만 존중받지 못하는 경우는 있음
- 소대장이 소대원에 비해서 월등한 요소는 계급 外 다른 것은 무엇이 있는가 ?
  : 소대장과 소대원의 나이 차이는 1~2살 수준으로 동년배로 인식함
- 공식적으로 드러나는 소대장 길들이기는 강력한 처벌 수준에 대한 인식 때문에 없다고 할 수 있지만 처벌하기 애매한 수준의 소대장 길들이기는 여전히 존재

■ 전입 1개월 이내의 소대장 첫인상이 모든 것을 결정함

- 처음 전입 후 소대원에게 내가 어떤 첫인상을 주었는가 매우 중요
  : 월등한 체력, 규정 / 방침 준수, 소대원과 적극적 의사소통 (인정 받음)
- 교육훈련 미흡, 출근시간 미준수, 복장 불량, 자신감 부족 : 소대장 무시 당연 ?
  * 내가 다른 사람을 판단하는 요소를 기준으로 나를 한번 살펴볼 필요 있음

▲ 소대장 길들이기는 내가 만든 것이다 ?

- 구조적 / 악습적으로 내려오는 소대장 길들이기는 사라졌다고 할 수 있지만 가서 보니, 내가 도저히 감당할 수 없는 수준의 잘못된 소대장 길들이기가 있다면 지휘관에게 보고하여 근본적 문제 해결해야 함 (나 혼자 할 수 없음)
- 근본적 문제가 아니라면 내가 소대원에게 어떻게 인식되고 있는지 확인하고 나의 문제점은 무엇인지 개선하려고 해야 함.
  (1차원적 수준이지만 병사들이 쉽게 인정하는 부분은 소대장의 강인한 체력임)
  : 병사를 압도하는 강인한 체력을 가진 소대장을 무시하는 병사는 없음

4. 인사평정을 잘 받는 방법이 있는가 ?

■ 인사평정은 년 2회 평정권자(지휘관 / 상급자)에게 평가 받음

- 전반기 (3.1일), 후반기 (9.1일 기준) 총 2회에 걸쳐 상대평가 개념으로 1, 2차 평정권자에게 평가를 받아 차후 계급의 진급을 위한 핵심 자료로 사용됨

  : 평정 계통은 인사권 있는 편성부대에서 작성하여 상급부대 승인받고 실시

  * 실질적으로 평정 집단 구성은 편제표와 보직자의 현 인원규모, 과거 평정집단 구성 사례 등을 참고하여 작성 / 건의하여 상급부대 승인받고 실시함

- 평가는 기본 상대평가 개념 실시하고 평정 대상의 집단 구성이 제한될 경우 1명을 대상으로 실시 : 1 명이 평가대상이라도 항상 좋은 결과는 아님

  * 평정집단 구성 1 / 1 인 경우, 보통 안심하고 좋은 결과 받을 것이라고 예상하지만 실제 평정결과를 보면 상당 수준의 인원이 미흡한 결과를 받는 것으로 추정됨

■ 가능한 집단 규모가 큰 보직에서 평정을 받는 것이 유리

- 평가받는 집단이 많다는 것은 경쟁이 치열하다는 것이고 그만큼 경쟁자를 이기고 내가 평정을 좋게 받을 가능성이 상대적으로 낮을 수도 있다는 것임

  : 하지만, 분모가 큰 집단에서 우수하게 평가되었다면 훨씬 유리하게 반영

- 일부러 집단이 큰 평정 집단을 찾아서 근무할 필요는 없지만 피할 이유도 없음

  : 선배들이 많아 평정 결과가 좋지 않았다고 하더라도 질적 평가 요소로 충분히 보완하여 반영되기 때문에 어떤 보직이던지 인정만 받으면 나쁘지 않음

- 장교 평정을 할 경우, 연공 서열이 암암리에 보이지 않게 작동하는 경향 있음

  : 경쟁 집단에서 중대장 5년차 A 대위와 중대장 1년차 B 대위가 있다면 대대장 입장에서 B 대위가 간첩을 잡는 수준의 실력이 아니라면 A 대위가 우수하게 받을 가능성이 높음

■ 평정권자(지휘관)에게 일부러 충성하는 모습 보여야 한다 ? 필요 있음

- 내 기준으로 볼 때 좋은 평정권자도 있고 안 좋은 평정권자도 있을 수 있음

  : 다양한 사람을 만날 수 밖에 없음, 피할 수 없는 현실 인정하고 받아들여야 함

- 마음이 안 맞는 평정권자에게 반항 할 것인가 ? 어리석은 행동임

  : 상황 좋지 않다고 하더라도 지내다 보면 해당인원이 전출가던지, 내가 보직 이동을 하던지, 보통 길어야 최대 1년까지만 같이 생활하는 경우 많음

  * 참고 지내다 보면 마음에 안드는 사람도 가끔 인간적 모습이나 장점이 보일 때도..

- 내 마음에 안 들어도 평정권자에게는 내가 먼저 인정을 받으려 노력해야 함

▲ **지휘관 지시사항은 하나님 말씀이다 ?**

- 과장된 이야기이지만 충분히 현실에서는 적용될 수 있는 내용임
  : 입장을 바꾸어 보면 내가 부하를 평가할 때 어떤 사람을 우수하게 평가할 것인가 ? 내 판단기준이나 상급자 판단기준이나 크게 다르지 않음
- 내 말, 지시사항을 최우선으로 열심히 하는 부하를 싫어할 사람이 있는가 ?
- 지휘관에게 싫은 이야기를 하게 되면 열린 마음으로 들어주는 지휘관이 많아지고 있지만 그런 지휘관들도 솔직히 기분 나쁜 것은 사실임
  : 싫은 이야기를 하더라도 기분 나쁘지 않게 하는 방법을 연구할 필요 있음

▲ **인사평정 결과는 진급 평가에 대한 핵심자료**

- 평정결과는 대위 → 소령으로 진급할 때 가장 많이(50~70%) 반영되는 요소
  : 절대적으로 반영됨, 평정결과가 좋지 않은 사람이 진급하는 경우 없음
- 인사평정 결과는 매년 2회 평가결과가 누적되어 소령 진급시 대위 시절의 최소 7년 이상의 평정 결과를 종합 반영하는 중장기적인 노력의 결과임

▲ **지휘관이 무엇을 원하는지 지휘관 입장에서 생각하고 미리 준비하자**

- 지휘관은 부대 전반에 대해 고민하고 신경을 쓰기 때문에 많이 피곤할 수밖에 없음. 역으로 지휘관이 무엇을 원하는지 고민하고 미리 준비한다면 지휘관 부담 경감 가능
- 지휘관도 사람이다. 인간관계를 좋게 유지할 수 있는 방법을 찾아야 함.

▲ **평정결과 반영은 첫번째 정량적으로 반영되고 두번째는 정성적으로 보완됨**

- 평정집단이 1명 or 다수이던지 좋은 결과는 많이 받는 것이 유리(정량적)
  : 좋지 않은 평정 결과도 선배 장교에게 밀려서 미흡하다면 보완 가능(정성적)
- 우수하게 반영되는 평정결과 순서 Case 예시

① 1/4 A ＞ ② 1/1 A or 2/4 A ＞ ③ 3/4 A ＞ ④ 4/4 A ＞ ⑤ 1/1 C

① 1/4 A : 4명인 집단에서 내가 1순위 A로 평가 (Best)
② 1/1 A : 1명인 집단에서 내가 1순위 A로 평가 (Good)
② 2/4 A : 4명인 집단에서 내가 2순위 A로 평가 (Good, 집단 대상의 30%)
③ 3/4 A : 4명인 집단에서 내가 3순위 A로 평가 (선배에게 밀렸다면 not Bad)
④ 4/4 A : 4명인 집단에서 내가 4순위 A로 평가 (선배에게 밀렸다면 not Bad)
⑤ 1/1 C : 1명인 집단에서 내가 1순위 C로 평가 (Worst)

▲ **2년 이상 선배 장교를 내가 평정에서 뒤집기는 쉽지 않다 ?**

- 현실적으로 평정에서 연공서열이 많이 작용할 수 있음 (지휘관 성향에 따라 다름)
- 2년 이상 선배장교를 인사평정에서 이기겠다고 무리하게 노력할 필요는 없음

5. 장교는 왜 이사를 많이 다니는가 ?

■ 장교는 기본보직을 1년 기준으로 하는 경우 많음

- 병과마다 필수보직에 대한 기간이 조금씩 다르지만 보병 중대장은 기본 18개월 등 지휘관 직위를 제외한 대부분 참모 직위는 1년 기준으로 실시
  : 1년 보직 후, 동일 부대의 인접 참모 보직 or 다른 부대의 참모 보직으로 이동
- 다양한 참모 직책을 수행하고 전체 업무를 파악하여 차후 지휘관 임무 수행 도움
  : 장교 직책은 대부분 책임과 권한이 있는 보직으로 1개 보직에 장기 근무시 권한에 대한 비리 발생을 차단하는 목적도 있음 (1개 보직 최대 3년 이상 금지)

■ 근무지 권역별 복무 가능한 최대기간이 존재함

- 육군의 근무지는 전국에 걸쳐 분산되어 있으며 크게 4개 권역으로 구분
  1 서울 / 대전 등 재경, 2 강원도 (지작사 동부), 3 경기도 (지작사 서부), 4 후방지역
- 각 지역별 최대 5~7년까지 근무 가능, 상한 기간이 도래하면 부대 이동 필수
  * 전·후방 교류 보직 : 후방 경상도 → 강원도 / 경기도 지역으로 이동
- 권역별 순환 보직 개념, A 장교가 경기도에서 5년 정도 근무하고 난 다음에는 A 장교의 가장 근무기간이 짧았던 강원도나 후방지역으로 이동 가능성 높음
  * 대부분의 20년 이상 근무한 장교는 결국, 4개 권역에서 균등하게 근무하게 됨

■ 대위 진급 발표(임관 3년차) 전까지 동일 부대에서 복무하는 경우 많음

* 병과별 상이한 경우 있지만 전투병과 경우 대위 진급 前 1개 부대에서 근무 많음

- 중기 장교의 경우, 대위 진급 발표후 대부분 병과별 중대장 교육반(OAC) 입교하는 보병은 임관후 소대장 1년, 대대 본부중대장 1년, 대대 교육장교 1년 등 소대장 직책 수행 후 해당 부대에서 대대 참모임무 수행하는 경우 많음

▲ 장교의 빈번한 부대 이동은 숙명으로 받아들여야 한다 ?

1. 일부 특수 직능을 가진 장교를 제외하고 장교의 보직이동은 장교인사관리 지침상 현실적으로 자주 있을 수 밖에 없음 (전국에 퍼져있는 육군 부대)
2. 역설적으로 근무환경 열악한 곳에서만 계속 근무하는 것도 있을 수 없음
3. 전국의 다양한 부대 /임무를 경험하여 내 능력 / 식견이 발전될 수도 있음
4. 영관장교가 되면 부분적으로 근무지에 대한 개인 희망이 일부 반영되기도 함
5. 해외파병, 각종 선발, 보수교육 등 통해 희망하는 부대이동 일부 가능
6. 소·중위 보직의 개인 희망 반영은 제한, 현실적으로 2차 중대장 이후 가능

6. 장기 선발이 안되면 전역 후 어떤 일을 하는가 ?

■ **장교 출신별 의무복무기간은 기본 설정 + 지원금 규모에 따라 달라짐**

- 임관출신, 과정별로 기본적인 설정되어 있는 의무 복무기간이 각기 다름
  : 학군장교 (28개월), 학사장교 (36개월), 간부사관 (36개월), 3사 (6년), 육사 (10년)
    * 장기 근무는 군 생활을 10년 이상하였을 경우를 장기복무자로 구분
- 임관前 군에서 지원받은 금액이 얼마인가에 따라 의무 복무기간이 달라짐
  : 기본적 의무 복무기간 + 임관前 몇 년동안 학자금 = 복무기간 산정
    * 예) 학군장교 + 4 년 장학금으로 임관한 인원 = 2 년 6 개월 + 4 년 = 6 년 6 개월

■ **전역시 나이, 사회 분위기에 따라 선택 가능 직업이 달라지는 경향**

- 중기장교 (6년 기준)로 복무후 전역하는 경우 대부분 29세 전후로 늦지 않음
  : 사회 새내기로 첫 직장 얻는 나이가 27.8세를 고려시 충분히 경쟁력 있음
- 군 생활 목표 및 의지를 결정한 후 개인적으로 구직을 위한 관심 절대 필요
- 사회에서 군 장교로서 리더 + 병과별 경험을 우대하는 기업체 일부 존재
  : 생각보다 군 경험 인정해주는 직종의 일반업체 (경비, 보안, 기획, 보험 등) 있음
    * 본인이 근무했던 병과별 관련 경험, 근무했던 선후배 네트워크로 되는 경우 많음

■ **전역前 취업박람회, 제대군인지원센터, 전역대기 기간 등 적극 활용**

- 현실 : 중기장교로 전역을 하게되면 95% 이상 새로운 직업을 선택하여 시작
  * 관건은 새로 선택한 직업이 만족할 만한 수준인가의 여부임 (개인준비 절대 필요)
- 주요 재취업 시설 : 일반기업, 군 관련 민간기업, 공무원, 군무원, 방산업체, 공공기관, 연구소, 부사관 재입대, 예비군 중대장, 정부 기관 등 다양한 시설
  * 최근 분위기는 전역 간부에게 최대한 전역을 위한 준비기간을 배려하고 있음
- 재취업 수준은 개인이 얼마나 준비했느냐에 따라 달라지며 전공수준 / 병과별 경험, 자격증, 근무지, 희망 연봉수준, NCS (국가직무능력 표준) 취득 등에 따라 달라짐

▲ **끝까지 최선을 다하자 ! (유종의 미)**

- 일부 장교는 전역前 맡고 있는 임무에 대해 소홀하면서 "나는 어차피 전역할 거니까, 대충 할 거야" 라는 생각으로 주변 사람들에게 욕을 먹는 경우 있음
- 불성실 근무자세는 본인에게 분명하게 악영향 미칠 수도 있음. 대부분 업체는 인원의 군 생활에 대해 평판조회를 실시함 (신기하게 정말 많은 경우 연결됨)
  * 평판 조회가 두려워서는 아니지만 장교로서 자존심도 지킬 필요 있음
  * 전역하는 장교는 일부러 더 열심히 한다는 것을 보여줄 필요 있음

▲ NCS (National Competency Standards, 국가직무능력 표준)

- 산업현장에서 직무 수행하는데 필요한 지식, 기술, 태도 등 능력에 대한 부분을 국가에서 표준화하여 정리된 내용
- 교육훈련, 자격에 NCS를 활용하여 현장 중심의 인재를 양성할 수 있음
- 직무의 유형을 중심으로 NCS 분류하고 있으며 대분류 24개, 중분류 81개, 소분류 369개, 세분류 1,064개를 정의하여 구성하고 있음

▲ NCS를 활용하게 될 경우 장점 : 기업 측면

1. 채용 : NCS 직무기술서를 바탕으로 지원자의 역량을 평가할 수 있으며 프로세스 설계 및 도구 개발 가능 (직무능력 중심 인재채용, 입사시 재교육비용 감소)
2. 재직자 훈련 : 직급별로 요구되는 직무 중심의 교육훈련 이수체계 마련 (체계적 교육훈련, 직무 맞춤교육으로 생산성 향상, 근로자의 학습의욕 촉진)
3. 배치.승진 : 경력개발경로 및 배치.승진 체크리스트 개발 (회사의 기대와 근로자의 역량간 불일치 해소)
4. 임금 :직무분석으로 연공서열 중심의 임금체계를 직무급으로 전환 (근로자의 직무역량과 능력에 따라 적정 임금 지급)

▲ NCS를 활용하게 될 경우 장점 : 근로자 측면

1. 취업준비생 : 기업이 어떤 능력을 지닌 사람을 채용하고자 하는지 명확히 알고 이에 맞춰 직무능력을 키울 수 있어 스펙 쌓기 부담 감소
2. 재직자 : 직무에 맞는 교육과정을 확인하여 체계적으로 교육훈련과정에 참여할 수 있으며 산업현장에서 요구하는 실무형 인재로 성장 가능
3. 자격증 취득 : 해당 직무에 맞는 국가기술자격을 확인하여 직무중심의필요한 자격증을 취득할 수 있도록 도움 가능

▲ NCS 구성

- 능력단위 요소, 적용범위 및 작업상황, 평가지침, 직업기초능력 등으로 구성
- 수준체계는 현장 직무수준을 체계화 한 것으로 산업현장, 교육훈련, 자격 연계, 평생학습능력 성취단계 제시 자격의 8 수준에 체계에 따라 능력 단위 및 요소별 수준을 제시
  - ＊ 1 수준 : (역량) 구체적 지시 및 철저한 감독하에 과업을 수행하는 수준 단순하고 반복적인 과업을수행할 수 있는 수준
  - ＊ 8 수준 : (역량) 조직 및 업무 전반에 대한 권한과 책임이 부여된 수준
최고도 이론 및 지식을 활용하여 새로운 이론 창조 수준
최고도 숙련으로 광범위한 기술적 작업을 수행할 수 있는 수준

※ 세부내용 국가직무표준능력 사이트 참고 : www.ncs.go.kr

7. 자대 배치후 처음해야 하는 일은 무엇인가 ?

■ **소대장으로서 소대원 신상파악이 최우선적 조치사항**

- 대부분 장교가 임관을 하면 소대장 직책을 제일 먼저 수행함
  : 보병 소대 기준으로 소대원 30명에 대한 신상파악을 가장 먼저 실시해야 함
    * 중대장이나 대대장이 내 소대원에 대해 질문을 하는 경우 많음
- 신상파악 수준은 내가 알 수 있는 최대한으로 자세하게 파악하는 것이 핵심
  : 병력, 신체수준, 성격, 교우관계, 여자친구, 가정문제, 금전문제, 적응도 등

■ **소대장 임무를 기술한 전투세부시행 규칙 완전하게 숙지 필요**

- 군의 존재 이유는 싸워서 이기는 군대를 만드는 것임
  : 내 소대가 어떻게 싸우는지 방법을 기술한 내용이 전투세부시행 규칙임
    * 내가 궁금한 사항이 없을 정도로 자세하게 완전하게 외우는 수준으로 숙지
- 전입후 전투세부시행 규칙을 찾아본다면 주변에서 나를 인식하는 수준도 달라짐
  : 준비된 장교라는 인식을 줄 수 있으며 뭐가 달라도 다르다는 이야기 나옴

■ **전임 소대장의 방식 존중 : 최소 3개월은 유지**

- 전임 소대장이 내가 전입前 1년 동안 적용했던 방식을 존중할 필요 있음
  : 나와 맞는 방식도 있고 안 맞는 방식도 있음, 그래도 처음에는 지켜봐야 함
    * 전임 소대장이 문제 있어 비정상적으로 보직을 종료한 경우라면 새롭게 시작 필요
      (소대 및 중대 분위기를 처음에는 적응한다는 차원에서 관찰할 필요 있음)
  : 중대장의 성향은 어떤지, 특별히 강조하는 것은 무엇인지 세심하게 관찰
- 업무에 필요하다고 생각되는 주요 연락처 업데이트하고 이메일로 처음 인사
  : 전임 소대장과 인수인계 과정에서 즉시 해야 하는 현안업무에 대해 집중 준비
    * 현재 긴급을 요하는 현안업무에 대해 우선적으로 파악하고 분대장과 토의 필요

> **▲ 소대를 내 스타일에 맞추는 방법**
>
> 1. 소대원에게 인간적인 신뢰를 받는 것이 가장 급선무
>   : 신뢰가 형성되지 않는다면 소대장으로서 할 수 있는 일이 아무것도 없음
> 2. 내 스타일에 맞추기 전에 기존 방법에 대한 장.단점 분석 철저
>   : 지금 내가 하고 있는 고민은 나만 했던 것이 아님. 분명히 전임자도 했음
> 3. 무엇인가 내 스타일대로 하고 싶다면 먼저 분대장을 설득하고 진행
>   : 전체 의견을 반영하는 것이 최선, 최소한 분대장은 내 편으로 만들어야 함

8. 소대장의 하루 일과는 어떻게 되는가 ?

■ 대부분의 육군 부대는 육군 표준일과표를 준수

- 육군 표준일과표는 부대에 따라 장관급 지휘관에 의해 일부 조정되어 실시
  : 일과시간은 식사시간 제외하고 8시간을 기준으로 임무 및 특성을 고려 반영
  * 08:30~09:00 준비, 09:00~12:00 오전과업, 12:00~13:00 점심, 13:00~17:30 오후과업
- 08:30분 일과가 시작된다고 하면 많은 간부들이 08:00분까지 미리 출근 완료함
  : 부대마다 분위기 다르지만 중대장 주관 아침회의를 08:10분 하는 경우도 있음

■ 어느 소총 소대장의 하루 일과 진행사례 *07:30분 출근, 18:30분 퇴근 (평균)

- 07:30 ~ 08:00분 출근, 아침식사 (병영식당, 병사식) *06:30분 기상
- 08:00 ~ 08:30분 중대장 주관 아침회의 참석
- 08:30 ~ 09:00분 소대원과 얼굴보고 건강상태 확인, 하루 일과 준비 및 지시
- 09:00 ~ 11:50분 (오전일과) 병기본과제 각개전투 부교관으로서 임무수행
- 13:00 ~ 16:00분 (오후일과) 병기본과제 화생방 주교관으로서 임무수행
- 16:00 ~ 16:30분 분대장과 상향식 일일결산/16:30 ~ 17:30분 소대원과 3 km 체력단련
- 17:30 ~ 18:00분 중대장과 상향식 일일결산 및 다음날 업무 준비
- 18:00 ~ 18:30분 저녁식사 (병영식당, 병사식)
- 18:30 ~ 20:00분 상담일지 기록 및 행정 : 19시 이후 평균 야간 근무 횟수 주 1.2회
  * OO 사단 소대장 설문조사 결과 : 평균 당직근무 횟수 주 1.5회

■ 소대장 주임무 : 교관, 병사 상담 및 행정기록, 당직, 체력단련 등

- 다양한 임무를 준비하고 수행하면서 적응되면 하루 시간이 빠르다고 느껴짐
  : 갑자기 지시되는 업무도 있고 미리미리 준비해야 하는 업무도 많음

▲ 소대장의 출근시간은 어떻게 해야 하는가 ?

1. 일과시작 08:30분인데 중대장이 07:30분에 출근한다면 소대장으로서 언제 출근하는 것이 적절한 것인가 ? (아무도 중대장보다 먼저 출근하라고 강요하지 않음)
   : 본인 선택의 문제, 하지만 대부분의 소대장이 중대장보다 일찍 출근하려고 노력함
   처음에는 분위기에 따라 주변 소대장들과 출근시간을 맞추는 것을 권장
2. 하루 전에 미리 해야 할 일을 준비한 상태에서 일과시작이 08:30분이기 때문에 08:29분까지 출근하는 것은 아무 문제도 되지 않음
   : 하지만 현실적으로 08:29분까지 출근하는 간부는 거의 없음

9. 장기적으로 비전이 있는 병과가 있는가 ?

■ 모든 병과는 군에서 의미있고 필요하기 때문에 존재

- 어떤 병과가 더 좋다고 얘기할 수 있는 객관적 기준 없음 (주관적 기준만 존재)
  : 육군에서 가장 많은 비율 차지하며 중심이 되는 병과는 단연코 보병임 (43%)
  * 육군의 모든 작전은 보병을 기준으로 수행된다고 해도 과언이 아님 (현재, 미래)
- 군은 전투를 위해 존재하는 전투병과가 핵심임은 맞는 말이나 전투병과를 지원하는 전투지원병과의 상대적 중요성이 절대 약해지는 것은 아님
  : 미군의 경우, 전투원 1명 지원하기 위해 전투지원 / 전투 근무 지원 인원 5명 필요

■ 육군의 비전은 과학화, 기술정예 강군을 추구하고 있음

- 모든 병과가 과학군, 기술군을 추구하지만 특히 더 필요한 병과도 있을 수 있음
  : 정보통신, 정보, 기갑, 포병, 방공, 항공, 병기 등 병과는 기술이 강조되는 병과임
  * 내가 기술적 전문성을 가지고 있다면 장교로서 병과에서 업무적으로 활동 유리
- 육군 과학화전투훈련단 (KCTC) : 육군이 지향하는 전투체계의 지향점 확인 필요
  : 여단급 전투훈련 준비 및 통제, 전투훈련 개념발전, 개발시험, 운용시험 평가

▲ 육군 과학화전투훈련단(KCTC) 기능

1. 훈련부대에 대한 전투훈련계획, 준비, 통제, 분석, 사후검토 실시
2. 전투훈련 교훈 도출 / 전투실험지원에 의한 전력지원업무
3. 과학화 전투훈련체계 발전 및 여단급 훈련
4. 현재 전투체계의 효율적 운용방법 확인 및 평가
5. 미래체계 디자인 및 전력화 지원
6. 빅데이터 플랫폼 구축 및 유의미한 데이터 생산 지원

■ 육군의 미래모습 (Army Tiger)에 대한 병과별 추진전략 확인 필요

- 아미타이거 부대 : 워리어플랫폼 전투원이 드론봇과 함께 생존력, 전투력 발휘
  : 차륜형 장갑차 + 소형 전술차량 = 기동 기본 플랫폼 (지속적으로 전력화 예정)
  * 기동화, 네트워크, 지능화 역할을 하는데 병과별 핵심 기능이 무엇인지 고민 필요
- 아미타이거 부대에서 추구하는 신규 무기체계 7종에 대한 병과별 지원 관심 필요
  : 소형 전술차량 (현마) + 105 mm 자주곡사포 (풍익) + 30 mm 차륜형 대공포 (천호)
  + 차륜형 장갑차 (백호) + 대포병탐지레이더 - II (천경) + 120 mm 자주 박격포 (비격)
  + 장애물개척전차 (코뿔소) * 신규 무기체계 발전방향과 병과별 역할에 대해 필요

10. 당직근무는 어떻게 수행하는 것인가 ?

■ 육군 간부 중에 당직근무 없는 군인은 없다 ?

- 부대를 책임지는 대대장급 이상 지휘관을 제외하고는 원칙적으로 모든 군인은 야간 및 휴일에 지휘관 대신하는 당직근무에 대한 책임 / 의무를 가지고 있음
  : 일부 부대에서 내규에 의해 만 50세 이상의 간부는 제외 시키기도 함
    * 당직근무 책임 : 지휘관이 없는 시간에 지휘관을 대신하여 부대운영을 책임짐
- 지휘관도 퇴근 해야 하고 부대는 24시간 운영되어야 하기 때문에 야간 부대운영의 책임자로서 당직근무는 반드시 필요 : 초급장교 월 평균 당직근무 횟수 4.6회

■ 당직 근무의 표준 일과표에 따라 병력을 철저하게 확인해야 함

- 당직근무자는 다양한 임무를 수행하지만 당직근무의 핵심은 병력통제임
  : 책임지고 있는 인원이 어디에 있는지 명확하게 파악하고 있어야 함
    * 병력 통제가 안 된다면 아무것도 할 수가 없음 (병력, 총기, 탄약 파악은 기본)
- 서두르지 말고 천천히 여유 있는 마음 가지고 부대를 안정적으로 통제해야 함
  : 평상시 상황이 긴급하지 않다면 대부분 선보고 후조치 해도 큰 문제 없음
    * 하나씩 천천히(한 템포 쉬고 여유있게), 급한 상태에서 서두르면 실수만 하게 됨

▲ 당직근무자 전체적 필수 일과표 적용 예)

- 16:30 근무투입 / 야간 부대운영 인수인계 / 총기, 탄약 실셈 파악
  * 지휘관의 강조사항 확인 및 근무 투입 보고
- 17:30 저녁 급양 감독
- 20:30 병영생활 임무분담제 청소 확인
- 21:30 저녁 점호
- 22:00 취침확인 및 유동병력 관리
- 06:30 기상확인
- 07:00 아침점호 / 아침 급양 감독
- 08:00 부대일지 정리 / 당직근무간 특이사항 인수인계
  * 수시 : 병력통제, 근무자 신고, 탄약수불, 안전순찰

■ 첫 당직근무 투입 前 선배들과 당직근무 동숙 및 예행연습 필요

- 안 해본 것은 모르는 것 당연 : 사전에 반드시 동숙 예행연습 숙달 필요
  : 당직근무 서면서 무엇을 해야 하는지 미리 알 수 있음 (선배 노하우 획득 가능) 근무 종료후 다음날 휴식 보장 : 책임진 야간시간 만큼은 반드시 깨어 있어야 함
  * 병사들은 해당 간부가 새벽 몇 시 쯤 조는지, 어디 위치하는지, 순찰하는지, 당직 중점은 무엇인지를 정확하게 파악하고 있으며 병사들 상호 간에 인수인계되고 있음

11. 자격증 / 영어 등은 군 생활에 도움이 되는가 ?

■ 나의 능력을 객관적으로 증빙할 수 있는 자료는 많을수록 좋음

- 내가 얼마나 능력 있는 사람인가를 나타내는 객관적 방법 중 하나는 자격증임
  * 군 생활에 도움이 되는 자격증은 반드시 있음 (병과별 필요한 자격증 확인 필요)
- 업무 추진 및 진행 방향과 나의 자격증 획득 방향을 일치시키면 가장 좋음
  : 내 업무와 전혀 상관없는 자격증은 주변에서 좋게 보지 않을 수도 있음
    * 급양과 관련 없는 업무인데 양식조리사 자격증 획득한다면 전역 준비하나 ? 생각

■ 육군에서 강조하는 개인 능력개발 방향을 인지하는 것이 필요

- 능력 평가요소로서 자격증은 잠재역량 분야에 포함되어 나를 증명할 수 있음
  : 영어, 한자, 한국사, 문서처리, 컴퓨터, 무도 등의 자격증은 획득 지향해야 함
- 주변 인원을 살펴보고 다른 사람은 어떠한 준비를 하고 있는지 확인도 필요
  : 준비한 사람만 기회가 왔을 때 내 것으로 만들 수 있음, 도움되는 경우 많음

▲ 왜 성적으로 그 사람을 평가하는가 ? 행복은 성적순이 아니지 않은가 ?

- 내가 회사의 사장이라면 어떤 자격을 가진 사람을 선발할 것인가 ?
  : 능력있는 사람을 뽑고 싶을 것 (그렇다면 능력 있다는 것을 어떻게 판단 ?)
- 많은 선발 및 평가 시스템은 능력 있다는 것을 성적 및 자격증으로 반영함
  : 잘못된 것인가 ? 많은 시스템이 존재한다면 나름대로 이유가 있는 것임
    ① 지금까지 더 획기적으로 평가하는 논란없는 시스템은 존재하지 않음
      * 공정, 창의, 입체적 평가방법이 일부 있지만 객관성 및 시간 과다 등 논란
    ② 성적 및 자격증 등은 그 사람이 행한 노력의 댓가, 성실성으로 간주함
      * 동일한 조건에서 다른 사람보다 뛰어난 조건을 갖추었다는 것은 그만큼 성실하게 노력하여 획득했다고 판단 (보통의 조직은 성실성 우선 반영 추구)
    ③ 성적 및 자격증 등이 우수한 사람을 뽑아봤더니 다른 사람보다 잘함
      * 해당 조직의 선발방식은 경험에 기반한 내용을 반영하는 경향이 있음

■ 영어, 자격증 등은 군에서 뿐만 아니라 다른 곳에서도 활용 가능

- 영어, 자격증 등은 군에서도 의미있게 반영, 민간에서도 중요하게 생각하는 분야
  : 개인 발전을 위해 나의 노력을 우선적으로 집중할 필요 있음

군에서 필요한 자격증 획득 우선, 전역 후 모습까지 고려시 나에게 동기부여 가능
  : 영어 등 자격증은 군 생활 포함, 인생에서 내가 선택할 수 있는 기회 확장 가능
    * 군의 다양한 선발내용 중에 기본적 자격조건으로 영어성적 요구하는 경우 많음

12. 장교로서 경력관리가 필요한가 ?

■ 중대장을 잘 하기 위해서 소대장은 기본적인 필수경력임

- 장교로서 차후 더 원하는 보직에서 근무하기 위해 경력관리 필요한 경우 있음
  : 일부 보직은 수행되기 위해서 꼭 필요한 사전의 경력이 필요할 수도 있음
    * 대부분 보직은 영관장교 이상에서 요구되는 것임 (초급장교는 해당 없음)
- 소대장을 안 해본 사람이 중대장 직책을 잘 수행할 수는 없음
  : 중대장을 더 잘하기 위해서 중대를 구성하고 있는 소대가 어떻게 운영되는지 세부적인 내용을 알고 있어야 기본적인 중대장 임무수행 가능함
    * 해당 계급, 병과별 사전에 지정된 필수보직은 존재하나 대부분 인원 문제없음
    → 내가 크게 신경쓰지 않아도 기본 관리사항으로 미충족 경우 거의 없음

■ 초급장교 시절에는 경력관리 전혀 필요없음

- 경력관리란 영관장교 이상에서 많이 요구되는 것으로 초급장교 시절 필요없음
  : 병과별 일부 보직 및 특기는 대위급 장교부터 필요하기는 하지만 많지 않음
- 초급장교 시절에는 현 보직에서 최선을 다해 인정을 받는 것이 우선
  * 지금 보직에서 잘하고 있으면 다음 보직도 잘하겠지 하는 기본적인 믿음 존재

> **▲ 많은 회사에서 경력직을 뽑는 이유는 무엇인가 ?**
>
> 1. 당장 성과를 내야 함 : 신입사원 뽑아 교육시키면서 하기에는 시간이 없음
>   * 군 중요 보직 운영도 마찬가지 (누구나 할 수는 있음. 하지만 시간이 걸릴 뿐)
> 2. 해당 직무를 바로 수행할 사람이 필요
>   : 현행 업무에 대해 긴급사항이 있고 추진해야 할 핵심내용에 대해 성과가 보장되지 않는다면 현행 업무를 모르는 사람을 뽑을 것인가 ?
>   * 영관급 장교부터는 개인 특기 부여, 해당 분야 전문가로 인정받아야 함

■ 내가 경력관리를 하는 목적을 분명하게 해야 함

- 내가 경력관리를 하는 목적 = 진급에 유리 ? (틀린 생각은 아니지만..)
  : 진급이 잘 되는 자리를 가기 위해 경력관리를 한다고 하면 너무 근시안적임
    * 군 생활에서 진급은 중요한 요소이지만 조금 길게 여유있게 바라볼 필요 있음
- 진급이 보장된 자리는 없지만 진급이 상대적으로 자주 되는 자리는 있을 수 있음
  : 하지만 그 자리를 가기 위해 경력관리가 필요, 내가 조건을 갖추고 있어야 함
    * 그 자리가 진급 잘 되는 것은 진급이 될 만한 사람을 선별하여 보직을 주기 때문

초급장교 시절 내가 원하는 보직에 갈 수 있는가 ?

: 현실적으로 불가능에 가까움

1. 일부 학생은 소위 1년 동안 A보직을 하고 중위 진급하면 B보직으로 이동하고 육본 병과보직장교에게 전화해서 부대를 전출시켜 달라고 하겠다는 인원이 있음 (실제 이렇게 할 수 있는 초급장교는 거의 없음)
   : 초급장교에 대한 보직 인사명령은 육본에서 일괄적으로 하는 것은 사실이나 육본 병과보직장교가 그 많은 초급장교를 관리하는 것은 현실적으로 제한됨
   * 초급장교 시절 육본 병과보직장교에게 전화하는 것은 너무 용감한 행동 ?

2. 병과별 다르지만 원하는 보직을 하겠다는 생각을 실천할 수 있는 시기는 현실적으로 대위급 2차 중대장을 완료하고 난 다음부터 일부 적용 가능
   : 내가 원하는 보직에 대한 나의 조건이 충족된 경우에만 일부 가능함

3. 초급장교로서 사단에 배치되어 대대별 주둔지에 근무하고 있다면 핵심은 대대장에게 인정을 받는 것. 대대장에게 업무로서 인정을 받지 못한다면 장기선발 불가능하고 대대 안에서 내가 원하는 보직에 대한 부분도 불가능
   : 대대장에게 업무로서 인정을 받는 것이 무엇보다도 첫 번째 우선요소임
   * 대대장과 상담을 통해 보직에 대한 내 의지도 전달하는 기회도 필요

4. 현재 보직에 불만이 있어 다른 보직 원하는 경우라면 일단 현재의 직책에서 최선을 다해 끝까지 해서 좋은 인상을 남기는 것을 권장
   : 내가 하기 싫어서 결국 보직을 바꾸는 것이라도 주변 인원들이 그래도 나를 인간적으로 괜찮은 사람이라는 것을 인식할 수 있도록 노력해야 함

5. 초급장교 시절 경력관리는 무의미한 수준이며 현재 보직에서 최선을 다하고 주변 사람들에게 인정을 받는 것이 할 수 있는 가장 좋은 방법임
   : 장교 보직은 1년 기준, 다양한 직책에서 여러 경험을 하는 것을 추천
   * 1년이라는 시간이 짧지도 않지만 길지도 않으며 업무를 배운다는 생각 필요

6. 내가 경력관리를 해야겠다는 생각이 든다면 부대에서 경력관리 측면에서 상담할 수 있는 선배장교에게 찾아가서 얘기를 들어보는 것도 중요
   : 부대 안에는 벤치마킹할 수 있는 모범적인 선배장교가 분명히 있음

7. 현 부대에서 내가 원하는 경력관리 제한된다는 생각이 든다면 육본 차원에서 공고되는 선발기회 (해외파병, 위탁교육, 영어반 등)에 관심 가질 필요 있음
   : 선발되면 현 부대에서 이동, 자기발전 도모하면서 차후 보직 고민 가능

13. 군에서 진급 잘되는 직책 / 보직이 있는가 ?

■ **진급은 개인의 종합적 능력 + 차후 발전 가능성을 총체적으로 반영**

- 평정, 상훈, 경력, 징계, 체력, 교육성적, 잠재역량, 지휘추천 등 종합적 반영
  : 단기간의 성과를 반영하는 것이 아닌 지금까지의 꾸준한 노력결과를 반영
    * 대위 → 소령을 위한 최소기간은 대위 7년 이상의 근무경력이 있어야 함
- 진급하는 시기에 어떤 직책이냐 보다 현 계급의 중장기 성과를 반영하는 개념
  : 진급에 가장 큰 영향을 미치는 요소는 무엇보다 인사평정 (50 ~ 70 %)
    * 대위 7년 동안 전.후반기 총 14번 평정 결과가 소령 진급에 결정적으로 영향 미침

■ **병과에 따라 진급 시기에 어떤 직책이냐가 일부 영향을 미치기도 함**

* 중위 → 대위 95% 이상 진급 (특별한 문제없는 경우), 대위 → 소령부터 본격 경쟁 시작

- 진급이 보장된 직책은 절대 없음. 하지만 진급이 조금 더 잘되는 직책은 있음
  : 통계적, 과거 진급 잘 되는 사례를 보면 조금 더 많이 되었던 직책 확인 가능
- 진급 시기에 평정 집단 분모가 많은 경우, 상대적으로 우수한 사람으로 평가받음
  : 경쟁 대상이 많은 상태에서 우수하게 인정받는 경우 진급에 유리할 수 있음
    * 대위 → 소령 : 지휘추천 받을 때, 분모가 많은 경우 더 높이 평가하는 경향
  : 모두 진급하려고 열심히 하는 가운데 추천을 받았으면 얼마나 우수한가 ? 인식

▲ **진급이 상대적으로 더 잘되는 직책에 대한 일반적 특징**

① 누가 봐도 진급이 될 만한 사람이 해당 직책에서 근무함
  * 해당 직책에 근무하기 전에 부대 내부적으로 진급이 될 만한 사람인지 자체 판단후 될 것 같다는 사람에게 우선 보직하는 경향이 대부분 있음

② 진급이 자주 되는 직책이기에 우수한 인원들이 서로 하려고 함
  * 능력 있는 인원들이 해당 직책에 대해 경쟁하기 때문에 업무 수준은 월등

③ 해당 직책은 부대에서 엄청나게 바쁘고 제일 고생하는 자리임
  * 많은 업무 뿐만 아니라 관련 부서를 협조 조정, 총괄하여 종합하는 역할 많음

④ 고생한 직책에 대한 보상이 필요하다는 구성원의 인식이 공감되어 있음
  * 매일 야근, 주말 근무, 휴일 근무, 휴가 거의 미실시 등 개인시간 거의 없음

■ **진급에 유리한 직책(?)을 가려고 한다면 사전 준비가 반드시 필요**

- 내가 진급이 될만한 조건의 인원이라는 것을 객관적으로 증빙할 수 있어야 함
- 현재 또는 과거의 선배들이 그 직책을 수행하기 전에 어떤 직책을 수행했는가 분석하여 가능하다면 나도 동일 하거나 유사한 직책을 수행하는 것 유리

14. 나를 힘들게 하는 지휘관을 만날 가능성은 ?

■ 점점 더 많은 군 지휘관이 Open - Mind 형태로 변해가고 있음

- 구태, 구닥다리, 고지식, 권위적인 지휘관은 군에서 많이 사라져 가고 있음
  : 솔직히 아직도 일부 이상한 지휘관이 있기는 있지만 분위기는 많이 변하였음
    * 어떤 조직이던지 특이하다고 인정되는 사람은 항상 존재 : 5 %의 법칙 ?
- 지휘관은 오픈 마인드이지만 군 문화는 상명하복의 분위기 적용되기도 함
  : 조직문화에 가장 많은 영향을 미치는 지휘관이 바뀌고 있지만 근본적인 군 문화의 특성인 명령과 지시에 대한 부분은 여전히 존재하고 있음
    * 힘들게 하는 지휘관을 만날 확률보다 힘들게 하는 군 문화를 만날 확률이 더 높음

■ 내가 어떤 사람을 만나는 것보다 내가 어떻게 할 것인가 더 중요

* 군 업무를 하면서 어떤 사람을 만나는지는 내가 선택할 수 없다는 것이 현실임

- 현실적으로 나를 힘들게 하는 지휘관보다 도와주는 지휘관을 만날 확률이 높음
  : 최근 경향, 문제있는 사람이라고 판단된 경우는 지휘관으로 보직하지 않음
- 내가 지휘관과 관계에서 힘들다면, 나에게도 어떤 문제가 있는지를 살펴봐야 함
  : 일방적 잘못도 있지만 많은 경우 쌍방 간의 과실이 있는 경우도 있음
    * 현실적으로 지휘관의 큰 잘못으로 보직 해임될 수 없다면 내가 수용하는 자세도 필요
- 지휘관과 다른 생각으로 힘들 수 있음, 내 생각을 지휘관과 맞추는 것 권장
  : 문제 있는 지휘관과 경험했다면 역설적으로 군 생활의 큰 자산이 되기도 함
    * 정말 힘든 지휘관과 군 생활을 하고 나면 그 이후 힘든 상황은 보통 긍정적으로 인식하고 극복할 수 있는 나만의 무기가 될 수도 있음

▲ 지휘관의 지시사항이 내 판단과 다른 경우라면 어떻게 할 것인가 ?

① 해당 지시사항이 법적 (법 / 규정 / 내규 등) 인 문제가 있는지 확인
  * 편법적 부분인지 불법적 부분인지 판단하여 법적인 문제가 있다면 지휘관에게 법적으로 문제된 부분에 대한 내용을 다시 보고 (양보 불가)

② 해당 지시사항이 부대를 위한 것인지 지휘관 개인을 위한 것인지 확인
  * 부대를 위한 것이라면 내 판단과 다르더라도 최종결정 내용이라면 당연 수용
  * 지휘관 개인 위한 것이라면 비공개적 자리에서 우회적으로 재결심 건의 보고 (양보 불가 ? / 양보 가능 ?): 개인이 판단할 영역, 사람마다 판단 결과 다름

③ 최종결정 전까지 지휘관 보좌하는 공동체라는 생각으로 적극적으로 다양한 의견을 개진하여 지휘관의 건전한 결심, 판단에 기여
  * 하지만, 지휘관이 최종 결정한 내용에 대해서는 수용하고 부하로서 최선

15. 장교 출신에 따른 차이가 존재하는가?

■ 출신별 임관 위한 준비기간, 양성비용, 교육체계 등이 현실적으로 다름

- 현실적으로 존재하는 임관 출신별 양성과정 투입비용 차이를 고려한다면 임관출신에 따른 장기 선발, 진급률 관련하여 실질적 차이가 존재함
  * 최근, 육사 출신의 대령 진급률은 10년 전에 비해 급격히 감소되는 경향 보임
- 육사 출신이 100% 장기 근무가 보장된 것이 문제라고 판단하는가?
  : 학생들과 이야기를 해보면 이 부분에 대해 불만을 가지는 학생은 없음
    * 학생 가장 궁금해하는 부분 : 육사 출신을 제외한 임관출신별 진급률의 차이 결과
  : 공식적으로 발표된 자료는 없으나 과거 자료를 통한 대략적 추정치 산정 가능

■ 육사 출신 제외하고 장교 출신별 진급률 차이는 크지 않음

  * 임관 출신별 차이는 미미한 수준이며 대부분 개인별 능력에 의한 차이로 확인됨
- (질문) 내가 육사 출신보다 장교로서 경쟁력 있는 요소는 무엇인가? [참고]
- 진급 관리제도는 많이 변화되어 과거 30년 전 출신별 할당 개념에서 출신구분 없는 완전 공개경쟁으로 변경되어 현재까지 적용되고 있음 (소령 / 중령 / 대령)
  : 육본 차원에서 임관출신별 진급률을 관리하는 개념은 공식적으로 없음
    * 다만, 출신별이 아닌 임관년도별 적정인원 규모를 유지하기 위한 관리는 있음
- 학군, 3사, 학사, 군 장학생, 간부사관 등의 진급률에서 의미 있는 차이는 없음
  : 일부 임관출신 장교가 진급률이 약간 높은 수준이나 변별력 없는 수준
- 진급 심사시 출신 추정할 수 있는 군번, 사진, 학교 등의 자료 형태는 반영 안됨
  : 심사위원회 구성은 모든 임관 출신 장교들이 균등 참여하여 공정성 보장
    * 어느 1명에게만 유리하게 반영될 수 있는 진급심사 평가 시스템이 절대 아님

■ 군에 대한 직업정신이 투철한 사람이 결국 성공할 수 밖에 없음

- 출신에 따른 차이는 공식적으로 없음, 오직 개인 능력에 따른 차이가 존재할 뿐
- 육군에서 진급으로 가장 높은 위치인 참모총장 직책을 학군 출신 인원이 되었다면 임관 출신 문제인가 or 개인 능력 문제인가? * 군 가치관 / 직업정신 고민 먼저
- 출신 할당이 아닌 완전 공개경쟁에서 육사 출신이 진급률이 높다는 것은 객관적으로 증빙할 수 있는 개인적 능력의 중요함이 증명될 수 있음
  : 내가 경쟁자에 비해 우위에 있는 경쟁요소가 무엇인지 냉철하게 판단 필요

[참고] 솔직하게 얘기해 봅시다.

내가 육사 출신 장교보다 장교로서 경쟁력 있는 요소는 무엇인가 ?

① 내가 육사 출신 보다 머리가 좋은가 ?

: 장교에 대해 고민했던 학생들이 육사를 우선적으로 가고 싶어한 경우 많음

* 내가 갈 실력이 안 되어서 못 간 것에 대해 언제까지 아쉬워 할 것인가 ? 내가 육사에 갔다면 원망하지 않을 것인가 ? 지나간 것, 바뀌지 않는 것은 인정하고 지금부터는 나에게 도움이 되는 것을 찾아야 하지 않을까 ?

② 내가 육사 출신 장교들보다 체력적으로 우수한가 ?

* 장교 준비하는 학생을 보면서 가장 안타까운 부분. 초급장교로서 승부를 볼 수 있는 중요한 요소는 체력인데 중요성을 인식하면서도 제대로 하는 인원은 많지 않음

: 육사는 교육과정에서 의무적으로 매일 2시간 이상 체력단련을 하고 있음

③ 내가 육사 출신 장교들보다 군사 전문지식이 많은가 ?

* 군사학과 과정, 학군단 과정에서 많은 부분 군 관련 내용을 학습하고 있지만 육사 4년이라는 시간 동안 24시간 365일 단체생활을 하면서 군사적인 내용을 배우는 것과 비교하여 깊이 / 넓이 부분에서 상대적으로 부족할 수 있음

: 군사적으로 부족한 부분을 보완하기 위해 나는 어떤 노력을 했는가 ?

④ 내가 육사 출신 장교들보다 군에 대한 가치관이 확실한가 ?

* 장교 생활을 하면서 국가에 대한 충성심, 군에 대한 복무자세 등을 확고하게 한 상태에서 임무를 수행하는 것과 아닌 것의 차이는 분명히 존재함

* 스스로에게 "나는 불가피한 상황에서 임무 달성을 위해 내 목숨을 버릴 수 있는가 ?" 라는 질문에 "그렇다" 라고 말할 수 있는가 ?

⑤ 내가 육사 출신 장교들보다 성격이 좋은가, 업무를 잘 하는가, 술을 잘 먹는가 ?

* 개인별 다르지만 내가 가지고 있는 현재 조건이 출신에 대한 걱정보다 개인적 능력에 대한 보완을 어떻게 할 것인가에 대한 고민이 먼저 되어야 함

출신간 차이는 없음 ! 개인 능력의 차이만 존재할 뿐 !

* 해 볼만한 수준임, 한번은 최선을 다 해볼 만 하지 않을까 ?
비교 대상이 육사 출신이 아니라 나를 기준으로 스스로 판단해 보았을 때 장교로서 객관적으로 우수하다고 내세울 만한 요소를 준비한다면 자신감있게 군 생활 가능 !

* 시대가 바뀌고 있음. 내가 스스로에게 자신있어야 하지 않을까 ?

16. 군에서 업무 잘하는 방법이 있는가 ?

■ 대학 생활에서 학점을 잘 받는 방법과 똑같은 방법으로 적용 가능

- 학점을 잘 받는 방법
  ① 기본 성실하게 참여하고 담당 교수가 지향하는 수업 방향을 명확히 인식
  ② 중요 평가 포인트에 대한 핵심 노력 지향 (과제, 시험, 발표, 토의 배점 등)
  ③ 과거 기출문제 획득하거나 선배에게 경험 및 노하우 공유
- 군에서 업무 잘하는 방법
  ① 기본 성실하게 참여하고 지휘관이 지향하는 업무 방향을 명확히 인식
  ② 중요 업무 포인트에 대한 핵심 노력 지향 (요약, 업무성격, 시간, 중요도, 긴급 등)
  ③ 과거 유사 업무자료 획득하거나 선배에게 경험 및 노하우 공유

■ 장교는 새로운 직책에서 새로운 업무를 많이 담당하게 됨

- 처음 하는 업무는 누구나 어렵고 힘들게 느껴지는 것은 당연한 현상
  : 하지만 이 현상을 얼마나 빨리 극복하고 적응하는 것이 개인 능력의 차이임
- 새로운 업무를 빨리 적응하기 위해서 자신만의 적응 방법을 터득할 필요 있음
  : 전입자 인수인계 자료 최대 활용, 전산화 자료 검토, 온나라 시스템 활용 등
    * 중요한 업무는 문서로 전산화, 메뉴얼화 되어 있어 기본내용 숙지에 도움 많이 됨
  : 군 인트라넷 망에는 유용하게 많은 전산화된 업무 자료 있음 (다 볼 수 없을 정도)

> **▲ 신입사원 업무 노하우**
> ① 묻기 전에 먼저 보고하기 (빠르고 정확한 보고는 누구나 좋아함)
> ② 문제점에 해결방안 담기 (내가 하는 일이 의미있는 업무가 될 수 있도록)
> ③ 스스로에게 되묻고 의견 제시하기 (기본적으로 내가 이해할 수 있어야 함)
> ④ 짧고 간결하게 핵심만 보고 (할 일이 너무 많음, 상급자는 더 바쁨)

■ 군의 업무는 창의적인 것보다는 반복적인 임무가 많음

- 새로운 직책에서 초기에는 기존자료를 분석해서 기본적인 임무 수행에 중점
  : 창의적 접근보다 기존에 부대에서 잘했다는 보고서 형식 / 내용 적용 필요
- 기존 업무가 반복되는 경향이 많기 때문에 어려워하지 말고 과거 및 인근 부대 자료만 잘 활용해서 기본적인 임무만 수행해도 능력 있다고 평가됨
  : 초급장교에게 창의적인 것 기대하지 않음. 기본자세만 해줄 것을 기대함
    * 기본자세 : 핵심내용 파악, 허위보고 금지, 모르면 물어보기, 책임전가 금지 등

■ 내가 맡은 임무는 책임감 있게 끝까지 완수한다는 생각 필요

- 내가 해야 할 일은 무슨 일이 있어도 완수한다는 마음가짐 필요

  : 모든 일은 100% 완벽하게 진행하는 것은 제한되지만 지나칠 만큼 완벽성을 추구하여 어떤 일에 대해서는 끝장을 보겠다는 생각도 필요할 때 있음

  * 어떨 때는 주변에서 '업무 독종(?)이다'라는 얘기를 들어도 칭찬일 수도 있음

  : 무조건 깐깐하게만 하라는 것이 아니라 이런 사람이라는 것도 보여줄 필요 있음

- 상급자에게 처음 1번 책임감에 대해 신뢰를 주게 된다면 믿고 맡기는 경향 있음

  : 상급자가 나에게 믿고 맡기는 순간 더 신경써서 해야 하지만 군생활 즐거워짐

  * 한번 할 때 제대로 해서 상급자에게 확실한 인상을 심어줄 필요 있음

▲ 어느 장교의 철저한 업무스타일 예

[상황] A 장교는 외부 공공기관과 업무를 위해 협조해야 하는 임무이고 내일은 외부 공공기관의 공무원들과 회의가 있으며 본인이 업무를 위해 발표해야 할 중요한 내용이 있다. 발표자료는 PPT로 작성하였으며 발표자료 내용에 대해서는 보안성 검토는 완료되었고 발표 장소는 공공기관의 회의실이다.

[A장교는 발표자료 파일을 발표장소에 준비하기 위해 어떤 행동을 했는가 ?]

1. 발표자료를 E-mail로 공무원에게, 그리고 동시에 나에게 보냄
   * 수신한 공무원이 못 받을 수도 있고 접근성 향상을 위해 예비로 나에게 송신
2. 발표자료를 USB, 외부저장장치에 저장하여 내가 휴대할 수 있도록 조치
   * 파일 미전송, 인터넷 미접속 등을 대비하여 내가 직접 휴대하여 준비
3. 카카오톡 등 SNS에 접근성이 편할 수 있도록 보냄
   * 보안성에 문제가 없는 경우, 만약을 대비하기 위해 접근성 향상
4. 웹하드, 클라우드 등 공용 저장장치를 이용하여 접근성 향상
   * E-mail, 카카오톡 접속제한, USB 포트 불일치 등을 대비하여 예비 준비
5. 내가 직접 사용하는 노트북에 발표자료를 저장하여 직접연결 준비
   * 글씨체 깨짐, 발표환경 불량 등을 대비하여 노트북 직접연결 대비
6. 협조 공무원에게 파일을 전송 후 회의장소에서 열어서 확인해줄 것 요청
   * 회의장소에 내가 보낸 파일이 정상적으로 작동되는지 최종확인 요청
7. 1일 前 내가 직접 현장 회의장소를 방문하여 제반사항 확인
   * 직접 눈으로 보면서 회의 및 발표환경을 확인하면서 문제점 보완
8. 발표자료에 대한 프린트를 준비하여 최악의 상황 대비
   * 발표내용은 외울 수 있는 정도로 준비하여 발표 PPT는 없을 정도로 준비
9. 발표 당일에는 미리 1시간 전에는 도착하여 모든 발표 셋팅상태 확인
   * 막상 당일 발표일에 예상치 못한 우발상황이 발생할 수 있으니 대비

※ A 장교는 발표준비를 위해 1번부터 9번까지의 행동을 모두 실시. 너무 과한 정도인것 같아서 꼭 이렇게까지 해야 하냐고 물었더니 본인이 여러 번 우발적 상황을 겪고 보니 방법이 생겼고 이후 철저하게 확인하면서 실수도 줄고 상급자에게 인정을 받으니 군 생활이 더 즐겁고 재미있다고 이야기를 하고 있음

17. 다른 사람보다 앞서 갈 수 있는 방법 있는가?

■ **각자가 판단하는 경쟁력 있는 특성화 요소를 준비하는 것 필요**

- 앞서 가려고 한다면 내가 다른 사람보다 상대적으로 자신있는 부분이 있어야 함
  : 군에서 요구하는 방향과 내 준비의 노력이 일치 → 시너지 효과 발휘 가능
- 군에서 성공한 사람들에 대해 무엇이 훌륭한가 세부적으로 분석할 필요 있음
  : 그냥 관운이 좋아서 성공했다고 하기에는 설명이 부족한 부분이 많음
    * 운이 좋아서 성공했다는 사람도 다른 사람은 모르는 치열한 노력의 과정이 있음
  : 나는 내 운명을 바꾸기 위해 목숨을 걸 만큼 노력을 해본 적이 있는가?

■ **초급장교 전술적 마인드 정착에 도움되는 단어 : METT+TC 요소**

- 다양한 전술적 결심절차 요소들 존재, 하지만 대부분 METT + TC 요소에서 파생됨
  : METT + TC 요소의 기본만 알아도 전술적 부분에서 능력있는 장교로 인식됨
- 기본을 알고 있으면 다양한 전술적 상황에서 다양하게 응용하여 적용 가능
  : METT + TC 만 알고 있어도 전술적으로 개념 없다는 얘기는 듣지 않음

▲ **METT + TC 요소를 전술적으로 잘 활용한 초급장교**

- 대대 전술훈련 평가에서 평가관이 대대 인사장교에게 현재 상황에 대해 어떻게 평가하냐고 큰 기대 없이 질문하였다.
- 이에 대해 인사장교는 "상황은 우리에게 주어진 임무(Mission)인 OO을 고려하고 적 상황(Enemy)이 OO하기 때문에 A방책에 대한 재검토가 필요하며 아군부대 전투력(Troops)과 지형 및 기상(Terrain)이 B방책을 수행하기에 제한된다고 판단되며 시간(Time)적으로 가용시간이 부족하고 작전지역내 정보를 제공할 수 있는 민간인(Civilian)이 존재하기 때문에 지금 즉시 적용 가능한 C방책에 대한 시행이 필요하다고 판단됩니다."라고 이야기 하였다.
- 대대 전술훈련 상황실 모든 인원들은 중위급 장교가 이렇게 탁월한 개념을 가지고 설명하는 것을 보고 감짝 놀랐다. 해당 인원은 사단장 표창 및 장기선발이 확정되어 현재도 열심히 군생활을 하고 있다. (2023년 기준)

■ **신체적 능력으로 자신감 배양에 도움되는 단어 : 특급전사**

- 건강한 몸에 건전한 정신을 가질 수 있음 : 신체적 능력이 자신감이 생기면 그 자신감이 다른 영역까지 확장되는 경우 많음 (군 생활에서 확실한 무기가 됨)
- 초급장교 시절에는 특급체력은 초급장교의 성패를 좌우할 정도로 절대적
  : 특급전사 중요한지는 알겠지만 해봤는데 잘 안되는가? 얼마나 노력했는가?
    * 인생이 걸려있는데 하루에 2시간씩 3개월 정도는 집중적으로 해야 하지 않은가?

■ 능력발휘 기회를 확대하는데 도움되는 단어 : 영어성적

- 군 생활 中 영어를 얼마나 사용하는가 ? 연합사, 통역장교가 아니라면 영어 약어를 조금 사용하기는 하지만 영어를 모른다고 업무에 지장을 받을 정도는 아님
  : 왜, 영어성적을 강조하는가 ? 선발기회에서 영어성적을 대부분 요구함
    * 군에서 제공하는 능력개발 기회는 엄청나게 많음 (관심있게 보면 보임)
- 군에서는 선발기회에서 왜 영어성적을 요구할까 ?
  ① 경쟁과정에서 우수한 자원을 선발하기 위해 비교요소로 영어 자격증 요구
  ② 학문적으로 능력이 필요한 경우, 학업을 위해서 영어 활용능력 많이 필요
  ③ 한미연합 전력체계에서 미군과 협업을 해야 할 경우 많음
  ④ 영어는 개인적 노력에 의해서 충분히 획득될 수 있는 부분으로 인식
  ⑤ 지금까지 영어성적 우수한 인원을 선발했더니 잘 하더라는 경험요소 반영
- 장교 인사관리 방향은 가능하면 석사학위 수준을 잠정적으로 요구하고 있음
  : 내 능력발전을 위해서 다양한 기회를 활용할 필요가 있으며 기회를 잡을 수 있는 가장 좋은 방법은 현실적으로 영어성적 뿐이며 평상시 준비를 해야 함

■ 진급에 결정적으로 도움이 되는 단어 : 인사평정 + 교육성적

- 대위 7년간 전.후반기 14번의 인사평정을 모두 1등으로 평가받은 사람 있는가 ?
  : 극 소수 인원이지만 있음, 이상적이나 현실적이지는 않음. 매순간 최선 필요
- 현실적으로 모든 인사평정을 1등으로 받는 것은 어렵지만 매 순간 지휘관에게 최선을 다해 한 번이라도 더 인사평정을 잘 받는 노력 필요 : 쉬운 사람 없음
- 인사평정은 부대에서 생활하면서 꾸준히 관리해야 하는 요소라고 한다면 교육성적은 한 번만 제대로 고생해서 군 생활 전체적으로 도움이 되는 요소임
  : 교육성적 1등 (OBC / OAC 성적) or 최소한 전체 성적의 30% 이내
    * 모든 평가요소에 교육성적은 기본적으로 반영되며 교육성적은 변하지 않음

▲ 소대장 입장에서 인사평정을 위해서 중대장이 더 중요 ? 대대장이 더 중요 ?

- 당연히, 2명의 1, 2차 지휘관에게 모두에게 최선을 다해서 임무 수행해야 함
- 일부 학생들이 대대장은 계급도 높고 2차 평정자로서 상대평가 권한이 있고 중대장도 대대장 평가를 받기 때문에 현실적으로 중요하다고 얘기하는 것은 잘못된 생각임
- 소대장이 야전부대에서 대대장을 만날 기회도 많지 않고 대대장은 소대장에 대한 많은 정보를 중대장을 통해 알게 됨. 무엇보다 직속 1차 지휘관에 대한 충성보다 중요한 것은 없다고 할 수 있으며 누가 더 중요하다는 질문 자체가 의미는 없지만 소대장에게 더 중요한 인원을 꼭 선택하라면 중대장이 우선이라고 할 수 있음
  → 중대장 지시사항을 수행하는 것이 대대장 지시사항을 수행하는 것임

18. 부당하고 억울한 일을 당했을 때 어떻게 ?

■ 무조건 참는다 ? 지금 시대에는 바보 같은 행동임

- 무조건 참는 것이 미덕인 시대는 지났음. 사안을 잘 따져서 확인할 필요 있음
  : 조직 생활에서 내 잘못이 아닌데 억울한 일을 당하는 경우 있을 수 있음
- 다른 사람의 생각이 나와 동일할 수 없기 때문에 생각의 차이는 인정해야 함
  : 무엇이 다른가 면밀하게 분석, 내 가치관 / 기준이 맞는가 재확인 필요
- 내 기준, 내 능력으로 참을 수 있는 만큼 참는 것도 실제 현실적일 수 있음
  * 솔직히 많은 경우, 실질적으로는 참는 것 밖에 방법이 없는 경우도 있기는 함
  : 하지만 내가 감당할 수 없는 수준의 내용을 무조건 참는 것은 어리석음

■ 법적인 영역에서 참지 말아야 할 일이 분명히 있음

- 법 / 규정 내용에서 도저히 받아들일 수 없는 부분이라면 반드시 즉시 시정해야 함
  * 성희롱을 당했는데 참는 것이 바람직한 것인가 ? 절대 아님
- 나의 판단이 애매한 상황이어서 고민이라면 믿을 만한 주변사람에게 상담 필요
  : 평상시 군 생활에 대한 멘토 설정하여 수시 상담할 수 있는 여건 조성 필요
  * 경우에 따라서는 내가 오버한 것일 수 있기 때문에 안전판을 만드는 것 중요

▲ 법적으로 도저히 받아들일 수 없는 억울한 상황 이라면..

① 성 관련 문제로 인해 내가 피해자인 경우 : 즉시 지휘관 보고
② 금전적으로 내가 피해를 감수해야 하는 경우 : 관련 규정 면밀히 분석
③ 지휘권 침해 (예: 하극상, 면전모욕 등) 를 받는 경우 : 즉시 보고
④ 구타 및 가혹행위를 당한 경우 : 즉시 보고
⑤ 상급자가 불법적 지시를 한 경우
: 법적인 내용을 전문가 상담후 내용을 면밀하게 검토하여 상급자에게 한번 더 재건의, 그래도 안 된다면 감찰 및 헌병계통으로 보고후 조치

■ 주변 사람에게 1번은 확인하자 : 내가 정말 억울한 경우인가 ?

- 조직에서 이 정도 내용은 관습적으로 그동안 문제가 되는 경우가 아닌데 내 판단으로만 문제를 삼을 경우, 오히려 나에게 부정적으로 돌아오는 경우도 있을 수 있음
  : 최소한 1명 이상에게 객관적 상황에 대한 합리적 판단을 통해 중복 체크 필요
- 사람마다 받아들이는 수준이 다르기 때문에 최종 판단에서 중요한 것은 내 기준
  : 다른 사람들이 문제가 안된다고 하더라도 나의 양심과 기준으로 도저히 받아들일 수 없는 수준의 내용이라고 판단된다면 최종적으로는 내 기준으로 적용하는 것이 맞음

19. 전투업무만 하면되지 행정업무가 필요한가 ?

■ **군대는 전투가 최우선 임무이지만 최소한의 행정도 반드시 필요**

- 전투를 위한 행정이 필요한 것임. 전투력 측정 결과를 기록하지 않는다면..
  : 육군은 최소한의 행정을 추구하지만 현실은 행정업무로 부담되는 경우 많음
- 군 작전계획을 수립하는 것도 문서화 되어야 모든 구성원이 함께 이해할 수 있음
  : 현장에서 구두로 전달하는 것이 효율적일 수 있지만 많은 인원에게 전달하기 위해서 관련부대와 협조, 공유, 의사소통 등 문제로 최소한의 문서작업 필요

■ **군에서 행정업무는 많은가 ? 생각보다 많을 수 있음**

- 소대원의 상담내용을 기록하는 것도 행정업무로 볼 수 있음 (소대장 중요임무)
  : 부대일지 기록, 휴가 신청, 식수인원 청구, 보급품 청구 / 관리하는 것도 행정임
    * 생활을 유지하기 위한 기본적 내용들이 대부분 행정업무가 필요한 경우 많음
- 불필요 행정업무는 줄여야 하지만 꼭 필요한 행정업무는 내가 숙달 되어야 함
  : 상급자에게 잘 보이기 위한 전시, 행정성격의 보고서 작성은 지양
    * 별로 중요하지도 않은 내용을 내가 열심히 한다는 것을 보여주기 위한 목적으로 상급자에게 일부러 보고서를 만들어서 쓸데없는 행정에 집중하는 경우도 있음

▲ 어차피 해야 하는 소대장 필수 행정업무 (숙달되는 것이 유리)
: 보여주기식 불필요한 행정업무는 지양하고 실질적으로 병사와 관계된 내용은 시간이 걸리더라도 필수적 행정업무에 대해 내가 먼저 숙달되어야 함
① 상향식 일일결산 / 연대통합행정 시스템 ② 소대원 상담 / 관찰일지 기록
③ 실습계획표 / 교안 작성 / 소대장 활동비 ④ 부대일지 및 당직근무일지
⑤ 온나라 시스템의 공문 기안, 작성, 참조, 결재 등

■ **평상시 여유가 있다면 할 수 있는 범위에서 미리 준비하는 것이 편리**

- 시간 가용시 먼저 초안이라도 만들어 두면 나중에 기한 마감시 편한 경우 많음
  : 군 업무의 대부분은 보통 공문으로 사전 일주일 이전에 공지하고 예령을 위한 준비 시간을 주는 것이 일반적 (시간에 촉박하여 하루 전에 업무를 하는 경우도 있음)
- 시간 여유 있다면 상관없지만 군대 업무는 어떤 일을 지시받아 진행하고 있는데 갑자기 다른 급한 일이 지시되는 경우 많음 (일 때문에 정신없는 경우 가끔 있음)
  : 군대 업무에서 가장 중요한 것은 내용보다 시간적으로 해당기한을 준수하는 것
    * 기한 준수하지 못하는 경우 많음, 미리 할 수 있는 것은 하는 것이 좋음
  : '기한에 맞추어 제출했느냐 or 못했느냐' 는 신뢰성을 평가하는 중요한 요소

20. 군대 회식문화는 업무의 연장인가 ?

■ 군대의 공식적인 회식 문화는 매우 깔끔해졌음

- 부대 회식의 목적은 부대원 단결, 화합을 위하여 지휘관이 주관하는 경우 많음
  : 지휘관이 주관하는데 안 갈 것인가 ? 술이 아니라 밥 먹자고 하는데 미참석 ?
  물론, 강압적 분위기는 아니지만 쉽게 안 간다고 할 수 있는 분위기도 아님
  (추천) 1차 공식적 모임은 가능한 참석 권장 (밥 먹으러 간다고 생각 필요)
  * 구성원간 친밀도 높이고 업무에 좋은 정보를 얻는 등 회식의 긍정적 효과도 있음
- 1차, 1가지 술, 9시 이전 종료 (119 운동)에 대한 분위기는 완전히 정착되었음
- 지휘관이 없는 상태에서 9시 이후 회식은 개인 간 이루어지는 비공식적인 것
  : 술 / 회식 / 모임 등 참석하지 않으면 왕따가 될 것 같으나 꼭 그렇지는 않음
  * 영원할 것 같은 비공식 모임 멤버들도 부대를 이동하면 유지되는 경우 많지 않음

■ 술 먹는 것이 힘든 것인가 ? 사람들과 어울리는 것이 힘든 것인가 ?

- 일과 이후 사람들과 어울리는 것은 개인 선택의 문제 (혼자만 살기는 쉽지 않음)
  : 점심은 주변 사람과 항상 같이 먹고, 기회가 되면 많은 사람을 만나서 정보를 듣고 상담을 받으면서 도움 받는 것이 군 생활에 긍정적으로 많이 작용함
- 술 잘 먹는 것이 사람들과 어울리는데 도움이 될 때도 있지만 술을 잘 못 먹는다고 불리할 것도 없음 (처음부터 술을 안 먹는다는 의지 표현 중요)
  * 처음부터 술을 안 먹는 사람에게 술 강요하는 무식하고 강압적인 지휘관은 없음

▲ MZ세대가 회식을 싫어하는 이유 : 상사의 일방적 / 강제적 분위기 가장 싫어함

① 내가 먹고 싶은 메뉴를 선택할 수 없다.
② 회식 자리에서 업무 얘기를 하면서 듣기 좋은 얘기는 안 한다.
③ 회식을 끝내고 집에 가고 싶지만 상사가 회식을 끝낼 때 갈 수 있다.
④ 회식 계획에 대한 일방적 통보로 개인 약속이 무시된다.

■ 1차 회식(9시 이전)에 참석했다면 구성원으로서 역할 충분히 수행한 것

- 회식에서 솔직히 업무에 관한 얘기를 많이 함 (업무의 연장이라고 볼 수도 있음)
  : 업무 연장이라도 구성원으로서 1차 회식 참석만으로 충분히 임무 수행 완료
  * 가능한 공식적 1차 회식은 참석 권장, 이후는 개인 선택 문제 (숙소 복귀 권장)
- 회식에서 술 먹는 것이 싫다면 명확히 표현하면 되는 것 (억지로 먹는 문화 아님)
  : 술로 인한 사고가 많이 발생하기 때문에 개인 주량 고려한 음주문화 정착 필요

21. 초급장교도 신용카드, 자동차 사용 가능 ?

■ **당연히, 초급장교는 따라 신용카드 / 자동차를 사용할 수 있음**

- 누구도 개인 경제적 수단의 선택에 대한 부분을 지적할 수 없으며 통제 불가능
  : 하지만, 야전부대 일부 지휘관은 초급장교의 신용카드 사용 및 자동차 운행에 대해 걱정 어린 시선도 존재하고 있음 (부대별로 약간 지양하는 분위기 ?)
   * 공개적 '사용하지 말라' 고는 못하겠고 결과가 좋지 않을텐데 하는 걱정 수준 ?
- 지휘관은 개인 선택의 영역이라는 것을 몰라서 이런 걱정을 하는 것인가 ?
  : 초급장교 시절에 자신의 피해의식으로 후배를 괴롭히는 것인가 ?
   * 대부분 진정성을 가지고 후배장교에 대한 걱정 어린 부분에서 조언 수준 제시

> **▲ 어느 대대장이 바라보는 초급장교의 안타까운 모습**
>
> - 요즘 신입 소대장은 부대 전입오면 차부터 구매한다. 차를 구매하는 것이 개인의 경제적 선택이며 본인의 당연한 권리임을 너무 잘 알고 있다. 그래서 차를 운행하는 것에 대해 뭐라고 할 수도 없다. 하지만 주말만 운행하다보니 운전이 미숙한 상태에서 얼마 전에 운행 중에 지나가던 차량과 작은 접촉사고가 있었다.
> - 차량은 어떻게 구매했는지 물어보니 리볼빙 할인되는 신용카드를 발급해서 할부로 구매했다고 한다. 신용카드는 몇 개 있냐고 하니 3개 있다고 한다. 월급날 신용카드 결재 금액은 대략적으로 200만원쯤 된다고 한다. 상담이 끝날 쯤 소대장이 "대대장님, 너무 개인적인 것까지 물어보시는 것 아닙니까, 하하하"라고 얘기해서 기분이 나쁠 수 있을 것 같아서 더 물어보지 못했다.

■ **경제적 개념이 없는 장교는 결국 시간이 지나면 후회함**

- 꼭 필요한지 생각 해보자 ! 부대 생활을 하면서는 절대 필요하지 않음
  : 경제적 문제도 있지만 부대에서 잠재적 사고발생 인원으로 인식하기도 함
   * 전역할 때쯤 본인의 생활패턴에 대해 많이 후회하지만 시간을 되돌릴 수는 없음
  : 20대 신용불량자 (채무불이행자) 비율은 급격히 증가하는 추세, 어떤 신용불량자는 자신이 신용카드를 발급했던 그 순간을 가장 후회한다고 얘기하기도 함
- 차량 유지 월 평균 비용 (14 만원) : 기름값 + 세금 + 보험료 + 수리비 + 통행료 등
  * 많은 금액은 아니지만 소대장 월급에서 매달 고정적 지출된다면 적지 않은 금액
- 돈을 가장 적게 지출하는 추천 방법은 현금 > 체크카드 > 신용카드 사용
  : 목돈 마련을 위해 가능한 지출 줄이고 저축 늘리는 생활 습관 기본적 필요
   * 신용카드를 많이 가지고 있을수록 소비 성향이 큰 결과는 서로 상관관계 있음
  : 소득과 지출 흐름의 불일치 조장, 과소비나 부채의 늪에 빠지는 위험성 높아짐

22. 발표 및 브리핑을 잘하는 방법은 무엇인가 ?

■ **장교는 병력들 앞에서 말해야 하는 경우가 많음**

- 잘하기 위해서는 연습만이 유일한 방법, 처음부터 잘하는 사람은 없음
  : 상황 보고, 교육, 훈련, 행사, 검열, 의식 등 다양한 상황에서 발표할 경우 많음
    * 내가 능력 있다는 것을 공개적으로 보여줄 수 있는 가장 좋은 방법임
- 일목요연(一目瞭然)한 브리핑 능력으로 인정받는다면 군 생활에 날개를 얻은 느낌
  : 주변 사람이 어떤 일이 있을 때 나를 찾게 된다면 군 생활은 정말 재미 있음

■ **보고내용 완전 숙지, 반복 숙달을 통해 자신감 획득 가능**

- 보고내용의 완전 숙지는 듣는 사람에게 신뢰를 주느냐 못 주느냐의 문제임
  : 내용을 완전하게 외우는 것 제한 된다면 중요단어 만이라도 외워서 진행 필요
    * 상대방의 신뢰를 얻지 못한다면 내용이 아무리 좋아도 성과는 작아짐
- 누구나 반복하면 당연히 숙달 가능 (반복하는 방법도 기술적으로 적용 필요)
  : 발표 장소를 미리 가서 반복연습, 연습시 듣는 사람 있으면 더 좋음, 피드백 등

▲ PPT 보고자료 잘 작성하는 방법

① 말하고자 하는 내용을 핵심 위주로 표현
② 페이지를 넘기더라도 한 페이지에 6줄 이상 작성 지양
  * 6 × 6 법칙 : 한 줄에 6개 단어 이하, 한 페이지에 6줄 이하 작성
③ 강조하고 싶은 내용은 색깔, 굵기, 애니메이션 등 효과 삽입
④ 글씨체, 형식 등은 기존 부대에서 가장 많이 사용하는 형태 사용
⑤ 너무 많은 글자 내용 전달 보다 그림, 아이콘 등 통해 상징적으로 표현
⑥ 글자 크기는 최소 16 포인트 이상 설정 권장 (가독성 측면에서 고민 필요)
⑦ 단순한 색상을 사용하되 3가지 이상 색상 금지
⑧ 시선의 흐름을 고려한 레이아웃 배치
  : 왼쪽에서 오른쪽으로, 위에서 아래로, 시선을 중앙으로

■ **브리핑 자료는 청중이 이해할 수 있는 수준으로 작성**

- 내가 아닌 듣는 사람의 입장에서 쉽게 이해될 수 있도록 핵심내용 위주 작성
  : 군에서 PPT 자료 많이 사용, 기존의 PPT 보고자료에 대한 분석 및 적용 필요
- 연습하면 자신감이 생기고 다음 보고시간이 기다려짐 : 인정받는 장교들 공통점
  * 청중이 질문 가능한 내용에 대한 사전 준비를 통해 우발상황 대비 필요
  * 어떤 장교는 군 생활의 '내가 육군에서 브리핑을 제일 잘하는 장교가 되겠다' 며 노력했는데 본인이 한 결심 중에 가장 의미 있었다고 얘기함

23. 보고서를 잘 만드는 방법이 있는가 ?

■ **초급장교가 결심 / 참고 / 요약 보고서를 작성하는 경우는 거의 없음**

- 소대장 임무 수행간 보고서 작성하는 경우는 거의 없음 : 참모, 중대장부터 필요
  : 소대장은 보고서 작성보다 임무 수행에 필요한 필수 행정문서부터 숙달 필요
- 보고서 작성이 필요한 직책에 가서 천천히 준비해도 늦지 않음
  : 내가 창의적으로 만들 필요 전혀 없음. 육군 양식에 의거 모든 상황에 대해 미리 정해진 보고서 양식이 존재함 (형식에 맞추어 내용만 기입하는 수준)

■ **해당 부대에서 사용하는 각 상황별 보고서 양식이 존재하고 있음**

- 내가 아무리 고민하고 창의적인 수준으로 만든다고 해도 인정받을 가능성 적음
  : 부대에서 가장 많이 사용하는 보고서 양식, 글씨체 그대로 사용 권장
- 어떤 보고서 형식, 내용을 사용하는지 기존자료 잘 분석하면 기본적으로 인정받음

▲ **군 부대에서 보고서로 인정을 받는 방법**

① 부대에서 잘 만들었다고 인정받는 보고서를 분석하여 내 것으로 만들기
② 보고 받는 사람 입장에서 내용을 이해하기 편하게 작성
  * 가장 많이 하는 실수 : 담당자 입장에서 다 필요한 내용이라 전부 넣음
③ 보고서의 목적에 맞는 핵심을 중심으로 내용 선택 (결심 or 참고보고)
④ 두괄식으로 핵심만 요약하는 방식 지향
  * 결론으로 가는 대장정, 떡밥 먼저 뿌리고 회수는 마지막에..
⑤ 단락 내용이 5개 넘으면 나누고 묶어서 재배열
  * 내용이 중구난방이면 읽는 사람 입장에서 집중력이 흐려짐
⑥ 내용을 쉽게 표현하는 것이 전문가임
  * 약어, 전문용어 사용은 가급적 지양 (꼭 필요하다면 주석으로 추가 설명)

■ **보고서를 만들었다면 주변사람에게 기본적 검토후 진행 필요**

- 검토가 없다면 열심히 만들었지만 혼자만 이해되는 보고서가 될 가능성 있음
  : 최소 1명 이상 주변 사람에게 내가 만든 보고서에 대한 검토 / 수정후 진행
    * 검토 기준 : 내가 이해되는가 ? 상대방이 이해되는가 ? 기존 사용하는 양식인가 ?
- 기-승-전-결 방식도 나쁘지 않지만 보고받는 사람 입장에서 보고서의 결론을 먼저 언급하는 것도 괜찮은 방법 : 기존 부대에서 인정했던 방식 확인 필요
  * 오타 확인 필수 : 보고내용의 신빙성 떨어져 보이며 정성을 다하지 않은 느낌

24 위수지역은 반드시 지켜야 하는가?

■ **위수지역 개념 폐지 보다는 위수지역 범위를 확대하여 적용하는 추세**

- 위수지역은 군 부대가 담당하는 작전지역 또는 담당지역을 의미함
  : 부대의 신속한 준비태세를 갖추기 위해 위수지역 설정은 불가피한 부분 있음
    * 간부들의 생활권을 통제하려는 목적보다는 작전의 신속성 측면에서 적용
- 병사 및 영내간부들에게는 외박 / 외출 허용지역 개념으로 동일시 되기도 함
  : 장성급 지휘관 권한으로 일부 부대는 거리가 아닌 시간개념으로 조정하여 운용
    * 명목적으로 위수지역 개념은 유명무실화 되었으나 실질적으로 적용되고 있음

■ **위수지역 이탈은 초급장교가 가장 안일하게 생각하는 문제임**

- 장교는 부대의 기간으로서 모범을 보여야 하는 위치에 있음
  (현재 적용되고 있는 규정을 어기면서 부하들에게 지키라고 할 수 있는가?)
  : 군에서 '하지마라' 고 하는 것은 분명한 이유가 있음, 책임을 져야 함
- 위수지역 이탈 = 초급간부의 사고로 이어지는 경우가 상당히 많음
  : 주변 사람들도 많이 하고 있으니 문제 될 것 없다? (안 하는 사람이 훨씬 많음)
    * 군에서는 일벌백계에 대한 처리방침으로 적용되는 경우가 많음

▲ **위수지역 이탈 및 방역지침 위반사례**

: 중대장으로 대응부대 임무수행시 주요직위자는 지침을 인지하고 있었으나 OO역 도착예정인 가족을 데려오기 위해 출타 지역을 이탈하여 OO역으로 이동한 사실이 적발되어 위수지역과 방역지침 위반한 사실로 복종의무위반(기타 지시불이행)으로 견책 처분을 받음 (2020. 12월)

* 작전처-OOOO 여단 출타 가능지역 선정결과(하달)
  : 신속대응부대 주요직위자 소집시간 1시간 / 출타가능지역 OO도 OO시내 위치
    * 사. 인사근무과 - OOOO 군내 코로나 19 확진자 증가에 따른 복무 및 부대 관리 지침
  : 간부 숙소대기 원칙이나 필요시 대대장 승인 물품 구매, 병원 진료만 허용

■ **꼭 필요한 경우라면 중대장에게 보고하고 실시하는 것이 중요**

- 실질적으로 적용되는 규정이 있다면 지키는 것이 심리적으로 안정될 수 있음
  : 1번은 운이 좋아 안 걸리고 넘어갈 수 있지만 꼬리가 길면 반드시 적발됨
    * 마음이 불안한 상태에서는 불미스러운 일들이 발생할 확률 높음
- 필요한 경우라면 휴가를 사용하여 마음 편히 다녀오는 것이 가장 좋은 방법임
  : 휴가를 사용하기 제한되는 경우라면 최소한 중대장에게는 보고하는 것 필요

25. 지시를 안 따르는 병사는 어떡해야 하는가 ?

■ **정당한 지시에 대해 대부분의 병사는 순응하는 모습 보임**

- 소대장의 지시가 정당한데 왜 따르지 않는가 ? 따르지 않는 병사는 거의 없음
  : 신세대 병사라고는 하지만 군의 지휘체계에 대해 반항하는 병사는 없음
    * 따르지 않는 현상이 발생한다면 나에게 무엇이 문제인가 면밀하게 확인해야 함
- 나에게 문제가 있어 정당한 지시를 따르지 않는지 객관적으로 확인해야 함
  : 이유 없이 반항하는 경우라면 내 지휘권은 극단적으로 위험한 상태임
    * 솔직히, 이유 없는 반항은 없으며 분명한 이유가 있기 때문에 반항하는 것임

■ **나에게 문제가 있다고 생각하고 나부터 변화가 있어야 함**

- 장교라는 계급으로만 지시하지 않았는가 ? 일방적으로 지시만 하였는가 ?
  나는 하지 않으면서 병사들만 시켰는가 ? 설명없이 무작정 따르라고만 했는가 ?
  : 병사들과 효율적으로 교류할 수 있는 의사소통 시스템은 반드시 필요
    * 가장 효율적인 것은 분대장을 내 사람으로 만드는 방법 : 강력 추천
- 병사와 충분히 의사소통되고 인간적 친밀한데 소대장을 무시하는 경우 없음
  : 장교 / 병사가 아니라 형 / 동생 관점에서 접근하여 인간적 유대관계 형성도 필요

▲ 내가 도저히 감당할 수 없는 문제가 있는 병사를 처리하는 방법

① 병사에 대한 문제 내용을 객관적 기록, 유지하는 것이 현실적으로 매우 중요
② 내 새끼이기 때문에 힘들지만 끝까지 데리고 가겠다는 생각은 지양
③ 인간적으로 감동, 감화시킬 수 있는 나의 모든 노력을 다해보는 것이 우선,
하지만 도저히 안 된다고 판단되면 현역 부적합 심의 위원회 회부 추진
④ 현역 부적합 심의대상 수준이 아니라면 지휘관 보고후 다른 부대 전출 고려
  * 병사는 부대를 옮기게 되면 병사의 氣가 많이 꺾이는 경향이 있음
⑤ 정당한 징계사유로 해당 병사를 적법한 징계위원회 회부 추진
  * 대부분의 병사는 징계로 인한 처벌(예: 전역일 연장)에 대해 매우 싫어함

■ **병사들이 내 지시를 이해 못한 경우, 한 번 더 친절하게 설명 필요**

- 최소한 1번은 더 추가적 설명을 통해 오해로 인한 발생상황 예방 노력
  : 1번 더 자세하게 설명했는데도 반항한다면 규정대로 처리한다는 생각 필요
    * 현장에서 화를 내거나 소리를 지르는 것은 아무런 해결책이 될 수 없음
- 반항하는 상황 지속된다면 현장 이탈하여 마음의 여유를 가지고 생각 정리 필요
  : 해당 내용을 자세히 지휘관에게 보고, 강력한 후속조치 필요 (참을 필요 없음)

26 부사관과 관계 설정은 어느 수준이 좋은가?

■ 모든 인간관계 마찬가지, 좋은 부사관도 있고 나쁜 부사관도 있음

- 좋은 사람과 좋은 관계를 유지하는 것이 인간관계의 핵심전략일 수도 있음
  : 훌륭한 부사관(?)에 대해 판단하고 경우에 따라 의도적으로 친해지는 것도 필요
    * 좋은 사람을 판단하는 제일 쉬운 방법 : 선배 장교들에게 어떤지 물어보는 것
- 문제가 있다고 소문이 난 부사관에 대해 복잡하게 나와 연결될 필요는 없음
  : 도박중독, 인터넷 중독, 게임 중독, 부채 문제, 도벽, 이기적 성격, 이성문제 등
    * 문제있는 사람들과 어울리게 되면 내 생활, 의식, 태도 등에 부정적 영향을 미침

■ 개인적으로 친하더라도 공식적으로는 상호경어 수준 언어 사용

- 장교 신분이 부사관 신분보다 계급적으로 높지만 육군 지침은 상호경어를 사용
  * 개인적으로 만나서 장교-부사관 간에 형 / 동생하는 것도 결코 바람직하지 않음
  : 나보다 나이가 어리다고, 경험이 부족하다고, 계급이 낮다고 공식적으로 부사관에게 반말을 사용하는 것은 나에 대한 인식이나 소문에 부정적으로 영향
- 어떤 특정 부사관이 마음에 들지 않는다고 불필요한 갈등관계 만들 필요 없음
  * 가능하면 원만한 대인관계로 나에 대한 적을 1명이라도 만들지 않는 것 중요
  : 나중에 전체 부대 간부들에게 나에 대한 부정적 내용이 전달되는 경우도 있음

> ▲ **불가근 불가원 (不可近 不可遠)**
> : 미워하는 사람 만들지 말라, 만날까 괴롭다, 죽고 못사는 사람 만들지 마라
>
> ▲ **경이원지 (敬而遠之)**
> : 공경하되 가까이 하지 않음, 겉으로 공경하는 체하면서 실제로 거리를 멀리함

■ 기본적으로 부사관의 경험과 전문지식을 존중한다는 업무 자세 필요

- 군 업무는 반복적으로 이루어지는 경우가 많기 때문에 경험은 매우 중요한 요소
  : 부사관의 경험과 지식을 내가 도움 받을 수 있다면 내 군 생활에 매우 유용
- 부하라는 생각보다는 같이 근무하는 동료, 나에 대한 협조자 라는 생각도 필요
  : 업무적, 인간적으로 훌륭한 부사관도 많이 있으므로 내 편을 만든다는 자세
    * 일부러 너무 친한 관계를 만들 필요도 없지만 소원한 관계도 만들 필요도 없음
  - 부사관이 보는 일부 초급장교에 대한 부정적 인식 : 잘 알지도 못하면서 나선다, 의욕만 앞서있는 경우가 많다, 계급만 중요한가? 조금 있으면 보직 끝나는데 등
    * 도와주려는 순수한 마음을 잘 파악하여 다 같이 시너지 효과를 만드는 것 필요

27 상급자 지시가 잘못되었다고 느껴졌을 때 ?

■ **상급자 지시는 잘못될 수 없다 ? 잘못될 가능성도 충분히 있음**

- 하지만, 초급장교 시절에는 처음에는 그대로 받아 들이는 노력도 필요

  : 상급자 지시가 초급장교로서 이해하기 어려운 경우도 있음

  * 상급자 지시가 정당하나 내가 배경을 모르기 때문에 이해가 안되는 경우 많음

- 당연히, 상급자 지시도 틀릴 수 있음. 하지만 초급장교 처음에는 적응하는 단계에서는 배운다는 자세로 상급자 지시를 이해하려는 노력이 우선되어야 함

■ **상급자를 이해하려는 초급장교의 노력이 먼저 되어야 함**

- 상급자도 나와 같은 직책에서 비슷한 경험과 고민을 했던 과정이 있던 사람

  : 일부러 나를 괴롭히는 경우가 아니라면 동병상련의 마음으로 바라볼 것임

  * 시간 지나고 경험이 쌓여서 내가 그 상급자 위치에 가게 되면 이해되는 경우 많음

  : "아, 그때 그 중대장님께서 이런 마음으로 나를 보았구나."

- 상급자의 판단기준과 내 판단기준에 대한 객관적 비교평가를 먼저 해야 함

  : 내가 맞는가 ? 지시가 잘못되었는지에 대한 최종 판단기준은 법과 규정

  * 법 / 규정의 해석 및 판단에 대한 내용이 무엇인지 내가 파악할 줄 알아야 함

■ **상급자가 잘못 판단할 확률 ? 내가 잘못 판단할 확률 ?**

- 초급장교 시절에는 내가 잘못 판단할 확률이 훨씬 더 큰 것이 사실

  : 군 업무에 대해 경험과 지식이 쌓이면서 상급자의 지시에 대해 정당한 내용 여부에 대해 판단 할 수 있는 내 역량이 자연스럽게 길러지게 됨

  * 노력해서 얻는 것도 있지만 일정 수준의 업무적 경험과 시간이 필요한 경우 많음

■ **즉흥적 / 공개적으로 행동하지 말고 한 템포만 늦추고 생각하자**

- 나의 판단으로 상급자의 지시가 잘못되었다 판단되어도 한 번만 더 고민 필요

  : 내 스스로에게 정말 잘못되었는지 물어보고 그래도 상급자 지시가 잘못되었다고 판단되면 주변 사람에게 내 판단이 맞는지 확인하는 절차 반드시 필요

  * 상급자와 관계는 내가 실수했으니 미안하다고 그냥 넘어갈 수 있는 관계는 아님

- 공개적으로 상급자 지시에 반대 : 내가 군 생활에 대한 의지 없음을 표현하는 것

  : 상급자는 자유롭게 허심탄회하게 이야기하자고 할 것이지만 건설적 내용이라도 공개적 자리에서 상급자 의견에 대한 반대는 매우 조심스럽게 접근 필요

  * 공개적으로 반대하는 이야기가 좋은 내용이라도 그대로 받아들이는 상급자는 없음

▲ 상급자가 업무에 대해 불법적, 이기적이지 않다면..

: 솔직히, 이 정도 수준이라면 상급자가 기본적으로 좋은 사람임

① 일단, 상급자의 판단을 존중해야 함 : 상급자도 현재 자리로 올라오기까지 정말 많은 고생과 경험을 했던 사람임. 절대 무시할 수 있는 수준이 아님

② 존경할 필요까지는 없지만 겉으로는 존경하는 척 모습을 보일 필요 있음
: 현실적, 나에게 많은 영향 미치는 사람. 찾다보면 상급자의 좋은 점 1개는 있음

③ 나와 의견이 다를 경우, 공개적 자리에서는 상급자 의견 존중
: 나중에 내 의견 다시 한번 정리한 후, 비공개적 자리에서 상급자에게 다시 전달

④ 다시 의견을 전달했으나 최종결정이 상급자 판단대로 되었다면 따라야 함
: 내가 부하로서 상급자의 지시 및 결정사항에 반대할 수 있는 근거 / 방법이 없음

▲ 고집 센, 꽉 막힌, 답답한 상급자를 대하는 좋은 방법

: 대부분의 경우, 객관적 사실에 대해 인정을 하고 본인의 잘못된 판단에 대해 수정하는 상급자도 많지만 본인이 틀린 줄 알면서 끝까지 고집하는 경우도 있음

① 설득할 수 있는 실질 방법이 없음. 잘못된 방향이라도 최종결정이 되었다면 내가 할 수 있는 부분에서 최선을 다해 노력하는 모습은 보일 필요 있음
: 실리적 부분에서 내가 상급자와 반대입장의 척을 지면서 피해를 감수 할 필요 없음

② 내 판단방향과 상급자 판단방향에 대한 장.단점 분석하여 가능하면 결심 문서 작성 과정에서 근거를 만들어 둘 필요 있음 (나중에 책임소재 여부)
예) OO부분에서 우려되기 때문에 OO를 고려해야 할 필요가 있음 등 표현 필요

③ 어차피 사람은 쉽게 변하지 않고 내가 이 사람과 평생 같이 있는 것 아니므로 최대 1년만 버티자고 생각하고 스트레스가 생기지 않도록 마음의 여유 필요
: 아무리 싫은 사람도 1년 이상 같이 근무하는 경우 없음. 빈번한 장교 인사이동

④ 업무외 상급자와 개인적으로 유대관계를 높일 수 있는 방법 확인 필요
: 일도 사람이 하는 것, 인간적으로 친해진다면 무작정 상대를 무시하기 쉽지 않음

▲ Yes 멘탈 세트 방법

: 상대방에게 먼저 3번의 Yes를 유도하는 질문을 한 후 4번째 진짜 원하는 제안을 하여 Yes를 하게 만드는 방법(심리학적으로 의미있는 검증결과)

① 날씨가 많이 덥죠? “네, 아주 덥네요”
② 휴가는 잘 보내셨죠? “네, 시골에서 잘 쉬었어요”
③ 오랜만에 회사 출근하니 힘드시죠? “네, 쉬었더니 일이 손에 잡히지 않네요”
④ 이번 새 프로젝트가 진행되는데 맡으실 생각 있으시죠?

28 육군 진급제도 공정하고 투명한가 ?

■ 진급한 사람은 투명하다 얘기하고 떨어진 사람은 문제있다 얘기 ?

- 떨어진 사람도 육군의 진급제도는 공정하고 투명 하다는데 대부분 동의
  : 진급에 비선된 사람이 평가결과에 대해 이의를 제기하는 경우 거의 없음
    * 비선된 사람도 본인이 어떤 이유로 진급이 안되었는지 많은 경우 알고 있음
- 진급심사를 체험한 사람은 진급심사 시스템에 대해 모두 공정하다고 동의
  : 육군 인사 관련 데이터베이스는 철저하게 검증되고 관리, 저장, 기록되고 있음

■ 진급 심사위원을 개인적으로 안다고 유리한가 ?

- 1명이라도 나와 관련 또는 아는 사람이 포함되어 있다면 불리하지는 않음
  : 하지만 1명으로 인해 내가 진급이 되는 것이 절대로 보장되지 않음
    * 1개 위원회는 위원장을 포함하여 5명으로 구성. 내가 아는 1명의 심사위원이 다른 위원 4명을 객관적으로 설득하여 동의할 수 있는가 ? 절대 쉽게 동의하지 않음
- 부대 주변에서 당연히 될 것 같다고 얘기하는 인원이 진급에 비선된 경우, 반드시 비선된 이유가 있음 : 본인만 알고 있는 과·사실이 분명히 존재
  * 육군 데이터베이스는 인사 관련 내용에 대해 매우 자세하게 방대한 자료를 제공

■ 출신별 할당 없음. 오직 기록된 객관적인 인사자료만 가지고 평가

- 해당 계급의 성실함을 바탕으로 본인의 객관적 인사기록만으로 공정하게 평가
  : 공정한 평가를 위해 심사대상자의 인적사항을 알 수 있는 군번, 사진, 부대 등 정보는 제외된 상태에서 블라인드 평가의 개념으로 적용됨
    * 심사위원이 특정인원 1명을 알 수 있는 상태도 아니며 안다고 해도 영향 없음
- 출신에 의한 진급 개념은 없으며 개인 능력의 차이에 의한 진급이 있을 뿐임
  : 평정 관리 잘하고 교육성적 좋고 체력 우수한데 진급이 안될 이유는 없음
    * 일부 인원 중 평정관리, 교육성적 등 객관적 평가기준 우수한데 비선되는 경우가 있지만 나중에 확인 해보면 본인만 알고 있는 문제있는 과사실이 있는 경우 많음
  : 본인은 인사평정 관리가 잘되었다고 알고 있지만 확인해 보면 미흡한 경우 많음

■ 매년 거의 동일 적용, 년차별 일부 강조되는 사항은 있을 수 있음

- 참모총장 등 승인권자가 해당 심사년도에 특히 강조하는 사항은 일부 있을 수 있음
  : 특급전사, 격오지 근무경력, 학위, 필수직책, 지휘관 우수, 교육성적, 체력 등
    * 강조되는 요소는 기본적 진급심사요소로 당연히 필요한 내용, 특별히 반영된다는 것 보다 다른 요소가 비슷하여 우열 가리기 어려울 때 참고사항 정도로 반영 추정

29 초급간부 외박 및 휴가는 어떻게 진행되나 ?

■ **초급간부 라고 특별한 외박 및 휴가 규정 없음 : 모든 간부 동일 적용**

- 외박이라는 개념보다는 모든 간부에게 적용되는 정기휴가를 실시하는 개념
  : 장교에게 주어진 연 단위 휴가(연가) 일수는 21일 기간 부여됨
  * 본인이 사용 가능한 휴가 일수 = 21일 - 지금까지 사용한 휴가 일수
- 장교의 경우, 주말이나 휴일을 제외하고 순수하게 근무일 기준으로 차감
  : 금요일부터 토 / 일요일까지 휴가 실시한 경우, 실제 사용한 실적은 1일만 계산

■ **연가 범위 내에서 내가 원하는 날짜, 원하는 기간만큼 사용 가능**

- 한 번에 최대 사용할 수 있는 제한된 기간은 없으나 일반적 수준 벗어난 경우, 다른 사람들 보기에 이상하게 보일 수 있음 (지휘관이 무슨사정이 있는지 물어봄)
  : 많은 간부들 휴가사용 패턴 - 월 1회 휴가 (주말 포함하여 금토일 or 토일월)
  * 매월 1일 사용 (12일) + 하계 휴가 4박5일 (3일) 실시 경우 : 평균 연간 15일 수준 사용
- 연가(21일)를 다 사용하지 못한 경우 일부 기간을 연가보상비로 돌려 받음
  * 인정되는 연가 보상기간 5일이라면, 중위 1일 근무수당 10만 (5일 x 10만 = 50만)

▲ 장교가 사용할 수 있는 대표적 휴가 종류

① 기본연가 : 21일 (6월 말 부대 전입시 7월부터 연말까지 10.5일 사용 가능)
② 포상휴가 : 장교도 인사권이 있는 지휘관으로부터 포상휴가 받을 수 있음
  * 훈련성과 우수, 특급전사, 체육대회, 무사고 200일 달성 등
③ 위로휴가 : 지휘관이 특별히 천신만고한 인원에게 고통 덜어주기 위해 부여
  * 장교를 대상으로는 거의 실시되지 않으나 일부 부대는 단기 복무자 취업여건 보장을 위해 위로휴가를 내규로 반영하는 경우도 있음

■ **부대 전입후 처음 휴가는 해당 부대 전례를 고려하는 것 : 권장**

- 휴가 가는 것에 대해 누구 눈치를 보거나 분위기 때문에 못 가는 문화는 아님
  : 내가 원하는 시기에 당당히 갈 수 있음. 하지만 부대훈련이 있는데 훈련 전에 나 혼자 휴가 or 추석이나 설날 때 나 혼자만 휴가를 간다면 문제될 수 있음
  * 누구도 좋게 생각하지 않음. 사람들과 수준을 맞출 필요 있음
  : 개인적 특별사정이 있다면 지휘관에게 보고하고 실시하는 것은 전혀 문제없음
- 부대마다 전통 / 분위기가 있어 초급장교가 부대 전입후 1개월 만에 처음 휴가를 가는 경우도 있고 100일 지나고 처음 휴가를 가는 경우도 있음
  : 특별한 개인적 사정이 있는 경우가 아니라면 전례를 고려하여 실시하는 것 권장

▲ 휴가 일자 선정하는 방법 (소대장 기준)

① 부대훈련 일정 확인 : 부대훈련 기간은 특별한 경우 아니면 휴가 실시 제한
  * 훈련 실시전 준비기간 1주일 정도는 훈련 준비로 인해 휴가 분위기는 아님
 : 특별한 사정이 있으면 당연히 가지만 쉽게 휴가를 말할 수 있는 분위기는 아님
② 중대장 / 선임 소대장 휴가 일정 확인 : 가능하면 중복되지 않게 가는 것 권장
  * 현실적으로 장교들의 휴가 일정 겹치는 경우 부대임무가 제한되는 경우 많음
③ 많은 경우, 상급부대에서 초급장교들의 휴가 실시 상태 집중적으로 확인
  * 대부분 부대는 초급장교 휴가 보장 양호, 강조되는 시기는 중대장 보다 우선권(?)

▲ 장교의 휴가 출발 / 복귀시간

① 일부 부대는 초급장교 군기확립 차원에서 대대장이 출발 당일 신고를 받기도 했으나 최근에는 거의 사라진 문화임
② 주말 포함하여 금 / 토 / 일요일 휴가를 실시할 경우 금요일 아침에 출발하는 것이 원칙이나 많은 경우 목요일 일과 종료후 출발하는 경우 많음
  * 개인 선택의 문제, 선택에 따른 결과를 본인이 책임진다면 자신있게..
 : 몰래, 목요일 저녁 이동하는데 차량사고가 발생했다면 복잡해지는 상황

▲ 사용 가능한 장교 청원휴가 해당내용

① 본인진료 목적 / 직계가족 간호 / 자녀돌봄 (유,무급)
② 본인 결혼 / 자녀 결혼 / 본인 출산 / 임신검진 휴가 / 다태아
③ 배우자, 본인 및 배우자의 부모 사망 / 입양 / 유산, 사산휴가
④ 난임치료시술 / 여성보건휴가 / 구직휴가 / 육아시간 / 모성보호시간 등

▲ 휴가의 제한 (군인의 지위 및 복무에 관한 기본법 제18조 제2항)

* 지휘관은 다음의 경우에 군인의 휴가, 외출, 외박을 제한하거나 보류할 수 있다.

① 전시 사변 또는 이에 준하는 국가비상사태가 발생한 경우
② 침투 및 국지도발 상황 등 작전상황이 발생한 경우
③ 천재지변이나 그 밖의 재난이 발생한 경우
④ 소속부대의 교육훈련, 평가, 검열이 실시 중이거나 실시되기 직전의 경우
⑤ 형사 피의자, 피고인 또는 징계심의 대상자인 경우
⑥ 환자로서 휴가를 받기에 적절하지 않은 경우
⑦ 전투준비 등 부대 임무수행을 위해 부대병력 유지가 필요한 경우

▲ 연가의 저축 (군인의 지위 및 복무에 관한 기본법 제10조 제6항)

* 연가보상비를 지급받고 남은 연가일수 중 국방부 장관이 정하는 범위의 연가를 그 해의 마지막 날을 기준으로 이월, 저축하여 사용할 수 있다.

30. OBC 과정에서 좋은 성적을 받는 방법은 ?

■ 모든 병과의 초급간부는 야전부대 전입 前 OBC 과정 필수적 수료

＊ OBC (Officer Basic Course) : 초등군사반, 각 병과에 대한 기초적 내용을 16주간 교육

- 소대장이나 대대참모 임무수행을 위한 기본적 내용으로 모든 출신 동일 적용
  : 단기 복무 장교에게는 교육성적이 크게 중요하지 않으나 장기근무를 희망하는 인원은 교육성적이 매우 중요 (전체인원의 상위권 이내 성적 유지 필요)
- 현재 평가시스템은 합 / 불 여부만 통보하나 교육성적은 그대로 기록, 관리유지
  : 교육기간 동안 한번만 집중해서 좋은 성적 유지되면 군 생활 내내 긍정적 작용

■ OBC 교육내용이 무엇인지 사전 분석 및 준비 필요

- 해당병과 학교별 교육내용을 군 인트라넷 통해 확인할 수 있으며 사전 준비요소가 무엇인지 확인할 수 있음 (준비한 사람만이 앞서 갈 수 있음)
  : 먼저 OBC 과정을 수료한 선배장교를 통해 관련자료 획득 가능
- 처음 접하는 내용에 대해 어려울 수 있지만 병과에 대한 기초 / 기본적인 내용으로 충분히 사전 준비를 통해 도움이 될 수 있음 : 조건은 모두 동일한 상태
  ＊ 교육생 中 단기장교 비율이 작지 않아 조금만 준비하면 좋은 성적 획득 가능

▲ 최근 OBC 교육의 평가시스템 변화방향

① 단순 외우는 지식보다 종합상황 등에 대한 이해, 토론 평가 비율 증가
② 병과에 대한 실무지식 교육내용 반영 확대
　＊ 각 병과 핵심장비, 종합전술훈련, 소부대 전술, 주특기 기술, 편제장비 등
③ 체력, 군인정신, 리더십, 부대관리 등에 대한 초급장교 지휘능력 배양 강조
④ 학생자치 시스템 평가 가산점 반영
　＊ 학급장, 교육, 인사, 정보, 군수장교 등 자치 인원에 대한 가산점 있음
⑤ 개인당 노트북 1대 제공 : 학습전 선행학습용 동영상(CBT) 활용 필수

■ 출발이 한 발 앞서 있다면 다른 사람보다 유리할 수 있음

- 어떤 학생은 지금부터 준비할 필요도 없고 다 잊어버리기 때문에 막상 OBC 과정 입교하면 그 시기부터 열심히 하면 된다고 생각하는 경향 있음 (후회 많이함)
  : 입교해서 보면 머리 좋은 친구, 미리 준비해 온 친구, 생각보다 모두 다 열심히 하는 것을 확인할 수 있음. 한번 앞선 인원을 따라잡기는 쉽지 않음
  ＊ 앞서 가는 인원도 놀지 않고 열심히 하기 때문에 많은 노력이 있어야 극복 가능
- OBC성적 우수 → 장기선발 유리 → 자신감을 통한 군 생활 시작 가능

31 소대장 지휘활동비는 어떡해 사용하는가 ?

■ **소대장 활동비 100%는 오직 병사를 위해 사용되어야 함**

* 소대장 지휘활동비 : 병사 사기 진작을 위해 간담회와 체육활동 등에 사용하는 비용

- 현재 (2023년) 기준으로 병사 30명에 대해 7.5만원 수준 활동비로 지급

: 초급장교 근무여건 향상방안으로 15만원까지 인상 추진 中 (병사 1인당 5,000원)

- 사용 내역에 대해 논란 없는 방법 : 무조건 병사들 먹는 것 사주기

: 많지 않은 금액이지만 가끔씩 어디에 사용했는가 문제가 되기도 함

* 언제, 어떻게 사용할 것인가는 소대장의 개인 판단 영역 (노하우 필요)

■ **병사들은 내가 사비로 얼마를 더 사용했는지 정확하게 알고 있음**

- 직접적으로 말하지 않을 뿐, 병사들은 소대장의 사용내역을 비교적 정확하게 인식

: 언제, 어디서, 얼마큼에 대한 정확한 정보가 없을 뿐이지 대략적 내용 파악

* (병사들 생각) 우리 소대장은 최소한 소대장 지휘활동비는 우리를 위해 대충 사용한다. 그리고 소대장은 소대를 위해 O 만원 정도 추가적으로 지불하고 있다.

- 많지도 않은 돈 때문에 도덕적으로 신뢰를 못 받는 경우 근본적 임무수행 불가

* 영수증 처리가 필요 없는 시스템이지만 병사들이 보고 있는 더 무서운 검열 존재

▲ **언제, 어디서, 어떻게 소대장 지휘활동비를 사용하는 것이 좋은가 ? (추천)**

* 소대원 마음을 얻을 수 있는 비용은 작지만 효과가 큰 방법 적용 중요

① 단체운동 후 전체인원 음료수 1잔
② 관심병사 상담간 음료수 /과자
③ 야간 근무자에게 초코파이 1개
④ 행군 훈련간 힘들 때 사탕 /초코바 1개
⑤ 소대원 생일기념, 아무도 모르게 빵 1개
⑥ 소대원 전체 간담회 음료수 1잔

■ **소대장이 소대원을 위해 존재한다는 믿음을 주는 것 필요**

- 지휘활동비를 지급하는 이유: 소대장의 지휘권 확립에 도움

(소대원의 마음을 얻기 위해 나는 무슨 노력을 하였는가 ?)

* 개인 사비를 사용하면서 소대장 역할 수행하라는 것을 강요하지 않음. 하지만 친구들과 개인적으로 만나서 술 한잔하고 식사하면 2 ~ 3 만원은 사용하지 않은가 ?

- 현재 나에게 가장 소중한 소대원에게 2 ~ 3만원을 사용하는 것이 무리인가 ?

: 분명히 2 ~ 3 만원 이상의 투입비용 대비 얻어지는 효과는 있음

* 왜 나는 소대장으로서 인정을 못 받는가 ? 이런 부분의 문제도 있을 수 있음

: 실패하는 일부 소대장의 경우, 너무 돈에 대해 치사하게 행동하는 사례도 있음

32. 중대장이 바라는 소대장의 모습은 무엇 ?

■ **기본, 체력적으로 소대원을 앞서서 이끌 수 있는 소대장**

- 처음 전입 온 초임소대장에게 전술적으로 기대하는 수준 높지 않음
  : 소대원에게 인정을 받기 위해 몸이 힘들어도 앞에 나설 수 있는 수준 기대
- 기본적 체력이 안되면 소대장 임무를 시작조차 못하는 상황이 되는 경우 많음
  : 체력적으로 훌륭하여 훈련간 누구나 피곤하지만 끝까지 소대원을 챙기는 모습
  * 중대장은 모를 것 같지만 소대원에게 어떻게 인식되고 있는지 계속 보고 있음

■ **잘 모르는 경우, 물어보면서 적극적이며 열정적인 소대장**

- 모르는 것은 죄가 아님, 모르는 것을 아는 척하는 것은 죄가 될 수 있음
  : 처음부터 아는 사람이 어디 있는가 ? 준비하는 과정에서 하나씩 배워가면 됨
  * 소대장 자세가 핵심 : 배우려 하느냐 ? 열정적으로 하느냐 ? (이 부분을 중요시 함)
- 초급장교 충분히 실수할 수 있으며 중대장도 비슷한 경험 있으니 충분히 이해
  : 실수를 두려워하지 않고 적극적인 모습에 대해 매우 높게 평가함
  * 다만, 불안한 상황이면 미리 상의하고 물어보고 확인해주었으면 하는 바람은 있음

▲ 나는 이런 소대장이 좋다. (어느 중대장의 입장)

① 전입 오자마자 전투 세부시행 규칙부터 공부하는 소대장
② 소대원의 신상을 아주 자세하게 파악하고 있는 소대장
③ 중대 간부들과 스스럼없이 친하게 지내는 원만한 성격의 소대장
④ 야근을 너무 많지도 않게 너무 적지도 않게 하는 소대장
⑤ 어떤 일을 하기 전에 미리 보고하는 소대장
⑥ 체력적으로 소대원을 압도하는 강철 같은 소대장

■ **중대장에게 잘하는 소대장 보다 자기 소대원에게 잘하는 소대장**

- 중대장에게 아부하는 인정받으려는 모습보다 소대원과 친밀한 관계 속에 인정받는 모습 기대
  : 소대원에게 인정받는 모습 = 중대장에게 인정받는 모습
  * 규정을 위반하면서 병사들의 편의와 무리한 요구를 봐주는 식의 인기 영합적 모습 (중대장 입장에서 좋게 볼 수가 없음)
- 임무에 대해 자신감 있는 소대장 : 필요한 내용을 공부 / 준비하는 소대장
  : 최소한 주어진 임무에 대해서 준비 통해 명확하게 자신감 가지고 있어야 함
  * 중대장 퇴근 후 밤 늦게까지 공부하는 소대장, 휴일에 나와서 공부하는 소대장 모습 (중대장은 모르고 있을까 ? 중대장은 소대장 활동을 충분히 인식하고 있음)

33. 초급장교 부적응 원인은 무엇인가 ?

■ **주특기 / 업무 / 전술 능력 : 처음부터 잘하는 사람 없음**

- 가장 많이 힘들어하는 요소로 내 임무에 대해 자신감 있는 업무자세가 필요
  : 자신감을 가지기 위해 끊임없이 내가 공부하고 노력하는 모습을 가져야 함
    * 업무에 대해 제일 잘한다는 사람에게 찾아가서 배우는 모습 : 추천
- 노력해서 안될 부분이 얼마나 될까 ? 처음부터 높은 수준을 요구하지 않음
  : 내가 해야 할 일에 대해 얼마나 노력했는가 ? 밤을 세워본적 있는가 ?
    휴일에 나와 준비한 적이 있는가 ? 규정을 찾아봤는가 ? 전문가에게 찾아갔는가 ?
    * 준비하고 노력했는데 얼마나 어려운 임무이기에 안 되는 것인가 ?
  : 그 정도까지 힘든 초급장교 업무는 없음, 그렇게까지 어려운 임무는 없음
    * 내가 할 수 있는 만큼, 후회하지 않을 만큼, 최선을 다했는데 안된다면
      : 다른 방법(지휘관을 찾아가서 애로사항 보고 등)을 찾아보아야 함

■ **인간관계 : 업무가 힘들다는 장교보다 사람관계 힘들다는 장교 더 많음**

- 많은 사람들이 일이 힘든 것이 아니라 사람관계 때문에 힘들다고 얘기함
  : 조직사회에서 사람과 사람의 만남은 어쩔 수 없이 필연적으로 받아들여야 함
    * 군대는 혼자서 해결할 수 없는 업무가 많음. 싫든 좋든 인간관계는 수용해야 함
- 싫은 사람과 나와의 인간관계를 어떻게 설정할 것인가 ? 문제의 핵심임
  : 왜 인간관계가 힘든지 원인부터 파악 필요. 내가 부족하다면 내가 변하는 것 필요
    * 나는 문제없는데 그 사람이 나를 싫어하고 괴롭힌다면 제 3자에게 객관적 판단 의뢰
  : 인정받는 사람은 나와 무엇이 다른가 고민 필요, 도대체 어떻게 하길래 ?

▲ **스트레스 관리 : 초급장교 생활관리의 핵심요소**

① 내가 할 수 있는 일과 할 수 없는 일에 대해 구분 필요
  : 할 수 있는 일에만 집중, 할 수 없는 일까지 쓸데없이 고민할 필요 없음
② 나와 안 맞는 상급자 때문에 힘들다면 1년만 버틴다고 생각하자
  : 피할 수 없다면 긍정적으로 인식, 이 사람하고 길어야 1년만 같이 근무하면 됨
③ 스트레스를 풀 수 있는 나만의 건전한 방법을 찾아야 함
  : 운동, 취미, 동아리, 게임 등 적당한 수준에서 나의 방법을 찾아야 함
④ 다른 사람에게 피해를 주지 않는 한 눈치를 보지 않음
  : 모든 표현 다할 수는 없지만 죄를 짓는 것도 아닌데 때로는 하고 싶은대로..
⑤ 그냥 솔직해 질 것, 안 그런 척하면 더욱 힘듬
  : 경우에 따라서 내가 힘들다는 것, 스트레스 받는다는 것을 표현할 필요 있음
⑥ 심호흡, 감사했던 / 좋은 기억 상기, 일부러 웃기는 영상 보기, 자연 접하기 등

■ 미래에 대한 불안감 : 나 혼자만 불안한가 ?

- 미래가 보장된 사람이 얼마나 있는가 ? 나 혼자만 고민하는 모습은 아님
  : 내가 좋아하는 일, 잘하는 일, 내 성격에 맞는 일이 무엇인가 찾는 것 우선
    * 미래에 대한 계획이 있다고 할지라도 그대로 될 가능성 많지 않지만 현 상태에서 나의 10년 후의 모습을 그려보고 필요한 것이 무엇인지 준비할 필요 있음
- 많은 사람들이 미래에 대해 고민만 하지 목표를 위한 행동은 매우 부족
  : 치열한 고민도 필요하지만 목표에 대한 치열한 준비가 더 필요함
    * 준비시간은 부족하지 않음 : 일과 이후 시간 동안 나는 무엇을 하고 있는가 ?
- Role 모델이 될 수 있는 사람을 찾고 일단 찾아가서 상담할 필요 있음
  : 확실한 정답을 얻기는 힘들지만 무엇인가 느낄 수 있는 계기가 될 수 있음
    * 찾아간다고 선배가 싫어하는가 ? 부딪쳐서 손해 볼 것 없다는 마음으로 접근

■ 소대원에 대한 나의 리더십 부족

- 생각만큼 잘 안됨. 나는 한다고 했는데 잘 따라오지 않음. 어떤 경우는 반항을 하기도 함 내가 소대장으로서 잘하고 있는지에 대한 의문이 들기도 함
  : 누구나 시행착오는 겪을 수 있음. 시간을 가지고 여러 방법으로 시도 권장
    * 진심을 다해 접근하는 모습은 결국은 인정을 받는 경우 많음
- 내가 믿고 따르는 사람은 어떤 부분이 훌륭한가 ? 나와 다른 점은 무엇인가 고민
  : 하루아침에 이루어질 수 없는 부분. 나를 소대원이 인정할 수 있도록 장점 개발
    * 잘하는 사람과 나를 객관적으로 비교해 보자. 무엇이 부족한가 ?
- 소대원이 소대장 무시하는 대부분 경우가 소대장이 체력적으로 부족한 경우임
  : 체력적으로 나름대로 노력했는데 잘 안되는 경우 많음. 나름대로 ?
    * 체력단련을 위해 정말 죽을 만큼 열심히 했는데 안된다면 다른 길 찾아봐야 함

▲ 진인사 대천명 (盡人事 待天命)

: 사람으로서 할 수 있는 일을 다 한 후 결과는 운명에 따름

① 나의 능력으로 할 수 있는 최선을 다한다. 하지만 결과는 받아들인다.
② 안 되면 그만두는 것이지 뭐가 그렇게 아쉽다고 연연할 필요 없다.
③ 감당 안될 만큼 힘들어하고 스트레스를 받으면서 이 일을 할 필요 없다.
  : 연습하고 노력해도 정말 안되는 것도 있다. 받아들이는 자세도 필요
④ 내가 최선을 다하고 후회하지 않는다면 나를 믿어주는 사람 1명은 있다.
  : 나를 알아주는 1명만 있어도 성공한 것 아닌가 ? 최선을 다하는 것 중요
⑤ 내 인생의 주인공은 나 (내가 결정하고 내가 책임진다.)
  : 다른 사람에게 피해만 주지 않으면 내가 행복해야 하는 것부터 우선

34. 초급장교 징계사례에서 가장 큰 원인은 무엇 ?

■ 생각보다 적지 않은 초급장교 징계사례가 존재

- 초급장교에게 업무 미숙으로 징계하는 경우는 거의 없음 : 나름 관대한 분위기
  * 하지만 초급장교라도 반복된 업무처리 미흡에 대해서는 징계하는 경우도 있음
- 징계사유 다양 : 폭언, 음주, 폭행, 직무태만, 지시불이행, 지휘감독 소홀 등
  : 많은 경우 몰랐다는 것 보다 상습적, 반복적, 고의성 위반의 내용으로 적용
  * 초급장교는 기본만 준수하면 징계받는 경우 거의 없음

■ 품위유지 위반 : 폭언, 폭행, 음주 등 (제일 많은 요소)

- 직무의 내외를 불문하고 그 체면 또는 위신을 손상하는 행위를 한 때
  : 해석의 범위가 조금 넓기는 하나 폭언, 폭행, 음주 등 기본적 요소 인식 필요
- 국민에 대한 봉사자 직책을 다하는 공직자로서 공직의 체면, 위신 손상 시키는데 직접적 영향 있는 행위를 한 때 : 대국민, 대언론사고 경우 적용되는 경우 많음
  * 폭언의 경우, 초급장교가 한 번 욕을 했다고 징계 할 것인가 ?
  보통, 욕을 한번했다고 징계하지는 않지만 여러 번 반복된다면 징계를 할 수 밖에 없음

■ 성실의무 및 복종위반 : 직무태만, 지휘감독 소홀, 지시 불이행 등

- 직무수행 과정에서 일처리를 지연하거나 보고를 누락 등 업무태만인 경우
  : 다른 일 때문에 정신이 없어 지연, 보고 누락시킨 경우, 구두경고 수준
  * 문제의 핵심은 의도적인 경우임. 일부러 업무에 대해 태만인 경우 당연히 징계
- 상급자의 정당한 지시를 반복적으로 이행하지 않고 거부, 기본법 위반 인 경우
  예) 상관 모욕, 마음의 편지 고발자 색출, 초과근무수당 부당수령 등
  * 군인의 지위 및 복무에 관한 기본법에 명시된 내용에 대한 위반인 경우 많음

■ 내 양심에 따라 최선을 다했는데 징계받는 경우 없다고 보아야..

- 복잡하고 어려운 법 / 규정이라도 알아야 하는 것이 장교의 기본임
  : "몰라서 못했습니다"는 초급장교 적응기간에만 일부 제한적으로 인정
  * 법 / 규정에 대해 불가피하게 판단하지 못할 경우라도 내 양심에 어긋 나서는 안됨
- 일부 초급장교는 과도하게 너무 열정적으로 소대원을 지도하려는 자세와 양성과정에서 잘못된 선.후배 문화 때문에 육군 규정사항을 위반하기도 함
  * 알고 있는 군 문화(예: 후배기수 집합 등)가 올바른지 확인하는 절차 필요

▲ **징계 사유**

: 군인으로서 직무상 의무를 위반하거나 직무를 게을리한 경우, 직무를 불문하고 품위를 손상하는 행위를 한 경우, 그 밖의 군 인사법에 의한 명령을 위반한 경우

▲ **간부 및 병의 징계권자**

: 각급 부대 또는 기관의 장은 소속 부하 또는 그의 감독을 받는 자에 대하여 징계권을 갖는다. 병에 대해서 중대장이 징계권을 가짐

▲ **장교에 대한 징계 종류 및 내용**

: 실질적으로 경징계 견책이라도 해당 계급에서 다음 계급으로 진급은 많이 제한됨 (진급심사 대상인원 중 징계를 안 받은 인원이 훨씬 더 많기 때문)

① 중징계

- 파면 : 제적, 관직 및 예우박탈, 5년간 공직취임 불가, 퇴직금 50% 감액
- 해임 : 관칙에서 해임하여 강제퇴직, 3년간 공직취임 불가, 퇴직금 25% 감액
- 강등 : 당해 계급에서 1계급 내림, 진급시킬 수 없는 사유, 현역복무 부적합 심사
- 정직 : 1~3개월 동안 직무 금지, 정직기간 봉급 감액, 호봉승급 지연, 진급시킬 수 없는 사유, 현역복무 부적합 심사

② 경징계

- 감봉 : 1~3개월 동안 보수의 1/3 감액, 호봉승급 지연
- 근식 : 10일 이내의 기간 동안 평상 근무후 징계권자가 지정한 영내 일정한 장소에서 과오 반성, 호봉승급 지연
- 견책 : 과오를 규명하여 장래를 훈계, 호봉승급 지연

▲ **징계의 처분절차**

① 징계처분 등은 징계위원회의 심의 준수
② 징계위원회는 심의 전에 심의대상자에게 심의 일시 등을 고지
③ 심의대상자를 출석시켜 의견을 들은 후 심의를 개시
※ 심의대상자가 출석할 수 없는 부득이한 사정이 있는 경우 제외 가능
④ 징계처분 등의 심의 대상자에게 서면이나 구술로 충분한 진술 기회 보장
⑤ 징계권자가 징계의결 또는 징계부가금 부과 의결을 요구한 날부터 30일이내에 심의 의결하여 징계권자와 심의대상자에게 결과를 지체없이 송부
※ 부득이한 사유가 있을 때 징계위원회 결정으로 30일 범위에서 기간 연장 가능
⑥ 징계위원회가 징계의결 등을 할 때에는 징계대상 행위의 경중, 심의대상자의 소행, 근무성적, 공적, 뉘우치는 정도 및 그 밖의 정상을 참작해야 함

▲ **징계 처분결과의 말소**

: 징계처분 받은 자가 일정기간 동안 성실하게 근무한 경우 징계 기록 말소 가능
※ 최소 일정기간 : 강등 9년, 정직 7년, 감봉 5년, 근신 3년, 견책 2년

35. 소대장이 얼차려 부여 가능한가 ?

■ **소대장은 지휘자 : 원칙적으로 본인 소대에 대한 권한을 가지고 있음**

- 규정상 소대장은 소대원에 대한 얼차려 승인 / 실행 권한을 가지고 있음
  : 하지만, 현실적으로 소대장이 독단으로 판단하여 하는 경우 거의 없음
    * 얼차려를 부여하는 대부분의 상황에서 소대장은 중대장에게 먼저 보고하고 실시
  : 사전 보고가 불가피한 경우 먼저 실시하고 나중에 중대장에게 반드시 보고
- 문제는 대부분 소대장이 얼차려 규정이 있는지도 모르는 상태에서 실시
  : 규정이 있는지 없는지 or 알고 있는 상태인지는 생활에 영향을 많이 미침
    * 나중에 문제가 된 경우, 얼차려 규정을 벗어나는 상태였다면 책임져야 할 것 많음

■ **필요한 경우는 얼차려를 부여하지만 다른 방법 없는지 고민 필요**

- 병사 본인이 스스로 잘못한 것이라고 인식해도 신체적으로 힘든 상태인 얼차려를 받게 되면 좋아할 병사는 없음 : 병사의 감정이 상하는 경우가 많음
  * 감정 상한 경우, 소대장에게 악감정이 생겨 소대장의 없는 잘못도 찾는 경우 많음
  : 찾다보면 결국, 소대장이 길을 가다가 침을 뱉었다 수준의 내용까지 발견함
- 교육과 지도로 충분히 개선 가능하다면 얼차려보다는 애정으로 대할 것 (권장)
  : 진정성 있는 자세로 병사들에게 접근한다면 얼차려 없이도 충분히 소통 가능
    * 잘 한다는 소대장, 인정받는 소대장이 얼차려를 부여하는 경우은 많지 않음

▲ **문제가 되는 얼차려 사례**

① 병사들에게 머리 박기 및 원산폭격 실시(가혹행위)
② 동일한 사안에 대해 어느 경우는 넘어가고 어느 경우는 얼차려 부여
③ 얼차려를 부여하고 해당 간부는 현장 이탈
④ 유격체조 온몸 비틀기 등 규정되지 않은 얼차려 부여
⑤ 환자 등 병사의 신체 상태를 고려하지 않고 일방적인 얼차려 부여
⑥ 앉았다 일어서기 100번 연속 실시 등 과도한 얼차려 부여
⑦ 소대장실, 창고 등 공개되지 않은 장소에서 욕설이 동반된 상태에서 실시 등

■ **얼차려 규정을 벗어나는 소대장의 행동은 위험**

- 일부 병사는 관련 얼차려 규정을 명확히 인지하고 있으며 소대장의 규정을 벗어난 얼차려의 경우, 상급부대로 보고하여 소대장에게 문제가 되는 경우도 많음
  : 규정에 의거 얼차려를 실시하는 것은 전혀 문제가 되지 않음
- 올바른 규정 준수는 행동을 제한하는 것이 아니라 나를 보호하는 것임
  : 명확한 규정내용 숙지 및 적용을 통해 소대장 지휘권 확립에 기여할 수 있음

▲ 얼차려 규정 관련 내용

① 실시요령

- 피교육자의 병영생활 상태와 체력 수준 고려하여 방법과 횟수를 결정
- 교정을 목적으로 하는 교육임을 명심하여 피교육생이 인간적 수치심을 느끼거나 가혹행위(고통)로 받아들이지 않도록 해야 함
- 피교육생이 정신을 수양하고, 행동을 숙달하며, 체력을 단련했다는 등의 성취감을 느낄 수 있도록 해야 함
- 육군 전 장병은 규정되지 않은 얼차려를 부여할 수 없음

② 실시 대상

- 법과 규정, 지침, 지시 위반한 대상자(병사)중 징계 또는 법적제재의 대상자와 군기교육대 입소 대상자를 제외한 경미한 위반자에게 얼차려를 부여할 수 있음
- 구두 교육에 의한 교정을 우선 시행 후 교정이 불가능할 경우, 동일한 잘못을 반복할 경우, 교육훈련 시 훈련목적에 부합되는 범위 내에서 시행할 수 있음

③ 부여 절차

- 시간 : 일과시간~자유시간 (08:00~20:00), 1회 1시간, 1일 2시간 이내
  * 1시간 초과시 중간 휴식시간(1시간 이상) 부여
- 승인권자 : 중.소대장 이상 지휘자(관), 휴무간 대대급 이상 당직사령
  * 승인권자는 집행자, 시기, 장소, 방법 등을 명시
- 집행권자 : 분대장 이상 간부, 휴무간 당직사관 이상 간부
  * 반드시 집행자 감독하, 공개된 장소(연병장, 복도, 부대 사전 등)에서 실시

④ 실시 방법

종 류	일. 이병	상. 병장
팔굽혀펴기	1회 20번 이내 /계속 4회 이내 반복	1회 20번 이내 /계속 5회 이내 반복
앉았다 일어서기	1회 20번 이내 /계속 4회 이내 반복	1회 20번 이내 /계속 5회 이내 반복
개인호 파고 되메우기	1회 20분 이내 /계속 2회 이내 반복(40분)	1회 20분 이내 /계속 3회 이내 반복(60분)
보행	1회 1km(단독, 완전군장) / 계속 3회 이내 반복(3km)	1회 1km(단독, 완전군장) / 계속 4회 이내 반복(4km)
뜀걸음	1회 2km 이내(단독군장)	1회 4km 이내(단독, 완전군장)
순환식 체력단련	1회 10분 이내 /계속 3회 이내 반복(30분)	1회 10분 이내 /계속 4회 이내 반복(40분)
특정지역 청소	1일 이내	
반성문 작성	1회 500자 이내	1회 500자 / 2회 이내 반복
참선	1회 20분 이내	1회 20분 / 2회 이내 반복

36. 병사들 사이 병영부조리를 확인하는 방법은 ?

■ **간부를 제외한 병사들 사이에는 그들만의 문화가 분명히 존재**

- 소대장이 아무리 인간적으로 가까워지려고 해도 병사 생활 100% 확인은 불가
  : 100% 확인할 수 있는 방법은 병사들과 24시간 같이 생활하는 것
    * 현실적으로 24시간 같이 생활 불가능, 하지만 노력을 통해 어느 정도 파악은 가능
- 병사들이 소대장에게 자발적으로 와서 본인의 문제를 말하는 경우는 많지 않음
  : 자발적으로 와서 얘기하는 경우는 소대장을 기본적으로 신뢰하는 상태임
    * 일단, 소대장은 본인의 편이 되어줄 수 있다는 확신이 있기 때문에 얘기하는 것임

■ **내가 쏟는 관심과 정성만큼 소대원의 병영부조리가 보임**

- '내 소대는 병영부조리가 없다' 라고 얘기하는 것은 제일 바보 같은 장교임
  : 겉으로 보이는 구타 및 가혹행위가 없다고 병영부조리가 없는 것이 아님
    * 암기강요 등 신종 부조리는 계속 생김, 확실한 근절의지가 없다면 사라지지 않음
- 병사가 '부조리는 없다' 고 말하여도 소대장은 '부조리는 있다' 는 입장 견지해야 함
  : 있다고 생각하고 접근하면 보이는 경우 많으며 실태를 알면 깜짝 놀람
    * 대부분 눈에 띄지 않는 상태에서 암암리에 실행 : 공개적으로 진행되지 않음

▲ **효율적인 병영 부조리 파악방법**

① 분대장을 내 편으로 만들고 모든 것을 분대장을 중심으로 만들어야 함
② 동기생, 군종병, 상담병 등을 통해 병영 부조리를 파악하는 경우 많음
③ 가족, 여자친구 등 입체적으로 확인을 하면 도움이 많이 됨
④ 동숙 등 소대원들과 접할 수 있는 시간을 확대하면 일정수준 파악 가능
⑤ 불시 생활관 점검 및 과거 사고발생 빈발지역에 대한 수시 순찰 및 확인
⑥ 정말 친밀해진 믿고 맡길 수 있는 병사(비밀 정보원 ?)를 통해 확인
⑦ 샤워, 목욕 등 같이하는 기회를 만들어서 자연스럽게 신체상태 확인
⑧ 평상시 마음의 편지 등에 대한 정성 어린 답변을 통해 소대원의 신뢰 확보

■ **아무리 강조해도 병영부조리 근절은 쉽지 않다는 마음 필요**

- 병사들에게 소대장의 지휘방향 및 근절의지를 확실하게 알게 할 필요 있음
  : 피해병사들이 '소대장은 최소한 내 편이구나' 라는 인식을 심어주는 것 중요
- 대부분의 경우는 전입신병, 후임병 위주로 병영부조리의 피해가 많이 발생함
  : 선임병은 무조건 가해자라는 시선은 옳지 않지만 실질 가해자는 대부분 선임병임
    * 선임병의 잘못된 보상심리(예: 내가 후임병때는 더 심했는데.)는 관리 필요

37 부대훈련 vs 사고예방, 어떤 것이 더 중요 ?

■ **부대훈련과 사고예방은 대립되는 개념이 아님**

- 부대훈련 통해 전투력 향상 가능하며 높은 전투력 유지를 위해 사고예방 강조됨
  : 하지만, 훈련 中 or 훈련 준비中 정말 피할 수 없는 사고도 발생할 수 있음
  * 불가피한 것은 어쩔 수 없지만 정말 불가피한 사고였는가 확인 필요
- 군에서 발생하는 사고를 분석 해보면 많은 경우가 사전에 예방 가능한 사고임
  * 어제도 괜찮았으니 오늘도 괜찮겠지 하는 사고에 대한 불감증이 기본적 문제점

■ **부대훈련을 강조하면 사고는 발생할 수 밖에 없다고 생각 ?**

- 어떤 사람은 사고예방을 위해 근본적으로 훈련을 안하면 되는 것 아니냐 얘기
  : 훈련을 안하면 그 부대는 사고가 발생하지 않는 것인가 ? 절대 아님
  * 할 일 없는 부대, 늘어진 부대, 아무것도 안하는 부대가 더 사고발생 비율 높음
- 사고예방을 잘하면서 부대 교육 / 훈련 수준이 높은 부대 많음 : 우수부대
  * 인정받는 지휘관은 사고예방도 잘하면서 교육훈련도 잘하는 인원임

▲ 최근 10년간 군 관련 주요 사고사례

- 2014. 4월 OO사단 의무병 살인
- 2014. 6월 OO사단 총기난사
- 2015. 5월 예비군훈련장 총기난사
- 2015. 10월 신교대 수류탄 폭발
- 2016. 2월 GP 박일병 가혹행위 자살
- 2016. 12월 울산 군부대 폭발
- 2017. 6월 GP 경계실패 논란
- 2017. 9월 O사단 일등병 유탄 사망
- 2018. 1월 양구 군용버스 추락
- 2018. 4월 포항 탄약고 화재
- 2019. 1월 박격포탄 2발 오발
- 2019. 9월 양구군 구급차 전복
- 2020. 4월 중대장 야전삽 폭행
- 2020. 4월 군사경찰대대 신병 집단구타
- 2021. 2월 동해 민통선 무단침입
- 2021. 4월 공병대대 영내 집단폭행
- 2022. 4월 현역 대위 군사기밀 유출
- 2022. 10월 안보전시관 폭발물 폭발
- 2023. 1월 태백 혹한기 훈련 사망

■ **사고가 1번이라도 발생하면 부대의 높은 전투력을 유지할 수 없음**

- 싸워 이길 수 있는 부대를 만들기 위해 평시 비전투 손실 최소화 노력 필요
  : 어렵게 올려놓은 전투력을 사고발생의 비전투 손실로 연결되는 것은 비효율적임
- 부대 훈련간 불가피하게 발생하는 사고 발생이 두려운 것 아니라, 사고로 인해 부대 전투력 유지가 될 수 없는 것, 회복되기 어려운 것이 두려운 것임
  : 악성사고 발생후 지휘관의 정상적인 부대운영은 최소 1개월 이상 불가능
  * 5대 악성 (성 관련, 총기 / 탄약, 인명 안전, 음주, 보안) 사고는 충분히 예방할 수 있음

38. 군인연금은 얼마나 받을 수 있나 ?

■ 임관 후 20년(19.6년 반올림) 이상 근무, 군인연금 대상자 될 수 있음

- 퇴역 후 일시금 또는 매달 수령 연금으로 선택하여 진행 가능 (대부분 연금 선택)
  : 군인연금의 가장 큰 장점은 퇴역 직후부터 연금 수령 가능하다는 점
  * 사학 / 공무원 / 국민연금 등은 대부분 65세부터 수령할 수 있음
- 최소한 장기근무자로 선발되어야 시작 : 최근 계급정년 확대 논의가 진행된다면 병행하여 연금수령 대상자 확대에 대한 논의도 진행될 수 있을 것으로 예상

■ 군 생활을 오래 하면 오래 할수록 연금 수령액은 더욱 증가

- 직장 기간에 비례하여 월급 수령액이 높아지기 때문에 본인의 평균 월급 소득에 비례하여 연금보험료를 지불하며 많이 낸 만큼 더 많이 받는 구조임
  * 기여율 : 자신의 소득 대비 얼마나 많은 연금보험료를 내는지에 대한 비율
- 2023년 기준, 매월 군인연금 수령액 예상 (대략 계산방식)
  : 군 생활 20 ~ 25년 전역자 = 근무연수 x 10.5만원 예) 23년 x 10.5만원 = 241.5만원
  군 생활 26 ~ 30년 전역자 = 근무연수 x 12.0만원 예) 28년 x 12.0만원 = 336.0만원
  * 근무연수가 증가할수록 수령하는 군인연금 수령액이 크게 증가함

▲ 군인연금 vs 사학 / 공무원 / 국민연금 비교

구 분	군인 연금	사학연금	공무원연금	국민연금
기여율	14 % (7 % 본인 지불)	18 % (9 % 본인 지불)	18 % (9 % 본인 지불)	9 % (4.5 % 본인 지불)
지급율	1.9 %	1.7 %	1.7 %	1.0 %
소득 대체금액	76 만원	68 만원	68 만원	40 만원

* 지급율 : 소득대체율을 재직기간으로 나눈 값
* 소득 대체금액 : 40년간 평균 월급 100 만원인 사람이 받는 수령금액

→ 40년(?) 기준으로 국민연금은 매월 4.5만원 내고 65세부터 매월 40만원 수령,
군인연금은 매월 7 만원 내고 전역 후부터 매월 76 만원 수령

■ 20년 이상만 근무하면 경제적 보상으로 의미 있는 제도

- 재정건전성 측면에서 개혁방향 (기여율 증가, 소득대체율 감소) 논의되면서 변화 예상
  : 더 내고 덜 받는 방향으로 가겠지만 연금 안정성은 지속 보장될 것으로 예상
  * 군 특수성 반영한 군인연금 : 전.후방 오지 근무, 훈련 및 당직근무, 생명 담보로 임무 수행 등에 대한 국가에 봉사한 사람들에 대한 보상을 전역 이후로 제공 성격
  * 미국은 군인연금액 전액을 국가가 부담, 독일 / 프랑스는 기초연금 전액 또는 대부분을 정부가 지원, 일본은 정부의 부담비율이 우리보다 훨씬 높고 기초연금 수급 가능

39. 준사관은 어떤 신분 ? 관계설정은 어떡해 ?

■ 육군의 신분 체계는 장교, 준사관, 부사관 및 병으로 구분

- 준사관은 준위를 말하며 계급상으로 원사 위, 소위 아래에 위치함
  : 준위를 크게 장교에 포함하여 판단하기도 하나 대부분 별도 직군으로 구분
- 육군은 기술행정 / 회전익 항공 분야에 대한 기술전문가를 매년 소수 선발
  : 회전익 항공 준사관은 20세 이상부터 선발, 비행경력 최소 300시간 이상 필요
- 기술행정 준사관은 원사 또는 상사로 2년 이상 복무 중인 자에 대해 선발
  * 야전부대에서 만나는 준사관은 대부분 20년 이상의 해당 기술 분야 전문가

■ 대부분 아버지 뻘 연령대의 간부로 업무적 / 인간적으로 존중 필요

- 한국 사회에서 연령에 대한 존중은 필요한 부분으로 계급적으로 소위가 높다고 함부로 할 수 있는 대상이 아님 : 존중한 만큼 내가 존중받을 수 있음
- 기술행정병과 장교는 준사관과 기술적 부분에서 격차가 있기 때문에 배운다는 자세 필요
  : 준사관 없이 전문분야에 대해 업무가 진행될 수 없는 경우도 많음

▲ 준사관 신분은 부사관들의 궁극적인 꿈의 목표 ?

- 일부 부사관은 임용 때부터 해당분야에서 경력을 쌓은 후 마지막에 준사관으로 신분을 전환하는 것을 군 생활의 목표로 설정하기도 함
  * 전체인원은 아니지만 부사관의 대부분은 한 번 쯤은 고민했던 내용임
  : 기술행정 병과에서 매년 2회 수준에서 80명 내외의 준사관 인원 선발
- 진급 걱정, 장기복무에 대한 걱정없이 자신의 기술 전문분야에서 소신대로 군생활 하는 것에 대한 장점으로 매년 경쟁률이 높아지는 추세임
  * 기술 분야에 대한 중요성 인식으로 준사관에 대한 선호도 증가되고 있음

■ 준사관의 대부분은 부사관에서 20년 이상 근무 후 신분전환 케이스

- 준사관은 출신 성분상, 부대 부사관들과 긴밀한 관계 맺고 있으며 초급장교가 부사관과 업무 관계에서 어려움 있을 때 중간 윤활제 역할 수행하기도 함
  : 대부분 준사관이 초급장교에 대해 많은 경험 / 전문지식으로 도와주려고 함
- 장교는 진급에 대해 많은 신경을 쓰는 것에 비해 준사관은 더 이상 진급할 계급이 없기 때문에 일부 준사관은 복무자세에서 소홀한 경향도 부분적 있음
  * 성실하지 않은 준사관을 초급장교 직책으로 불가피하게 통제해야 하는 경우
  : 정확한 규정과 방침에 의거, 조금 거리를 두고 업무적 관계로만 연결 필요

→ 결국, 군대는 계급사회이기 때문에 계급과 직책에 따라 적용되게 되어 있음

40. 병사들과 친해질 수 있는 방법은 무엇인가 ?

■ **병사들과 꼭 친해질 필요는 없다 ?**

- 소대장 임무를 제대로 수행하기 위해 인간적으로 가까워질 필요는 분명히 있음
  : 성공하는 소대장의 공통점은 본인 소대원들과 친밀한 관계를 유지하고 있다는 점
    * 너무 가까워져 형, 동생하는 사이가 되면 잘못이 있어도 그냥 넘어가는 부작용 있음
- 적절한 관계를 유지하는 것이 관건 : 업무적으로 정확하고, 인간적으로 친밀하게
  * 일부러, 억지로 병사들과 친하기 위해 인기 영합 방식으로 접근은 절대 금지

■ **친동생이 소대원으로 근무하고 있다고 생각 필요**

- 성장 과정에서 싸우면서 자랐다고 해도 친동생을 보는 관점은 애정이 바탕되어 있음
  * 핵심은 소대원이 느끼기에 소대장은 애정을 가지고 있다는 것을 인식하게 하는 것
- 소대장으로서 병사를 바라보는 가장 기본적인 입장은 공평해야 함
  : 병사 중에는 내 마음에 드는 인원도 있고 미운 인원도 있음 (차별 절대 금지)
    * 업무적 부분에 대해서는 객관적 기준으로 누가 봐도 공평하게 해야 함

▲ 나는 이렇게 소대원과 친해졌다. (어느 소대장의 수기내용 요약)

① 소대원의 관심사항을 내가 공부하고 같이 경험을 공유했다.
  * 병사들이 주식 투자에 관심이 많기에 최근 이슈에 대해 공부하고 같이 얘기하였음
② 기침, 목 통증 등 아프다는 인원에 대해 외부 약국에서 약을 지어 주었다.
  * 전역하면서 말하기를 "아팠을 때 소대장 배려는 너무 고마웠다" 고 얘기함
③ 소대원과 체육활동은 어떤 경우에도 무조건 참석했다.
  * 당직 근무후 취침을 해야 했지만 소대장이 없는 축구는 있을 수 없다고 생각했음
④ 하루에 2명 이상 소대원과 무조건 상담하고 결과를 기록했다.
  * 내가 할 수 있는 것은 많지 않았지만 듣는 것만 해도 많은 부분 해결되었음
⑤ 소대원의 생일을 핸드폰 알람으로 설정하고 조그만 선물을 했다.
  * 자주 사용하는 목걸이형 볼펜(2,500원)에 생일축하 문구를 기록하여 몰래 주었음
⑥ 체력적으로 힘들어하는 병사와 매일 저녁에 같이 뛰었다.
  * 매일 같이 뛰었더니 같이 땀을 흘리면서 자연스럽게 친해졌음
⑦ 매월 1회 이상 야간 초소 근무를 같이 수행하였다.
  * 사전에 통지없이 야간 근무를 같이 하면서 몰랐던 다양한 얘기를 들을 수 있었음
⑧ 상담간에 나의 부끄러운 실수나 약점도 일부로 오픈하고 얘기했다.
  * 소대장의 실수나 부족한 부분을 얘기하니 병사들이 더 솔직하게 이야기하게 됨

■ 병사들과 같이 동고동락하는 시간 만큼 친밀도는 증가

- 소대장이라고 장교로서 대우만 받으려는 생각은 처음부터 가져서는 안 됨
  : 가장 힘든 인원 (대부분 후임병)과 동일하게 먹고 자고 행동하는 것 필요
    * 장교라고 꼭 대우 (예: 훈련때 소대장 밥을 병사가 가져다 주는 것)를 받아야 하는가?
- 동고동락하면 처음에는 병사들이 어색해하고 긴장하면서 경계하겠지만 같이 함께하는 시간이 증가하는 만큼 조금씩 마음의 문을 열고 친해지게 됨
  * 소대원 중에 영향력이 큰 핵심 병사를 내 사람으로 만드는 것 가장 좋음 (추천)
  : 초급 장교에게 처음부터 고참병사 통제하는 것은 매우 어려운 부분, 고참병사가 전역할 때까지 천천히 후임 병사를 내 사람으로 만드는 것이 더 효율적이고 현실적

▲ 한비자 오기 장군편

- 오기가 위나라 장군이 되어 중산국을 공격하는데, 병사 가운데 악성종기로 괴로워하는 자가 있었다. 오기가 무릎을 꿇고 종기에 입을 대고 고름을 빨아 주었다.
- 그 병사의 모친은 그 말을 듣고 울고 있었다. 어떤 사람이 이유를 물었다.
- "장군께서 당신의 아드님 종기에 입을 대고 고름을 빨아 주었습니다. 아드님 종기의 치료를 위해 그토록 수고를 하셨는데 오히려 감사한 것이지 왜 우는 것이요 ?" 모친이 대답했다.
- "오기 장군이 그 애 아버지의 종기도 그렇게 빨아준 적이 있었죠.
  그 애 아버지도 감격하여 장군을 위해 싸우다 전사했습니다.
  그 애도 그렇게 싸우다 죽게 될 것이 아닙니까 ? 그래서 슬픈 것입니다."
- 결국, 그 병사도 아버지와 같이 오기 장군을 위해 싸우다 전사했다.

....

▲ 무경십서 제3편 치병

- "이른바 잘 육성된 군대는 가만히 있을 때는 예가 바르고, 일단 움직이면 위풍이 당당합니다. 진격하면 막을 자가 없고, 후퇴하면 쫓아올 자가 없고, 진퇴에 절도가 있고, 좌우이동이 명에 따라 일사분란하게 이루어집니다."
- "설령 도중에 부대가 단절될지라도 군진을 유지하고, 분산될지라도 대오를 갖춥니다. 이는 상하가 고락과 생사를 함께한 덕분입니다."
- "이런 군대는 한 덩어리가 되어 움직이는 까닭에 흩어지는 일이 없고, 합세해 적과 싸우는 까닭에 지치는 일이 없습니다."
- "어디 곳에 투입할지라도 천하에 당할 자가 없는 이유입니다. 이를 일컬어 부자지병(父子之兵)이라 합니다."

41. 내가 군 생활 적성이 맞는지 모르겠다 ?

■ 처음부터 군 생활이 적성에 맞는다고 생각하는 사람은 많지 않음

- 장교 양성과정에서 제일 군 생활 못 할 것 같은 인원들이 끝까지 가는 경우 많음
  : 나하고 맞는지 안 맞는지 확인하는 방법은 실제 군 생활을 해보는 방법 뿐
    * 다른 직업에 대한 정말 강한 확신이 있다면 다른 선택을 하는 것도 현명한 결정임
- 군 생활은 정말 다양한 상황에서 다양한 사람을 만나 다양한 임무를 수행함
  : 내가 어떤 상황에서 적성이 맞는지 안 맞는지는 직접 해볼 수 밖에 없음
    * 임무를 직접 해보면 생각보다 재미있고 즐겁고 보람된 상황도 많이 있음

■ 간접적으로 내가 군 생활에 대해 적성이 맞는지 확인 가능

- 지금까지 학교 교육체계 등에서 큰 문제없이 지내왔다면 적응 가능성 높음
  : 군은 조직사회로서 학교 조직 등에서 잘 적응해왔다면 기본 소양은 충분
    * 친구 / 사제 / 부모 등 인간관계에서 문제 없었다면 군 생활에 매우 유리
- 기존 조직에서 반장, 회장, 총무 등 리더 역할을 수행한 경험이 있으면 더 도움
  : 단지 조직의 규모가 커지고, 하는 일이 군 관련 내용이라는 것이 다를 뿐

▲ 직업 적성검사 (직업 선택 前 검사 권장)
: 개인이 어떠한 직업에 알맞은 자질이나 능력을 지니고 있는가를 조사하는 검사로 취업 준비 前 성향을 분석해 적합한 직무를 고를 수 있는데 도움 됨
  * 무료 적성검사 사이트 : 워크넷, 커리어넷, 사람인, 인터크루 등
  * 참고자료로 충분히 검토할 필요 있으며 무료 보다 유료 사이트 권장

▲ 장교가 나에게 맞는 직업인지 확인하는 가장 효율적 방법 (권장)
: 주변에 직업군인으로 근무하고 있는 현역 / 예비역 인원 찾아가서 내가 현재 고민하고 있는 부분, 실제 군 생활 경험에 대해 진솔하게 상담

■ 선택한 길에 대해 최선을 다하는 노력 필요, 후회는 최선을 다해보고..

- 장교가 아닌 다른 직업은 어려움 없을까 ? 어떠한 직업이던지 초기 난관은 있음
  (모든 직업은 사회초년생으로서 시행착오를 겪을 수 밖에 없음)
  : 내 능력으로 할 수 있는지 없는지 확인하기 위해 초급장교 시절의 열정은 필요
    * 한 번은 내가 선택한 직업에 대해 열정을 쏟아야 내 적성을 확인해 볼 수 있음
- 단기장교의 경우, 전역을 해도 동년배 친구에 비해 사회 진출 시기 늦지 않음
  * 일단 해보고 확인해도 늦지 않음 (야전 부대생활 1년이면 스스로 판단기간 충분)
  : 직업군인 선택 前 군 관련 선배들과 최소 1회 이상 상담 권장

42. 부대 주변 동료는 경쟁자인가 ? 협조자인가 ?

■ **초급장교 시절 부대에서 같이 근무하는 동료 인원은 협조자**

- 같은 부대에 동일한 임관년도의 장교가 있다면 현실적으로 비교되는 것은 당연
  : 하지만 옆 동료가 잘한다고 해도 큰 차이가 나는 수준 아님. 내가 자극받고 충분히 극복할 수 있는 정도이며 옆 동료와 같이 인정받을 수 있는 것 중요
    * 상호지원 및 협조를 통해 긍정적 영향으로 상호간의 발전을 도모할 수 있음
- 초급장교 시절 어렵고 힘든 부분을 가장 많이 이해할 수 있는 인원은 동기 뿐
  : 서로 믿고 의지하면서 진솔한 인간관계를 통해 군 생활동안 큰 자산이 됨
    * 주변 사람들에게 동기관계가 안 좋다는 이야기가 퍼진다면 더 큰 문제 발생함

■ **나의 경쟁 상대는 부대 주변 동료가 아니라 전국적 수준의 인원**

- 장기 선발은 대대급 부대에서 하는 것이 아니고 전체 육군 수준에서 실시됨
  : 육군 수준의 지원자 (타 부대)와 나의 능력 경쟁을 통해 장기 선발하는 것
- 내가 주변 동료에게 도움 되는 정보 제공하고 동료가 어려울 때 도와준다면 나중에 도움받은 동료도 나에게 유사한 수준의 도움을 제공하는 경우 많음
  : 사람 사는 조직에서는 서로 돕고 살아야 함 (군에서 혼자 할 수 있는 것 제한적)

■ **나는 부대 주변 동료와 2인 3각 경기에 나선 것임**

- 좁은 부대 안에서 두 사람이 서로를 이기겠다고 애써봐야 넘어질 뿐임
  : 부대 밖의 경쟁자를 대상으로 경쟁우위에 서겠다고 노력할 때 조직 발전 가능
- 빨리 가려면 혼자 가고 멀리 가려면 함께 가라는 마음가짐 필요
  : 군 생활은 마라톤과 같아 경쟁자의 마음가짐으로는 결코 오래 달릴 수 없음
    * 부대 주변 동료에게 내가 먼저 감사 표시를 하고 다가가면 현실적으로 그 사람이 나의 지원자가 될 수는 없지만 최소한 그 사람은 나에 대해 감정은 상하지 않음

■ **영관장교는 서로 경쟁하는 경우 많음. 하지만 위관장교는 훨씬 적음**

- 군 조직은 피라미드 구조로 위로 올라갈수록 경쟁이 치열할 수밖에 없음
  : 하지만 위관 시절, 상대를 이겨야 내가 잘 될 수 있다는 생각은 너무 어리석음
    * 부대 주변 동료와 관계에서 배려와 지원 속에 서로 긍정적인 발전 도모 가능
- 내가 주변 동료를 경쟁자로 인식하면 주변동료도 나를 경쟁자로 인식하게 됨
  * 내가 먼저 양보하고 배려한다면 결국은 나에게 긍정적으로 작용하는 경우 많음

▲ 경쟁자 vs 협조자 (나는 어떤 입장을 선택할 것인가 ?)

1 경쟁자는 주변의 모든 조직원을 경쟁상대로 삼는다.

- 경쟁자의 목표는 동료와의 경쟁에서 승리하는 것으로, 동료와의 경쟁에서 승리하기 위해서라면 동원 가능한 모든 수단과 방법을 사용한다.
- 이 과정에서 동료의 평판이나 성과를 깎아내리기 위한 뒷담화는 기본이고 심한 경우 경찰이나 검찰에 투서하는 예도 있다.

2 경쟁자의 행동은 조직의 화합을 해치는 원인이 된다.

- 경쟁자가 조직에서 흔히 하는 행동에는 정보 독점과 책임 전가가 있다.
- 경쟁자는 정보가 경쟁에서 승리하게 만든다고 생각하기 때문에 자신이 가진 정보를 동료들과 공유하지 않는다.
- 경쟁자는 자신이 가진 정보를 부서장과 같이 자신의 평가를 결정하는 사람에게만 제공하는 경향이 있다.
- 경쟁자의 이런 행태로 인해 동료들은 비슷한 수준의 정보를 얻기 위해 불필요한 시간과 노력을 낭비하게 된다.
- 결국은 회사 전체의 경쟁력 약화로 이어진다.
- 뒤늦게 이런 사실을 알게 된 동료는 경쟁자를 원망하게 되고, 경쟁자와 같이 정보를 공유하지 않게 된다.

3 경쟁자의 또 다른 행동 패턴은 책임 떠넘기기이다.

- 경쟁자는 문제가 생겼을 때 책임을 떠안게 되면 자신이 불이익을 받게 된다고 생각 하기 때문에 어떡하든 문제 원인을 동료에게 떠넘기려고 한다.
- 이런 일이 발생하면 조직원끼리 서로 비난하면서 조직의 균열이 일어나게 되기에 조직의 성과도 기대하기 어렵게 된다.

....

▲ 협조적 경쟁 (Co - Opetition)

- 협조의 Cooperation과 경쟁의 Competition의 합성어로 공동의 목표를 위해 협력하면서도 경쟁하는 관계
- 협조적 경쟁은 승자와 패자로 확연히 나누어지는 치열한 제로섬 경쟁이 아니라 협력을 통한 경쟁만이 성장을 유지하고 지속적인 이익을 낼 수 있음
- 경쟁자들과 제휴를 통해 때로는 협력하고 때로는 경쟁해야 전체 규모를 확장하고 동반성장을 이룰 수 있다는 win-win의 공생발전 패러다임

43. 내가 어렵고 힘들 때 군 외부기관 도움 가능 ?

■ **원칙적으로 군 지휘계통 / 군 사법기관을 이용하는 것이 맞음**

- 현재의 어려운 상황을 개선하기 위한 목적으로 정당한 계통을 통해 의견을 제시하는 것은 기본적으로 개인에게 보장된 권리 : 적극 활용

  * 잘못된 상황을 무작정 참고만 있다고 인정을 받는 것도 아님. 바꿀 것은 바꿔야 함

- 실질적으로 사단급에서 거의 모든 내용을 처리할 수 있으며 사단장이 인지하고 방향을 결심한다면 육군에서 못하는 것은 없다고 할 수 있음

  : 야전 사단장급 지휘관은 생각보다 매우 강력한 권한을 가지고 있음

  * 합동조사, 사고처리, 지휘관교체, 인사보직, 조직개편, 징계 등 사단급에서 처리 가능

■ **그래도 군 지휘계통 / 군 사법기관에 대해 신뢰가 부족하다면..**

- 정말 본인의 어려운 상황에 대한 원인을 다시 한번 분석해 볼 필요 있음

  : 주변 동료와 상담을 통해 내 상황에 대한 객관적 판단 필요

  * 어떤 상황은 개인적 오해와 잘못된 정보로 인해 혼자 잘못 알고 있는 경우 있음

- 정말 군 지휘계통에 대한 신뢰가 없고 군 사법기관으로 해결 안 된다는 판단이 된다면 국가 / 군에서 운영하는 기관을 통해 도움 요청 필요

  : 국가에서 운영하는 기관을 통해 공신력 있는 상태에서 실질적 해결 가능

▲ **군 관련 대부분의 문제는 사단장급 지휘관이 실질적으로 해결할 수 있다.**

: 대부분의 문제는 인간관계로 인해 어려움을 겪는 경우가 많음
지휘계통이 원칙이기는 하나, 예를 들어 현재 어려움의 원인이 되는 대상이
나의 대대장이라면 대대장에게 말을 할 수는 없는 상황도 있을 수 있음

☞ 사단장에게 보고하면, 즉시 해결 가능

* 문제되는 내용을 증빙하기 위한 필요한 자료는 준비해야 함

▲ **인간관계의 애로사항 문제가 아니라 시스템 개선에 관한 문제라면..**

: 현재 적용되고 있는 제도를 통해 충분히 조치 가능, 대부분 내가 제기한
시스템에 관한 문제점은 지금까지 나 혼자만 인식한 경우는 아닐 것임.
비슷한 문제는 많은 사람이 인식하고 있었고 누구인가는 과거에 개선을
위한 시도를 했다고 보고 개선 안된 이유를 살펴 보아야 함

☞ 현존하는 시스템을 적극 이용하여 군 문화 개선

* 여러 사람의 뜻이 모아 개선을 위한 큰 동력을 확보하여 군 문화를 바꾸어야 함

■ 외부 민간기관보다 군 지휘계통 통해 해결이 우선

- 개인적으로 도저히 참을 수 없을 수준이라도 군 지휘계통 통해 처리 권장
  : 요구가 아무리 정당해도 외부기관 통해 진행되는 것은 바람직하지 않음
    * 외부 민간기관을 이용한 인원은 현실적으로 차후 정상적인 군 생활에 지장 있음
  : 원하는 것이 실질적 해결이라면 사단장급 지휘관을 통해서 충분히 해결 가능
- 좋은 뜻에서 공익을 위해 진행했다고 하더라도 외부 민간기관을 이용하는 인원에 대해 아직까지는 군에서 내부고발자로 인식하고 멀리하려는 경향 일부 있음
  * 잘못된 것을 보고 잘못되었다고 이야기하는 용기 반드시 필요, 하지만 잘못되었다고 이야기하는 방법을 군 지휘계통을 이용해서 제기해야 나에게 유리함

■ 군 지휘계통을 1번은 믿어보자

- 최근 보직된 지휘관은 대부분 능력과 품성이 검증된 인원들로 보직되고 있음
  : 매우 열린 마인드로 혁신적인 생각을 가지고 있는 지휘관도 많이 있음
    * 요구사항이 합리적인 경우, 대부분 수용하고 있으며 많은 부분 개선되고 있음
- 지휘관의 결심이 가장 큰 영향이지만 지휘관도 혼자만 판단하는 것이 아님
  : 사단장급 지휘관의 결심과정도 일방적인 고집불통의 스타일은 존재하지 않음
    * 사단장의 결심을 위해 관련 기능 참모가 관련 규정을 통해 최선의 방책을 선정하기 위해 많은 노력을 적용되고 있음 : 사단장 결심사항은 최소한 한번은 검증된 내용임
- 외부 민간기관을 이용하기 전에 군 지휘계통에게 기회는 주어야 하지 않을까 ?
  : 군에서 어떻게 처리되는지 결과를 확인하고 재판단 해도 늦지 않음
    * 사안에 따라 진행하려는 나에 대한 군 생활의 계획도 신중하게 고민할 필요 있음
  : 군 생활에 대한 계속 근무에 대한 의지 있는가 ? 결심 필요

▲ 군 고충처리 관련 법안 내용 (군인복무규율)

: 군인은 복무와 관련된 고충사항에 대해 군인사법, 부패방지 및 운영에 관한 법률, 국가인권위원회법, 기타 법령에 명시된 방법으로 그 해결을 요청할 수 있다.

▲ 국방 헬프콜 센터(1303)

: 군을 대표하는 소통채널로서 군 장병 자살예방 및 고충상담, 성범죄, 군 관련 범죄, 방위사업비리에 대한 신고 / 상담 서비스를 One-Stop으로 제공하고 있다.

* 운영근거 : 국방부 부대관리 훈령 제8장 제173조의 2 (국방헬프콜 운영)

44. 병사 18개월 기간으로 전투력 창출 / 유지 가능 ?

■ 현재 육군 병사 복무기간은 18개월, 당분간 변화 없을 듯

- 해병대 18개월, 해군 20개월, 공군 21개월에 비해 다소 단축된 군 복무 수행 中
  : 18개월 복무기간은 전투력 유지를 위한 최소한의 기간이라는 공감대 있음
  * 병사의 복무기간 결정은 국가정책 수준에서 결정되며 전국민적 공감대 필요함
- 복무기간은 창군 이래 지속 감소했으며 앞으로도 복무기간 증가는 불가능 예측
  : 단 1번, 1968년 청와대 습격사건의 영향으로 복무기간 증가된 경우 있음
  * 현재 병사의 18개월 근무기간은 당분간 크게 변화되지 않을 것으로 예상됨
  : 모병제에 대한 사회적 논의가 합의될 경우 복무기간에 큰 변화 예상

▲ 병사 의무 복무기간 변화

- 1955년 : 6.25전쟁 직후, 육·해·공군 모두 36개월
- 1959년 : 육군 33개월, 해·공군 36개월
- 1962년 : 육군 30개월, 해·공군 36개월
- 1968년 : 육군 36개월, 해·공군 39개월(청와대 습격사건 영향)
- 1977년 : 육군 33개월, 해·공군 39개월
- 1981년 : 육군 30개월, 해·공군 35개월
- 1993년 : 육군 26개월, 해·공군 30개월
- 1994년 : 육군 26개월, 해군 26개월, 공군 30개월 (해군병 부족)
- 2003년 : 육군 24개월, 해군 26개월, 공군 28개월
- 2004년 : 육군 24개월, 해군 26개월, 공군 27개월 (공군병 부족)
- 2011년 : 육군 21개월, 해군 23개월, 공군 24개월
- 2022년 : 육군 18개월, 해군 20개월, 공군 21개월

■ 제한된 기간이지만 충분히 활용 가능한 전투원으로 육성 가능

- 계급별 복무기간 : 이병 (3개월), 일병(6개월), 상병(6개월), 병장(3개월)
  : 일병, 상병 시기에 전투력을 향상시킬 수 있도록 교육훈련 중점 필요
  * 이병 시기는 부대 적응 및 친숙화 훈련 중점, 상병 시기에 전투력 최고 목표 설정
- 짧은 복무기간을 고려하여 전역대기, 병장 열외, 봐주기식 등 문화 없애야 함
  : 전역이 얼마 남지 않은 병사를 열외시키는 분위기는 완전히 일소해야 함
- 과학화 훈련을 통한 숙련도 향상, 전투 임무 중심의 부대 운영 마인드 필요
  : 전투기술 숙련병을 만들기 위해 초급장교가 먼저 숙련되어야 함
- 큰 그림에서 국가인적자원 활용 전략을 이해하고 장교로서 어떻게 하면 18개월 복무기간 동안 전투력 있는 병사로 만들 것인가에 대한 고민 필요
  : 주어진 여건을 바뀌기는 쉽지 않음. 현실을 수용하고 최선을 다하는 자세 필요

▲ 복무기간 단축에 대한 숙련병 부족 해결책 (국방부 국방개혁 내용 中)

① 유급지원병제의 조기 실시와 규모 확대

- 유급지원병이란 군 의무복무를 통해 숙련된 병사들에게 적정한 규모의 수당을 지급, 최소 6개월에서 최대 18개월을 추가 복무하게 하는 제도
- 이와 별도로 국방개혁에 따라 간부 중심의 인력구조가 정착되면 병 숙련도 문제 해결에 큰 도움을 줄 수 있다고 보고 있음
  (국방부는 20% 수준의 간부 비율을 40%로 높이겠다고 밝힌 바 있음)

② 교육훈련 강화와 신병 양성 체계 개선

- 장비 조작이나 정비 등 핵심 기술특기병은 입대 후 교육에 많은 시간이 소요되므로 입대 전 양성 제도를 통해 입대 이후의 양성교육 시간을 대폭 줄이는 방향을 추진

③ 교육훈련 강화

- 부족한 훈련시간을 보장하기 위해 과학화한 가상전투 훈련체계 도입에 박차를 가하고 훈련장도 대폭 확충할 예정
- 진지공사, 월동준비, 대민지원 등 과도한 부대관리나 기타 임무에 소요되는 시간을 줄여 전투태세 유지와 교육훈련에 보다 많은 시간 할애

....

▲ 국방혁신 4.0 주요특징

① 북한군과 북한 정권에 대한 '적' 개념의 부활

- 국방개혁 2.0보다는 더 주적 개념에 가까워진 것, 내용을 종합적으로 봤을 때, 국방개혁 2.0의 군 무인화, 기동화를 더 강화하겠다는 것으로 볼 수 있음

② 국방개혁안의 과제목표 : 제2창군 수준의 국방태세 전반 재설계

- AI 과학기술강군 육성과 AI 기반의 유·무인 복합 전투체계 발전 및 국방 R&D 체계
- AI 과학기술 강군를 육성하여 병역자원 부족으로 인한 문제 해소

③ 육군 미래형 전투체계 아미타이거(Army TIGER) 전투단 출범

- 아미타이거는 드론봇 같은 각종 전투 플랫폼에 AI 등 4차 산업 신기술을 적용해 전투원의 생존확률과 효율성을 극대화하는 개념

④ 워리어 플랫폼 전투원 + 드론봇 체계의 지상군 육성

- 높은 생존력과 전투력을 발휘하는 지상군 육성을 목표로, 2040년까지 모든 전투 여단을 아미타이거 부대로 바꾸는 계획을 추진

45. 전투복을 내 몸에 꼭 맞게 주문해서 착용 가능 ?

■ 전투복을 단정하게 입어 멋있는 모습을 보이는 것 : 중요

- 사람을 판단하는데 외관상 보이는 모습은 매우 중요하게 작용함
  : 군인에게 전투복은 기본적인 생활이나 훈련 등 24시간 착용하는 중요한 요소
    * 전투복은 군인에게 전투중 사망시 수의가 될 수 있는 의미있는 복장임
- 전투복 뿐만 아니라 두발, 전투화 등 항상 단정하게 착용하는 모습 필요
  : 군인은 군의 위신과 군인으로서 명예를 손상시키는 행동을 해서는 안되며 항상 용모와 복장을 단정히 하여 품위를 유지하여야 함 (품위유지의 의무)
    * 일부 장교는 더러운, 주름진, 불량한 복장으로 기본적 신뢰를 잃어버리기도 함

■ 사제 전투복보다 보급 전투복의 품질 및 선택의 폭이 더 우수

- 보급 전투복은 다양한 사이즈로 각 개인체형에 맞는 복장을 제공하고 있음
  : 전투복 하의 27개 종류, 상의 24개 종류에서 선택할 수 있음
    * 동계 / 하계 전투복 구분 : 내구성 강하고 착용감 향상, 계절에 맞춤형 전투복 개선
- 불필요하게 추가 비용을 지불 하면서까지 맞춤 전투복을 구매할 필요 없음
  : 보급되는 간부 피복구매권 이용하여 추가비용 없이 양질의 전투복 선택 가능

▲ 전투복 착용 구분 (군인 복제령)
- 전투 참가, 군사 교육, 훈련 및 연습 참가, 그 밖에 참모총장이 지정한 때

▲ 군복 및 군용장구의 단속에 관한 법률
- 군인이 아닌 자는 군복을 착용하여서는 안된다 (제9조 제1항)
- 유사군복을 착용하여 식별이 곤란하도록 하여서는 안된다 (제9조 제2항)
- 군복 등의 착용, 사용금지 규정을 위반한 자는 처벌을 받는다 (제13조 제2항)

■ 재질, 양식, 치수 등의 변경은 국방부 장관 승인사항임

- 전시, 사변 또는 기타 군사상 필요로 인정한 경우에 한해서 전투복의 변경은 국방부 장관이 변경할 수 있음 : 내 마음대로 변형할 수 있는 요소가 아님
  * 전투복을 임의로 줄이고 변경해서 착용하는 것은 처벌 받을 수 있는 내용임
  : 변형해서 사용하는 것보다 자신의 몸에 맞는 전투복을 선정해서 착용하는 것 필요
- 야전에서 사제 전투복, 사제 전투화를 착용하는 것은 위화감 조성 뿐만 아니라 기본적인 규정을 위반하는 행위로 인식되어 불편한 시선으로 보기도 함
  * 규정된 복장 착용 : 야전에서 요구되는 FM을 준수한다는 인식을 보여 줄 필요 있음

46. 가장 많이 사용하는 전산 시스템은 무엇인가 ?

■ 행정업무의 기본은 육군 인트라넷으로 매일 사용하고 있음

- 인트라넷은 외부와 차단된 상태에서 육군 내부망으로 모든 간부가 사용 中
  : 이메일, 메모, 기안, 결재, 문서작성, 기록, 저장 등 매일 기본적 업무 수행함
    * 정부 온나라 시스템과 연동되며 육군 업무는 99% 육군 인트라넷에서 수행
- 처음 접하는 사람은 약간 적응 시간이 필요하나 누구나 쉽게 사용 가능한 수준
  : 대학교에서 사용하는 전산 / 성적 / 수업시스템보다 사용 난이도 높지 않음
    * 2~3일 정도 적응기간 필요, 처음에는 중요 / 자주 사용하는 기능 위주로 숙달 필요

■ 평시 가장 많이 사용하는 프로그램 : 엑셀, PPT 등

- 민간 조직도 마찬가지이지만 엑셀 등에 대한 자료관리 방법의 숙달 필요
  : 군 자료에 대해 현실적으로 가장 많이 사용하는 프로그램은 엑셀
    * 엑셀의 주요 기능에 대한 단축키, 일부 매크로 기능도 매우 유용하게 사용됨
- 보고서는 한글 프로그램, 브리핑을 위해서는 PPT 자료 많이 활용됨
  : 전술 상황에 대해서는 ATCIS 활용 능력 요구되지만 보고용으로 PPT 많이 사용
    * PPT 작성시 보고받는 사람의 가독성 측면에서 내용을 단순하게 만드는 것 중요

▲ ATCIS (Army Tactical Communication Information System)
: 군단 및 이하 전술제대를 중심으로 전.평시에 신속하고 정확하게 전장상황을 파악하고 최선의 대응책 수립하여 효율적인 통합전투력을 발휘하기 위한 체계
① 다른 전술정보 / 무기체계와 연동하여 지휘결심을 위한 분석형 정보 제공
② 자동으로 데이터가 수집되고 연동, 데이터 통신 가능
③ 웹기반의 시스템 구동으로 확장성 양호, 유지보수 편리성 증대
④ 차량화되고 이중화되어 기동성 및 생존성 강화
※ 일부 부대는 아침 상황보고를 ATCIS를 이용해서 실시하고 있음

■ 연대행정업무 통합관리체계, 군수통합정보체계 등 숙달 필요

- 업무에 꼭 필요한 기본 전산시스템은 핵심기능에 대해 반드시 숙달 필요
  : 연대 행정업무체계는 매일 사용 (부대일지, 인원, 교육훈련, 상담 등 기록 / 작성 업무)
    * 잘하는 사람에게 물어보고 기존 자료작성 사례 잘 분석해서 사용하면 어렵지 않음
- 군수지휘, 국방탄약, 국방물자, 장비정비 등에 대한 군수통합정보체계 운용 中
  : 실무자라면 마스터 수준의 숙달 능력 필요, 담당 병사에게 ID / PW 주면 안 됨

47. 매년 반복되는 가장 큰 훈련은 무엇이 있는가 ?

■ **병과별, 직능별, 부대별 하는 훈련는 매우 다양하게 실시됨**

- 훈련의 종류는 부대가 기본적으로 어떤 임무를 수행하는가에 따라 달라짐
  : 전투부대, 전투지원부대, 전투근무지원부대 등 부대의 성격이 다양함
    * 공병부대가 임무에 없는 공중 강습침투 (낙하산) 훈련은 하지 않음
- 매년 발간되는 부대훈련 지침서와 연간 부대훈련계획을 통해 훈련 확인 가능
  : 작년 내용과 차별되는 내용은 많지 않지만 확정된 훈련계획 확인 필요

■ **모든 부대가 공통적으로 실시하는 훈련도 있음**

- 혹한기, 유격, 국지도발, 사격, 병기본, 주특기, 병과 전술훈련 등은 모두 실시
  : 혹한기는 매년 12 ~ 2월 실시, 유격은 년 1회 병과에 따라 2 ~ 5일 차등 실시
    * 병과 전술훈련 개념에서 해당 지휘관 재임기간 중 1회 이상 부대 전투력 측정 실시
- 많은 부대가 기본적으로 4주간 순환식 부대 훈련 사이클 개념 적용하고 있음
  : 1 ~ 2주차 훈련 준비, 3주차 훈련 실시, 4주차 부대정비 및 휴식
    * 매달 1회 이상은 규모에 상관없이 야외 기동훈련 실시되는 경우 많음

▲ **전국적으로 실시되는 규모가 큰 훈련**

① 키 리졸브 / 동맹연습 (Key Resolve, KR)
  : 매년 3월, 한반도 국지전 및 전면적 상황에 대비 한미연합훈련
  한반도 유사시 미군 증원전력 전개 위한 다양한 국면 숙달훈련 포함

② 독수리 훈련 (Foal Eagle, FE)
  : 매년 3월, 야외 기동, 후방지역 방어작전과 주요 지휘통제 및 통신체계 평가
  보통 KR훈련과 병행하여 실시, 주요자산의 전방이동 및 실전 훈련 중점

③ 을지 자유의 방패연습 (Ulchi Freedom Shield, UFS)
  : 매년 8월, 전구작전 수행능력 배양 위한 한미 연합훈련
  한미 공동연습의 작계에 기초하여 모의 진행되는 군사지휘소 + 정부 연습

■ **초급장교에게 가장 힘든 훈련 : 중대 / 대대 전술훈련 (?)**

- 중대장 재임기간 1회, 대대장 재임기간 1회 이상 부대 전투력 평가를 위해 실시
  : 전술훈련 관련 가장 난이도 높음, 평가결과는 내 상관의 평가기록으로 반영
    * 나의 중대장/대대장이 평가를 받는다면 얼마나 신경이 쓰일 것인가 ?
- 처음 할 때는 어렵게 느낄 수 있지만 반복될수록 숙달 가능, 준비하는 과정이 더 힘들다고 하지 실제 훈련은 생각보다 어렵지 않을 수 있음
  * 초급장교로 처음 할 때는 전술적인 부분보다 안전한 훈련에 더 중점 필요

48. 장교들의 숙소는 어느 정도 수준인가 ?

■ 독신자를 위한 장교숙소 BOQ(Bachelor Officer Quarters) 사용

- 많은 부대가 장교를 위한 숙소(BOQ)와 부사관을 위한 숙소(BEQ)를 구분 운영
  : 부대 여건에 따라 구분없이 초급장교 숙소로 통합해서 사용하는 부대도 있음
    * 영내 / 영외 숙소 여부에 따라 초급간부들의 선호도 다름 (대부분 영외숙소 희망)
- 부대 숙소 여건에 따라 1인실 / 2인실로 구분되어 운영됨
  : 전방부대일수록 초급장교 숙소에 더 많은 관심과 지원으로 생활 수준 좋음

■ 거주 여건은 대학교 현대식 기숙사보다 시설 면에서 양호한 수준

- 초급간부 숙소에 대한 시설투자는 많이 개선되어 시설 측면에서 불편함 없음
  : 일부 열악한 시설이 없는 것은 아니지만 대부분 현대식으로 변경되었음
    * 최근 장교 숙소 경향은 화장실이 포함된 1인실을 기준으로 설계 및 공사 많음
- 희망하는 인원이 많고 시설 부족한 경우 : 연공서열에 의해 배정 (지휘관 결정)
  : 간부 숙소 시설에 대한 청소 및 관리는 자체조직에 의해 자율적으로 실시
    * TV, 인터넷, 공용세탁기, 공용주방 등 기본적 편의시설이 숙소에 포함된 경우 많음

▲ 영외 간부숙소 장점

① 부대 밖에 있으니 출입 자유로움
  : 퇴근 개념이 확실하게 적용, 상급자에 의한 불시 검열 거의 없음
② 영외라고 하더라도 부대와 멀지 않기 때문에 출퇴근 편함
  : 대부분 영외숙소는 부대와 인접거리에 위치 (비상소집 용이한 목적?)
③ 대부분의 편의시설이 제공되어 생활에 불편함이 없음
  : 세탁기, 공용식당, 화장실, 휴게실, 체력단련실 등 포함되어 제공
④ 보증금이나 월세 없이 최소 사용요금만 지불
  : 월 2~3만원 수준, 전기 / 수도 / 가스비 등 별도 지불 없음
  * 여군이 많은 부대가 장교 / 부사관 구분없이 운용되는 경우 많음
  * 2인실 경우, 숙소 편성은 가능한 개인희망 반영하며 임관년도 동일하게 배정

■ 기혼 초급장교에게 가족 인원에 따라 크기별 군 숙소 제공

- 제공되는 군 숙소의 수준은 전방지역이 더 좋은 경우 많음 : 18~30 평 수준
  : 군 숙소가 노후화된 것도 있지만 민간 APT 매입으로 여건이 좋아지고 있음
- 기존의 대표적 군 숙소 형태 : 엘리베이터 없는 5층 군인아파트 (대부분 노후화)
  : 리모델링, 재개발을 활발하게 추진하고 있어 많은 부분 개선되고 있음

49. 장교는 전문 기술자가 아닌 종합 관리자 아닌가?

■ **장교는 기술적 능력과, 관리적 능력 2가지 모두 필요함**

- 장교에게 준사관 수준의 기술적 전문성을 요구하는 것은 아님

  * 알아야 지시할 수 있음. 기본 용어도 모르는 사람과 대화할 수 있는가?

- 전문적 기술 수준까지는 아니더라도 대략적인 기술 수준은 알아야 함

  : (부하 생각) 상급자는 내 분야에 대해 모르니 '내 마음대로 할 수 있겠다'

  → 부하의 생각이 잘못되었지만 이 상황은 근본적으로 상급자인 내가 만든 것

  * 상급자가 공부를 안해서 부하에게 업무적으로 무시당하는 경우 생각보다 많음

■ **장교가 종합 관리자라면 요구되는 것은 더 많음**

- 장교가 하는 일은 내 임무와 연관된 전반적인 범위에 대해 알고 있어야 함

  : 초급장교 시절, 전문적으로 배웠던 기술적 내용은 군 생활에 많은 도움이 됨

  * 내가 고생하며 배웠던 내용을 내가 나중에 유용하게 사용하는 경우 많음

- 종합관리자로서 상급자와 관계, 목표 달성, 부하와 관계 등 상황별로 피드백, 티칭 및 코칭 능력을 통해 주어진 임무에 대한 최종책임을 가져야 함

  : 기술적 능력을 포함한 프로젝트 관리자 같은 다양한 능력이 요구됨

  * 계급으로만 지휘하겠다는 생각은 반드시 실패, 공부해야 살아남을 수 있음

▲ **프로젝트 관리자에게 필요한 능력**

① 기술 프로젝트 관리 능력 : 전문적 기술 이해 수준
② 리더십 능력 : 모든 문제상황을 통제하고 리드할 수 있는 수준
③ 전략적 관리 마인드 : 비용 대비 효과 고려한 전략을 적용할 수 있는 수준
④ 변화 관리와 조직개발 : 상황변화 대처와 조직원 능력을 개발할 수 있는 수준
⑤ 커뮤니케이션 능력 : 모든 이해당사자 / 관련자와 원활히 소통할 수 있는 수준
⑥ 팀 구축과 분쟁해결 능력 : 목표를 달성할 수 있는 팀 구성할 수 있는 수준
⑦ 높은 적응력과 차분함 : 불확실성과 위기에서 차분할 수 있는 수준
⑧ 훌륭한 조력 능력 : 구성원이 문제를 해결할 수 있는 여건 만들 수 있는 수준

■ **기술행정병과 장교라면 전문기술은 더 필수적인 요소임**

- 기름쟁이는 '곤조' 라는 것 있음 : 그들만의 자부심이지만 업무 전문지식은 꼭 필요

  : 핵심은 꽉 막힌 기름쟁이를 내가 장교로서 이끌고 가야 한다는 것임

  * 전문기술은 쉽게 얻을 수는 없지만 시간과 노력이 있다면 불가능한 수준도 아님

- 최소한 그들과 대화할 수 있는 수준의 기본적 용어 및 원리는 이해해야 함

  : 전문지식이 없는 상태에서 관리능력만으로 기술행정병과에서 인정받기 힘듬

50. 주간 위탁교육, 장교 영어반 갈 수 있는가 ?

■ 육군은 매년 능력개발을 위해 많은 기회를 제공하고 있음

- 장기선발 확정된 장교를 대상으로 매년 다양한 능력개발 기회를 부여
  : 국내·외 석사 / 박사 주간 위탁교육, 야간 실무위탁교육, 장교영어반, 우방국 군사교류 과정, 능력개발교육 국비위탁, 민간기업 실무위탁, 제2 외국어반 등
- 관심을 가지면 정보가 보이고 나에게 도움이 되는 발전 기회는 많음
  : 영관장교 능력향상 측면에서 석사 학위 취득을 요구하는 분위기가 있음

■ 우선 장기선발이 된 후, 나에게 맞는 과정에 대해 분석 필요

- 매년 조금씩 다르지만 연간 300명 수준의 석.박사 학위 위탁교육 인원 선발
  * 경쟁률이 생각보다 높기 때문에 내가 유리한 부분에 대해 사전에 집중 준비 필요
  : 학위 교육인원 선발시에는 대부분 공통적으로 영어성적 요구하는 경우 많음
- 장교 영어반의 경우, 매년 2번 선발하며 6개월 과정으로 실시됨
  : 상황에 따라 년 1회만 선발하는 경우도 있으며 선발기준은 영어성적임

> **▲ 바쁜 야전부대에서 영어 공부하는 방법**
>
> ① 하루에 최소 O시간 확보, 무조건 영어공부 집중 : 의지의 문제, 가능함
> ② 매월 실시되는 영어시험 항상 응시 : 월마다 난이도 다름, 목표가 있어야 공부함
> ③ 나에 맞는 학습방법 선정 : 단어 / 문장 외우기, 온라인, 모의고사, 유튜브 등
> ④ 성적 향상은 계단식으로 됨, 마음 여유 필요 : 쉽게 안됨, 포기하지 말 것
> ⑤ 자극되는 선배, 같이 공부하는 동료 도움 : 의지가 꺾일 수 있음, 격려 필요
> ⑥ 모의고사 많이 풀고 오답노트 정리 : 기출문제는 비슷 / 유사하게 반복됨
> ⑦ 내 수준을 파악하고 현실적인 목표 세우기 : 처음부터 토익 800점은 무리

■ 관심을 가져야 해당 내용 보임 : 과거자료 분석하여 적기 판단 중요

- 임관년도별 적정한 규모의 인원이 균등하게 선발되어야 하기 때문에 출신별 할당은 하지 않으나 년도별 주력으로 선발하는 임관기수가 있을 수 있음
  * 작년 OO년도 임관인원이 많이 선발되었다면 올해는 OO + 1년도 임관인원을 많이 선발할 가능성 높음 : 과거자료를 보고 분석하면 패턴을 파악할 수 있음
- 지원하려는 과정에 내가 자격조건이 되는지 판단하고 준비하는 것 중요
  : 대부분 과정이 중대장 필한 자, 전투병과, 전공, 영어성적 등 구체적으로 명시
  * 올해 내용이 공개되지 않았다면 작년 계획을 참고할 필요 있음 (많이 안 바뀜)
  : 배운다는 것 자체가 내가 더 발전하고 내가 선택할 수 있는 기회가 많다는 것임

CHAPTER 03

Ⅲ. 초급장교로 앞으로 겪을 수 있는 상황

인생에 도움이 되는 자세 (중용 23장)

작은 일도 무시하지 않고 최선을 다해야 한다.
작은 일에도 최선을 다하면 정성스럽게 된다.

정성스럽게 되면 겉에 배어 나오고
겉에 배어 나오면 겉으로 드러나고
겉으로 드러나면 이내 밝아지고

밝아지면 남을 감동시키고 남을 감동시키면
이내 변화게 되고 변하면 생육된다.

그러니 오직
세상에서 지극히 정성을 다하는 사람만이
나와 세상을 변하게 할 수 있는 것이다.

상 / 황 / 목 / 차

상 / 황 / 목 / 차

상 / 황 / 목 / 차

상황 #01	시간은 없는데 군용차량의 운전병 실력이 걱정된다.
	* 중대에서 연대 아침 상황보고 회의에 급하게 가야 하는데 배차된 운전병 실력을 확인 했더니 C급 인원이다. 이번이 2번째 실제 차량 배차 운행이라고 한다. (운전병 상태 : 실제 군용차량 경험 1주, 입대前 차량 운행거리 1만km) * 나는 민간차량 운전은 잘하는 편(운행거리 3만 km)이며 1달 전에 군용차량 면허를 획득하였다. 나는 나름대로 군용차량 운전에 대한 자신감은 있는 상태이다. * 연대 수송관과 통화를 하려고 여러 번 시도했으나 연결되지 않는다. 중대에서 연대까지는 5km 거리로 배차된 차량(1/4톤)을 타고 가면 15분 안에 갈 수 있다. (회의까지는 40분 남은 상황이다.)
선택 방안	[A]안 : 내가 직접 군용차량을 운전해서 이동한다. [B]안 : 배차된 운전병으로 천천히 군용차량으로 회의장소까지 이동한다. [C]안 : 중대장에게 보고하고 수송관이 연락될 때까지 기다린다.
나의 선택결과 (이유) *샘플	Best : [C], 임무를 준 것은 중대장임. 중대장은 모든 상황을 알고 있어야 함 기다리면 수송관과 연락이 될 것임, 확실하게 하는 것이 좋음. Not Bad : [B] , 보통 운전병이 초보라고 하더라도 수송관이 책임지고 보낸 인원이기 때문에 신뢰는 안되어도 최소한의 수준은 될 것임 Worst : [A] , 제일 미친 짓, 아무리 상황이 어려워도 내가 직접은 너무 위험

상황 #02	지나가는데 여군 동료간부에 대한 음담패설을 들었다.
	* 대대에서 같이 근무하고 있는 부사관들이 모여서 대대참모인 여군중위에 대해 "쉬어 보인다, 하루밤 같이 자고 싶다 등 "음담패설을 자기들끼리 술 먹으면서 외부의 술집에서 웃으면서 크게 얘기하고 있다. * 여군 중위와 나는 같은 해 임관한 동기로서 나름대로 친한 상태를 유지하고 있다. 아무리 생각해도 이건 아닌 것 같아 "다음에도 또 다시 이러면 정식으로 문제를 삼겠다" 하고 이야기하니까, 선임인 B중사가 "아니, 소대장님, 우리끼리 술 먹으면서 웃자고 한 얘기 가지고 너무 오버하는 거 아닙니까" 라고 말한다. * 술집에서 지나가다가 이런 이야기를 들었을 때 나는 어떻게 해야 하는가?
선택 방안	[A]안 : 대대장에게 보고하여 징계처리 추진한다. [B]안 : 다음부터는 이러지 말라고 현장에서 다시 한번 강력하게 경고한다. [C]안 : 해당 여군 중위에게 상황을 설명해 준다.
나의 선택결과 (이유)	Best : Not Bad : Worst :

상황 #03	병사의 문제가 있는 것을 아는데 내가 직접 확인하면 문제가 될 것 같다.
* 분대장이 분대원 A에 대해 아주 큰 문제가 있다는 것을 인식하고 상담을 하였으나 너무 개인적 일이며 분대장인 자신의 선에서 해결할 수 있다면서 소대장인 나에게는 기다려만 달라하고 자세한 내용은 보고를 하지 않는다. * 평소 분대장은 내가 신뢰하는 인원이기는 하지만 분대원 A는 항상 불안한 얼굴을 하고 있어 걱정이 되는 상황이다. 분대원 A에게 직접 확인할 것인가? (직접 확인할 경우, 평소 신뢰하는 분대장과는 관계가 틀어질 것 같아 걱정) * 나중에 확인된 내용이지만 당시 분대원 A는 집안의 부모님이 이혼절차를 진행중이어서 고민하였고 창피해서 중대 간부들이 아는 것을 원하지 않았다고 한다.	
선택 방안	A안 : 분대원 A에게 직접 물어본다. B안 : 분대장의 말대로 먼저 말할 때까지 믿고 기다려본다. C안 : 중대장에게 보고하고 조치를 기다린다.
나의 선택결과 (이유)	Best : Not Bad : Worst :

상황 #04	영내숙소 사용하면서 영외 출타시 당직계통으로 매번 보고하라고 한다.
* 대대장 지시사항으로 영내 거주하는 초급간부는 영외로 숙소를 출타할 때마다 당직계통으로 보고를 하라고 한다. 일과 이후에 개인 사생활도 있는데 너무한 거 아닌가? 하는 생각이 든다. 이때 내가 할 수 있는 방법은 없는가 ? (숙소는 영내에 위치하고 있으며 나는 영내숙소에 있음) * 최근에 영내숙소에 같이 있는 A하사가 밤 2시에 만취된 상태에서 택시를 타고 위병소에 도착해서 야간수하도 없이 위병소 근무자를 괴롭혀서 문제가 되었다.	
선택 방안	A안 : 불편하지만 대대장 지시사항이니 매번 출타시 보고한다. B안 : 간부들의 의견을 모아 대대장에게 애로사항을 건의한다. C안 : 위병소 출입으로 자연스럽게 출타가 기록되니 보고는 신경쓰지 않는다.
나의 선택결과 (이유)	Best : Not Bad : Worst :

상황 #05	행보관이 반복적으로 소대장의 승인/협조없이 소대원을 열외시킨다.
* 나는 소대장으로서 중대장에게 교육훈련 지시를 받고 교육훈련 내용을 순환식으로 분대별 할당하여 진행하고 있는데 병장 3명이 행보관이 작업 때문에 부른다고 가야 한다고 한다. 이런 경우 어떤 조치를 해야 하는가? * 중대장은 행보관에게 끌려 다니는 경향이 있으며 중대장은 중대가 잘 돌아가기 위해 행보관에게 많이 의존하는 성향이 있다. * 중대장의 부친께서 원사 출신이어서 부사관에 대해 강하게 못 대하는 성격이다. 중대장을 통해 해결할 수 있는 방법이 제한된다면 어떻게 하는 것이 좋은가?	
선택 방안	[A]안 : 병사를 보내주지 않고 교육훈련 종료후 보낸다. (행보관과 싸운다.) [B]안 : 행보관에게 전화해서 무슨 일인지 확인하고 협조한다. [C]안 : 중대장에게 보고하고 중대장이 결정한대로 따른다.
나의 선택결과 (이유)	Best : Not Bad : Worst :

상황 #06	동료간부의 부채상황을 알고 있는데 지휘관에게 이야기 할 것인가?
* 나는 소대장으로 근무 중이며 중대에 같이 성실히 근무하는 부사관 A중사가 가족(형)에 대한 은행 보증을 때문에 빚이 8천만원 있는 것을 나한테만 이야기하였다. 보증 때문에 월급이 차압되고 경제적으로 힘들다는 사실을 알게 되었다. * 중대장은 최근에 대대장 지시사항으로 중대간부의 부채현황을 파악하고 있는 것을 알고 있다. 중대장은 현재까지 A 중사의 상태를 모르고 있다. 나는 이 내용을 중대장에게 보고해야 하는가?	
선택 방안	[A]안 : 중대장에게 은밀하게 보고한다. [B]안 : 나는 처음부터 몰랐던 것처럼 모른 척 하고 지나간다. [C]안 : A중사에게중대장보고를먼저하라고권유한다. (월급차압, 나중에알게됨)
나의 선택결과 (이유)	Best : Not Bad : Worst :

상황 #07	간부숙소 청소 때문에 주말에 여자친구를 만나기 어려운 상황이다.
* 숙소 관리를 책임지고 있는 선임소대장이 숙소에 거주하는 후배 장교들을 집합시켜서 숙소 주변에 지저분한 것들에 대해 다같이 이번주 토요일에 하자고 한다. * 토요일은 내 여자친구를 만나야 되어서 개인적 사정 때문에 제한된다. 숙소 주변 청소는 2H 소요되고 종료 후, 같이 청소했던 인원끼리 모여 식사 겸 회식을 한다. * 숙소 청소는 한달에 1번 정도 있는 비공식적이지만 정기적으로 진행되며 숙소 인원의 청소 참석율은 99%이다. 하지만 나는 이번주 여자친구를 꼭 만나야 한다. (이번에 못 만나면 헤어질 것 같다. 훈련 때문에 시간이 없어 최근에는 1개월 전 만났음)	
선택 방안	A안 : 선임소대장에게 사정을 얘기하고 이번 청소는 열외한다. B안 : 여자친구에게 사정을 말하고 단체 숙소 청소에 참석한다. C안 : 숙소 청소를 다 같이 하고 조금 늦게 여자친구를 만난다.
나의 선택결과 (이유)	Best : Not Bad : Worst :

상황 #08	정말 친해진 부사관이 내가 싫어하는 별명을 계속 부른다.
* 중대에서 성격 좋은 A부사관(중사)과 시간이 가면서 친해져서 막역한 사이가 되었다. 나이는 나보다 3살 많다. 그런데 친해지고 난 후 병사 앞에서 자꾸 나의 별명(짱구)을 부르면서 웃는다. 하지 말라고 여러 번 얘기했는데 계속한다. * A중사는 중대장 및 중대간부, 병사들에게까지 인정받는 인원이며 나는 최근에 중대장에게 업무로 많이 혼나고 있다. * 이제는 소대원들도 내 별명을 알고 있는 눈치다. 나는 정말 듣기 싫은 별명인데 많이 괴롭다. 그런데 A중사는 능력도 뛰어나고 나에게 많은 도움을 주고 있어 관계설정에 대해 매우 고민스럽다.	
선택 방안	A안 : 단 둘이 술자리를 계획하여 고민거리를 A중사에게 말한다. B안 : A중사와 인간관계를 손절한다. C안 : 행보관에게 얘기하여 우회적으로 전달될 수 있도록 한다.
나의 선택결과 (이유)	Best : Not Bad : Worst :

상황 #09	자살우려 병사를 정말 관리하기 힘들다.
* 중대에 자살우려 A병사가 있어서 전우조를 편성해서 확인하고 있다. 전우조로 같이 편성된 B인원이 더 이상 자기는 A병사와 힘들다며 못 하겠다고 한다. * 확인해 보니 A병사가 주변사람들을 너무 짜증나게 힘들게 해서 지금까지 전우조로 편성된 다른 3명이 있었는데 모두 교체가 되었다. * A병사는 보호관심병사 A급으로 관리되고 있는 인원으로 해당인원에 대한 심각성은 중대 간부들이 모두 인지하고 있는 상태이다. 나는 소대장으로서 어떻게 해야 하는가?	
선택 방안	[A]안 : 자살우려 A병사를 내가 인간적으로 더 친하게 직접 관리한다. [B]안 : 중대장에게 현역부적합 심의에 대한 추진을 건의한다. [C]안 : A병사와 전우조로 편성된 인원에게 휴가 등 보상책을 제시한다.
나의 선택결과 (이유)	Best : Not Bad : Worst :

상황 #10	많이 아프지만 열심히 하려는 병사에 대해 조치가 필요할 것 같다.
* 나는 소대장으로서 관리하고 있는 A병사의 부모로부터 A병사의 과거병력(허리)을 확인하였다. A병사는 본인이 주변사람들에게 피해를 끼치는 것이 싫다면서 지금처럼 똑같이 해달라고 한다. * 다음 주부터 진지공사가 있는데 별다른 조치를 하지 않으면 분명히 A병사의 허리에 무리가 되어 이후 생활하는데 큰 지장이 될 것으로 판단된다. * A병사는 소대에서 나름대로 열심히 하는 모습을 보이고 있어 주변에서 성격 좋은 인원으로 인식되고 있다. 나는 소대장으로서 어떻게 하는 것이 좋은가?	
선택 방안	[A]안 : 본인이 원하는대로 그냥 아무 일 없다는 듯이 똑같이 대우한다. [B]안 : A병사의 분대장에게 은밀하게 A병사를 도와줄 것을 부탁한다. [C]안 : A병사가 허리에 무리가 가지 않는 다른 임무를 찾아서 부여한다.
나의 선택결과 (이유)	Best : Not Bad : Worst :

상황 #11	현역 부적합 처리를 해야 하는데 병사 본인이 원하지 않는다.
	* 소대원 중에 자살우려병사로 지정된 A병사를 비전캠프를 보냈는데 2주간 다녀오고 나서 여전히 죽고 싶다면서 다시 비전캠프 입소를 희망한다. (비전캠프 2주간은 아주 여유있는 프로그램으로 계획되어 있어 편하다고 한다) * 규정상 비전캠프는 분기 1회만 입소 가능하다. 2개월 전에 A병사에 대해 현역 복무 부적합 처리를 진행하였으나 내용이 미흡하여 처리되지 않았고 A병사는 현재 현역병으로 복무를 하겠다는 의지를 표현하고 있다. (A병사는 현역 부적합 처리가 되면 나중에 사회에서 불이익이 있다고 판단하고 있다.)
선택 방안	A안 : A병사에게 한번 더 비전캠프 가게되면 자동 현부심 대상임을 설명한다. B안 : A병사를 설득하여 현부심 진행을 실시한다. (본인동의 필요없음) C안 : A병사와 말이 통하는 병사로 전우조로 재편성하여 운영한다.
나의 선택결과 (이유)	Best : Not Bad : Worst :

상황 #12	여자친구 임신문제로 고민을 하고 있는 병사가 있다.
	* 소대원 중에 가장 열심히 하고 임무를 맡기면 잘하는 B병사가 찾아와서 최근 여자친구가 임신(현재 임신 4개월)을 해서 고민이라고 한다. B병사는 전역까지 12개월 정도 남은 상태이다. 소대장으로서 할 수 있는 적절한 조치는? * B병사의 여자친구(대학생 21세)는 임신한 상태에서 아기를 출산하기를 희망하고 있고 양쪽 부모님들도 모두 현재상태를 모르고 있는 상태이다. * B병사는 아기를 출산해야 하는지 낙태를 해야하는지 결정하지 못한 상태이며 본인도 어떡해야 할지 모르겠다고 고민을 계속하고 있는 상태이다.
선택 방안	A안 : 여자친구과 잘 상의해서 결정하고 필요한 것 있으면 얘기하라고 한다. B안 : A병사의 부모님에게 연락을 해서 현재 상태를 알려드린다. C안 : 중대장에게 보고하고 중대장의 결정을 기다린다.
나의 선택결과 (이유)	Best : Not Bad : Worst :

상황 #13	습관적으로 언어사용이 거친 병사 때문에 주변인원들이 힘들어하고 있다.
* 소대원 중에 군 입대前 언어 습관이 매우 거칠었던 상태에서 오락, 게임 등 술 먹고 노는 문화를 많이 경험했던 C병사는 불량 행동으로 고교때 징계를 받은 적이 있다. * C인원이 얘기할 때 후임병들이 앞에서는 재미있다고 웃고 있지만 개별적으로 확인해 보면 말하는 수준과 행동으로 인해 주변사람들이 부담을 느끼고 있다. * C병사는 내가 소대장으로 오기 전에 2회에 걸쳐 잘못된 언어 습관으로 중대장에게 구두 경고를 받은 상태이며 현재도 언어습관 개선된 것은 없다. * 나는 소대장으로서 C병사를 어떻게 해야 하는가?	
선택 방안	A안 : C병사에게 징계前 한번 더 기회를 줄테니 마지막이라고 얘기한다. B안 : C병사를 타부대로 전출시킨다. C안 : C병사를 현 상태에서 징계한다.
나의 선택결과 (이유)	Best : Not Bad : Worst :

상황 #14	병사 휴가일정이 선임병 위주로만 결정되어 있다.
* 소대원 휴가일정을 종합하여 확인하고 병사들의 휴가일자 상담을 하던 중 휴가일정이 특정기간(징검다리 휴일 및 주말 포함)에 집중되어 있는 것을 확인하였다. * 특히, 선임병들은 징검다리 휴일 및 휴일 등 선호하는 일정이 집중적으로 실시되는 것을 확인하여 분대장을 불러 물어보니 소대 나름대로 전통이라며 존중해줄 것을 이야기하고 있다. * 후임병사들도 당연히 그런가보다 생각하고 있는 상태로 후임병들에게 물어보니 자기도 선임병이 되면 그렇게 할 수 있기 때문에 불만은 없다고 이야기하고 있다. * 나는 소대장으로서 어떻게 처리해야 하는가?	
선택 방안	A안 : 내가 후임병 위주로 조정하여 전체적으로 다시 정리한다. B안 : 분대장들과 휴가일자 선정에 대한 원칙을 다시 토의하여 정립한다. C안 : 행보관에게 얘기하고 행보관이 처리할 수 있도록 한다.
나의 선택결과 (이유)	Best : Not Bad : Worst :

<table>
<tr><td>상황 #15</td><td>선임소대장이 나에게 2차 회식을 강요하고 있다.</td></tr>
<tr><td colspan="2">* 대대장이 주관하는 대대 장교단 1차 회식 끝나고(21시) 복귀하려는데 평소 술 먹기를 좋아하는 중대의 선임소대장이 간단하게 맥주 1잔 더 하자고 한다.
(중대 선임소대장은 실질적으로 나에게 미치는 영향이 상당함)
* 선임소대장은 2차까지 술을 먹으면 주사가 조금 있고 보통 24시까지 술을 먹는 경향이 있다. 2차까지 하게되면 3만원 회식비가 추가되며 나에게 3만원은 부담되는 돈이다.
* 나는 이런 경우 어떻게 하겠는가?</td></tr>
<tr><td>선택 방안</td><td>A안 : 선임소대장과 관계 유지를 위해 2차 회식을 따라간다.
B안 : 나는 술 먹는 것이 부담된다고 확실하게 이야기한다.
C안 : 2차 회식장소에 참석만 하고 몰래 혼자 숙소로 복귀한다.</td></tr>
<tr><td>나의 선택결과 (이유)</td><td>Best :
Not Bad :
Worst :</td></tr>
</table>

<table>
<tr><td>상황 #16</td><td>소대장의 정당한 지시를 잘 따르지 않는 부소대장이 있다.</td></tr>
<tr><td colspan="2">* 소대장으로서 중대장으로부터 지시받은 업무에 대해 부소대장에게 전기용접작업을 지시하면서 안전요소를 확인하라고 말하였고 나중에 현장에 가보니 인화물질이 방치되어 있어 위험한 상태이다.
* 현장에서 인화물질을 치우고 작업을 하라고 시정조치를 지시하니 본인은 이것만계속 해왔다며 사고가 나면 본인이 책임질테니 걱정하지 말라고 얘기한다.
* 부소대장은 나름대로 성실한 자세로 중대장에게 인정 받고있는 상태이며 평시에도 나에게 군생활 경험이 별로 없다는 이유로 내 정당한 지시에 대해 따르는 것도 아니고 안 따르는 것도 아닌 애매한 상태를 유지하고 있다.</td></tr>
<tr><td>선택 방안</td><td>A안 : 해당 상황을 중대장에게 보고한다.
B안 : 부소대장에게 정당한 지시임을 다시 강조하고 시정조치를 지시한다.
C안 : 책임진다고 얘기하니 믿고 맡긴다.</td></tr>
<tr><td>나의 선택결과 (이유)</td><td>Best :
Not Bad :
Worst :</td></tr>
</table>

상황 #17	병사에게 과도한 표현으로 내가 가해자가 되어 나를 조사중이다.
* 나는 소대장으로서 후임병 괴롭히는 선임병을 발견하고 현장에서 경각심을 가지라는 교육 목적으로 "너, 군기교육 갈 거야? 영창 갈 거야? 아니면 휴가제한 받을거야?" 라고 얘기 하였고 결국 해당병사를 징계처리 하지는 않았다. * 위와 관련된 말이 내가 협박성 발언을 했다고 사단에 투서가 들어가서 나에 대해 징계를 위한 조사중이다. * 만약, 내가 징계를 안 받기 위해서라면 위 상황에서 어떻게 이야기 해야했나?	
선택 방안	A안 : 경각심 주기 위한 목적이라면"지금 상황은 징계에 해당될 수 있다." B안 : 징계를 하기 위한 목적이라면"현 상황에 대해 진술서 작성해라" C안 : 그냥 현장에서 아무 얘기도 하지않고 중대장에게 보고한다.
나의 선택결과 (이유)	Best : Not Bad : Worst :

상황 #18	병영생활 임무분담제에서 공동임무가 잘 수행되지 않는다.
* 나는 소대장으로 오늘은 중대 당직사관 임무를 수행하고 있다. 소대원의 야간 생활을 확인 하던中, 병영생활 임무분담제는 개인별로 할당된 임무는 비교적 잘 되고 있으나, 공동임무는 잘 안되고 있다. * 공동임무를 책임진 선임병을 불러 물어보니 후임병들에게 무언가 지시하기도 어렵고 지시하면 자기를 후임병 괴롭히는 선임병으로 생각하여 본인이 징계를 받을 뻔 했다며 공동의 임무 관련해서는 별로 나서고 싶지 않다고 한다. * 이 상황에서 병영생활 임무 분담제의 공동임무를 효율적으로 할 수 있는 방안은 ?	
선택 방안	A안 : 공동임무를 전담 책임지는 분대장을 임명한다. (분대장은 개별임무 제외) B안 : 먼저 공동임무부터 하고 개인별 임무를 수행한다. C안 : 미흡한 공동임무 인원을 불러서 다시 교육하고 될 때까지 실시한다.
나의 선택결과 (이유)	Best : Not Bad : Worst :

상황 #19	평상시 친한 병사의 어깨를 건드렸는데 목격자가 나를 가해자로 신고했다.
* 내가 평상시 친한 병사 A의 어깨 툭 치면서 반갑다고 인사를 했는데 주변에서 보았던 인원이 폭행이라고 신고를 해서 내가 가해자가 되어 조사를 받고 있다. * 피해를 받았다던 A인원도 평상시 반가워서 한 행동이며 충분히 문제 없다고 이야기 하였는데도 내가 가해자가 된 것은 억울하다. * 피해자가 아니라고 하는데 목격자의 진술 만으로 나는 가해자가 될 수 있는가? 이 상황을 벗어나기 위해 또는 만들지 않기 위해서 내가 할 수 있는 것은 무엇인가?	
선택 방안	[A]안 : 병사와 어떠한 경우에도 악수外 신체접촉은 하지 않는다. [B]안 : 내가 평상시 어떤 사람이었는지 탄원서를 받으러 다닌다. [C]안 : 신고한 목격자를 찾아서 정확한 상황을 설명한다.
나의 선택결과 (이유)	Best : Not Bad : Worst :

상황 #20	'옛날에 이랬는데' 하는 선임병의 보상심리가 있다.
* 소대원 A는 본인 후임병시절 선임병이 후임병을 모아 놓고 얼차려도 주고 간혹 구타도 있었는데 본인이 선임병이 되고 나서는 못하게 한다며 억울한 마음 있다고 이야기한다. * 소대원 A에 대해 소대장으로서 할 수 있는 적절한 말은 무엇인가?	
선택 방안	[A]안 : "너의 동생이 부대에 와서 똑같은 일을 겪는다면 어떻게 생각하냐?" [B]안 : "하고 싶은대로 해. 결과만 책임지면 된다." [C]안 : "시대가 바뀌었다. 당신이 가해자가 되는 것을 바라지 않는다."
나의 선택결과 (이유)	Best : Not Bad : Worst :

상황 #21	급하게 당직부사관을 찾아야 하는데 위치 파악이 안된다.
* 나는 중대 당직사관으로서 상급부대 검열관에 의해 갑작스러운 중대 비상훈련 상황을 실시해야 하는 상황이다. 주어진 상황은 총기불출훈련으로 얼마나 빠른 시간내에 병력들에게 총기를 불출할 수 있는가를 측정하는 것이다. * 문제는 총기를 보관하는 총기보관함이 2중으로 관리되고 있어 2개 키가 필요하다. (상단키는 당직사관인 내가 가지고 있으나 하단키는 당직부사관이 가지고 있음) 그런데 하단키를 가지고 있던 당직부사관(병사)의 위치가 파악이 안된다. * 당직부사관을 부르기 위해 방송 3회를 실시하였고 사람을 보내 찾았으나 확인이 안된다. 현재 시간이 가장 중요한데, 총기보관함을 열 수 있는 좋은 방법은 무엇인가?	
선택 방안	A안 : 총기보관함 시건장치를 파쇄도구를 이용하여 열고 총기를 불출한다. B안 : 검열관에게 당직부사관의 위치파악을 못했음을 자세히 설명한다. C안 : 통합 비상키 봉인을 풀고 예비열쇠로 시건장치를 해체한다.
나의 선택결과 (이유)	Best : Not Bad : Worst :

상황 #22	사격훈련간 탄피가 부족한데 그냥 복귀하자고 얘기한다.
* 중대장 통제하 소총사격을 하는데 나는 소대장으로서 탄약분배 및 수거 임무를 맡고 있다. 탄피를 회수하는 과정에서 탄피 1개가 없는 것을 확인하였다. * 옆에서 같이 탄피 수거하는 A중사가 본인이 숙소에 가지고 있는 여유분 탄피 1개가 있으니 걱정할 것이 없다고 마무리 하자고 한다. (가끔 그렇게 한다고 함) * A중사는 이런 경우가 몇 번 있었고 지금까지 문제없었다고 한다. 시간은 늦어지고 사격통제를 마친 중대장은 이상 없이 빨리 정리하고 마무리하라고 얘기한다. * 시간은 없고 날은 어두워지면서 모든 간부들이 빨리 종료하기를 희망하여 복귀 준비하고 있다. 중대장은 이상 없으면 복귀하자고 한다.	
선택 방안	A안 : A중사 말대로 지금은 이상없는 것으로 하고 나중에 보충해 놓는다. B안 : 중대장에게 정확한 상황을 설명하고 탄피를 찾는다. C안 : A중사에게 군 생활 그렇게 하지 말라고 화를 낸다.
나의 선택결과 (이유)	Best : Not Bad : Worst :

<table>
<tr><td>상황 #23</td><td>시간은 없는데 사격훈련간 사수가 지나치게 기능고장 조치를 못하고 있다.</td></tr>
<tr><td colspan="2">* 사격장에서 사수가 총의 기능고장이 발생했다고 보고하였다. 사격통제관인 중대장은 기능고장은 사수 스스로 조치할 것을 지시하였다. 하지만 사선에 있는 많은 사수들이 기능고장 처리가 미흡하여 할당된 사격시간이 계속 지연되어 곤란해지고 있다.
* 나는 사선 통제관으로서 해당 기능고장 사수 뒤에 위치하고 있다.
내가 해야 할 적절한 조치는 무엇인가?</td></tr>
<tr><td>선택 방안</td><td>A안 : 중대장 지시대로 사수가 혼자 할 수 있도록 기다린다.
B안 : 뒤에서 혼자 할 수 있는 방법을 단계별로 알려준다.
C안 : 시간이 없기 때문에 과도하게 지연되는 상황에서는 내가 조치한다.</td></tr>
<tr><td>나의 선택결과 (이유)</td><td>Best :
Not Bad :
Worst :</td></tr>
</table>

<table>
<tr><td>상황 #24</td><td>느낌에 쎄한 A급 관심병사가 사격을 하고 싶어한다.</td></tr>
<tr><td colspan="2">* 소대에서 A급 관심병사로 관리하는 인원이 있는데 내일 사격훈련이 계획되어 있다. 본인은 이번 사격기회에 꼭 사격을 하고 싶어한다.
* 하지만 소대장으로 판단할 때는 큰 사고가 일어날 것 같은 느낌이 있다. 과거 1개월 전에도 A급 관심병사는 사격을 했던 경험이 있다.
(그때는 아무 문제가 없었다.)</td></tr>
<tr><td>선택 방안</td><td>A안 : 중대장에게 보고하고 사격에서 제외시킨다.
B안 : 분대장, 동기 등을 확인하여 최근 상황을 다시 확인하고 재판단한다.
C안 : 본인이 원한다면 사격을 할 수 있도록 조치한다.</td></tr>
<tr><td>나의 선택결과 (이유)</td><td>Best :
Not Bad :
Worst :</td></tr>
</table>

상황 #25	병사가 초병으로서 실제 근무중에 공포탄을 진짜 사용하였다.
* 초병의 무기사용 시기를 교육 하던中 A병사가 야간에 3회 이상 수하하여도 이에 불응하여 대답이 없을 경우, 도주하거나 초병에게 접근하는 경우에 경계 근무 중 진짜 쏘아도 되냐고 질문하여 당연히 그렇다고 하였다. * 지금까지 초병이 그런 상황에서도 공포탄을 실제로 쏘는 경우는 없었다. * 며칠 뒤 야간에 A병사가 위의 같은 상황에서 공포탄을 이용하여 총기를 발사하였다. A병사와 같이 경계근무를 했던 B병사에게 확인해보니 야간에 3회 이상 수하에 불응하고 도주한 민간인이 있었던 것으로 확인되었다. * A병사를 칭찬해야 하나 징계를 해야 하나?	
선택 방안	A안 : 규정대로 한 것이기 때문에 본보기 차원에서 포상을 건의한다. B안 : 민간인 신분이 확인된 상태에서 일부러 총기를 사용하였기에 징계한다. C안 : 잘했다고 칭찬만 하고 포상은 하지 않는다.
나의 선택결과 (이유)	Best : Not Bad : Worst :

상황 #26	유격훈련전 선임병이 과도하게 후임병에게 공포심을 주고 있다.
* 다음 주는 병사들이 가장 힘들어하고 두려워한다는 유격훈련이 시작된다. 지나가다가 휴게실에서 유격훈련을 앞두고 선임병들이 작년에 했던 유격훈련에서 죽을 뻔 했다며 후임병들에게 과도한 공포심을 주고 있다. * 이 내용을 듣게 된 소대장으로서 할 수 있는 조치는? (나는 아직 이 부대에서 유격훈련을 실제로 해보지는 않았다.)	
선택 방안	A안 : 대장에게 보고하여 현재 병사들 사이의 분위기를 알게한다. B안 : 유격훈련을 해보지 않은 병사를 모아서 내가 정확한 내용을 교육한다. C안 : 과장하는 선임병을 따로 불러서 그렇게 하지 말라고 지시한다.
나의 선택결과 (이유)	Best : Not Bad : Worst :

상황 #27	인원보고 시간은 다가오는데 대대장은 보고하지 말고 대기하라고 한다.
* 대대 당직사령으로 근무중에 오늘 복귀해야 하는 A병사가 20:00분까지 복귀해야 하는데 현재(20:02분) 미복귀한 상태이다. * 상황 확인해 보니 18:00분 중대로 복귀한다는 연락이 되고 난 다음 아직까지 복귀하지 않고 있다. A병사는 계속해서 전화연락이 두절상태이다. * 19:58분에 대대장에게 보고했더니 연대 상황실에 보고하지 말고 조금만 더 기다리라고 한다. 연대 상황실에 보고하는 마감시간은 20:15분이다. * 연대 당직사령은 유동병력 출입에 대해 정확한 보고 및 시간 준수를 강조한 상태이다. 나는 당직사령으로서 어떻게 해야 하는가?	
선택 방안	A안 : 대대장 지시를 무시하고 일단 연대 상황실에 보고한다. B안 : 대대장 말대로 기다렸다가 대대장 지시대로 수행한다. C안 : 대대장에게 20:14분까지는 연대로 보고해야 한다고 건의한다.
나의 선택결과 (이유)	Best : Not Bad : Worst :

상황 #28	동료가 나에 대한 애매한 발언으로 기분이 나쁘다.
* 나는 여군 중위로서 대대 참모부에서 근무하고 있다. 참모부에서 같이 근무하는 A중사(남군)가 "김 중위님, 주말에 남자친구랑 OO지역에 잘 놀러갔다 왔냐?" 고 물어본다. 개인 사생활에 대해 왜 궁금해 하는지 기분이 나쁘다. * 참모부에서 같이 근무하는 B중사(남군)는 나를 보고 아침, 밝은 얼굴로 인사하면서 "김 중위님, 얼굴 화장이 예쁘게 되었네요" 라고 얘기했다. * A, B중사의 말은 성희롱으로 판단할 수 있는 수준인가 애매하다. 다음부터 이런 말을 더 이상 듣고 싶지 않다. 평상시 A, B중사와는 그럭저럭 잘 지내고 있다.	
선택 방안	A안 : 해당인원에게 정확하게 내가 얼마나 기분이 나쁜지를 얘기한다. B안 : 대대장에게 내가 얼마나 기분이 나쁜지를 구체적으로 보고한다. C안 : 해당내용이 성관련 위반인지 아니지 전문가에게 확인한다.
나의 선택결과 (이유)	Best : Not Bad : Worst :

상황 #29	나의 말 한마디 실수로 가해자가 된 상황이다.
* 부대에서 같이 근무하는 여군 C중위에 대해 남자 간부들끼리 모여서 음담패설을 하고 있다. 여기에 나는 분위기 동참 차원에 한마디 같이 하면서 웃고 넘어갔다. * 해당 모임에서 같이 있던 일부 인원은 듣기만 하고 아무 말없이 웃기만 하였다. 하지만 같이 얘기했던 남자간부들 중 1명은 남자 간부들이 모여서 얘기했던 내용을 여군 C중위에게 얘기했고 화가 난 C중위가 상급부대로 보고하였다. * 나도 해당 모임에 같이 있었던 가해자로 조사를 받고 있다. 한마디 했을 뿐인데 억울한 심정도 있다. 나는 어떻게 해야 하는가?	
선택 방안	A안 : C중위에게 찾아가서 상황을 설명하고 사과한다. B안 : 반성하면서 징계처분을 기다린다. C안 : 일단, 대대장에게 내가 했던 말에 대한 정확한 내용을 설명한다.
나의 선택결과 (이유)	Best : Not Bad : Worst :

상황 #30	정당한 임무이지만 운전병이 수송관 지시가 없다며 운행을 거부한다.
* 중대장이 소대장인 나에게 "시내에 가서 훈련 물품을 구입하라"라는 임무를 지시하면서 중대장은 나에게 중대에 배속된 운전병을 이용해서 갔다 오라고 하였다. * 그런데 중대 배속 운전병을 찾아 운행 준비를 지시하니 운전병은 수송관에게 지시받은 임무가 아니기 때문에 운행을 할 수 없다고 얘기하고 있다. * 이때 나는 어떠한 조치를 해야 하는가? 물품 판매가게 마감시간이 있어 지금 출발하지 않으면 현재 가용시간은 별로 많지 않은 상태이다.	
선택 방안	A안 : 수송관에게 연락하여 운행이 가능한지 확인한다. B안 : 중대장에게 현재의 곤란한 상황을 보고한다. C안 : 운전병에게 무조건 운행준비하라고 화를 내며 지시한다.
나의 선택결과 (이유)	Best : Not Bad : Worst :

상황 #31	나 혼자 했던 욕설로 가해자가 되었다.
* 나는 소대장으로 임무를 수행하면서 평상시 말이 조금 거칠다는 얘기를 들은 적이 있다. 그런데 임무 수행하다가 주변에 사람이 있는 것을 모르고 나 혼자 "XX, X같네 " 라는 말을 나도 모르게 무의식 중에 했다. * 이에 대해 지나가다 들은 A병사가 나를 언어폭력으로 신고하여 폭언 및 욕설 간부로 접수되어 지금은 나에 대해 조사를 하고 있다. * 나 혼자서 한 말도 처벌이 되는지 궁금하다.	
선택 방안	[A]안 : 들은 사람이 있다면 당연히 언어폭력으로 처벌된다. [B]안 : 특정 대상이 없는 상태에서 한 것이기 때문에 처벌될 수 없다. [C]안 : 1번만 했다면 경고로 넘어가겠지만 2번째부터는 징계가 될 듯하다.
나의 선택결과 (이유)	Best : Not Bad : Worst :

상황 #32	"야, 임마" 라고 병사를 부른 것이 욕설이 되는지 궁금하다.
* 나는 소대장으로 임무를 수행하다가 A병사를 부를 때 멀리 있어서 잘 들리지 않기에 큰소리로 "야, 임마" 라고 얘기했다가 폭언 간부로 신고되었다. * "야, 임마" 수준을 폭언이라고 할 수 있는지 의문이다.	
선택 방안	[A]안 : 듣는 사람이 기분이 나쁘면 욕설이 될 수도 있다. [B]안 : 통상적으로 욕설이 아닌 것으로 인정되기 때문에 욕설이 아니다. [C]안 : 1번만 했다면 경고로 넘어가겠지만 2번째부터는 조치가 있을 듯하다.
나의 선택결과 (이유)	Best : Not Bad : Worst :

상황 #33	부하 간부가 일과시간에 다른 일을 하고 있다.
(1상황) 나는 중대장으로 임무 수행하고 있다. 순찰중 병사식당에서 일과시간에 취사병들에게 식사준비를 지시하고 TV를 보고 있는 원사 A를 발견하였다. (2상황) 나는 중대장으로 임무 수행하고 있다. 교육훈련 감독을 나갔는데 교관 임무를 수행해야 하는 상사B가 병사들에게 자율실습을 맡겨두고 본인은 교육장에서 이격된 은폐 공간인 숲 속에서 잠을 자고 있는 모습을 확인하였다. * 나는 중대장으로서 어떤 조치를 취할 것인가?	
선택 방안	A안 : 현장에서 강력하게 지적하고 대대장에게 보고하여 징계처리한다. B안 : 잘못된 모습을 보고 아무 말도 하지 않고 일부러 그냥 지나간다. C안 : 해당인원을 그냥 조용히 타부대로 전출시킨다.
나의 선택결과 (이유)	Best : Not Bad : Worst :

상황 #34	분대장이 병력들 앞에서 소대장 지시에 대해 공개적으로 아니라고 얘기한다.
* 소대장으로 업무지시를 하는데 전 소대원이 다 있는 상태에서 분대장이 다른 의견을 공개적으로 다음과 같이 이야기를 한다. * "소대장님, 지난번 해보니까 이번에 지시한 내용은 방향이 맞는 것 같지 않습니다. 다시 한번 확인하면 좋을 것 같습니다.." 라고 얘기를 한다. * 소대장으로서 나는 어떠한 조치를 취해야 하는가?	
선택 방안	A안 : 내 말이 맞다고 그냥 하라고 다시 강조한다. B안 : 해당내용을 중대장에게 보고하여 징계를 추진한다. C안 : 일단 수용, 분대장 따로 불러 다음부터 이렇게 하지 말라고 얘기한다.
나의 선택결과 (이유)	Best : Not Bad : Worst :

상황 #35	나와 인간관계가 나쁘지 않은 선배가 본인 임무를 점점 많이 부탁한다.
* 나는 3소대장으로서 밀렸던 소대업무를 마무리하고 있는데 중대에서 같이 생활하면서 나쁘지 않은 인간관계를 맺고 있는 2소대 선임소대장(1년 선배)이 본인은 퇴근하면서 나에게 2소대 업무를 같이 마무리 해줄 수 있냐고 한다. * 평상시 2소대 선임소대장은 나에게 많은 도움을 주는 인원으로 지난 번에도 내가 힘들어 하는 일에 대해 대신 해준 적도 있다. 나도 2소대장을 도와줄 마음은 있는데 2소대 선임소대장이 본인 일을 하지 않으면서 나에게 부탁하는 것이 점점 그 빈도가 많아지고 있는 것 같아서 조금 부담되고 있다.	
선택 방안	A안 : 인간관계를 생각해서 묵묵하게 수행한다. B안 : 내 임무가 아니기 때문에 할 수 없다고 얘기한다. C안 : 업무를 마무리하고 조용히 찾아가서 다음부터는 부담된다고 말한다.
나의 선택결과 (이유)	Best : Not Bad : Worst :

상황 #36	중대장이 계속 나에게만 어려운 임무를 할당한다.
* 나는 3소대장으로 임무 수행中이며. 중대장이 중대회의를 하면서 임무를 지시하는데 내가 느끼기에는 나에게만 계속 어려운 임무를 지시하는 것 같다. * 1개월전에는 사격측정 대표로 지정하더니, 2주전에 태권도 훈련 시범교육을 준비하라고 지시했다. 이번에도 3소대가 대표로 군가경연대회 참가하는 것을 지시한다. * 1소대장은 발목부상으로 입원 중이고 2소대장은 전역 3개월이 남은 상태에서 크게 군 생활에 대해서는 의지가 없는 상태이다.	
선택 방안	A안 : 인정을 받을 수 있는 기회이므로 최선을 다해서 준비한다. B안 : 3소대원들이 힘들어하니 다른 소대로 내가 준비하겠다고 건의한다. C안 : 이번에는 못하겠다고 이야기한다.
나의 선택결과 (이유)	Best : Not Bad : Worst :

<table>
<tr><td>상황 #37</td><td>임무에 관해 창의적인 방안을 보고하라고 지시를 받았다.</td></tr>
<tr><td colspan="2">* 대대장이 병영문화 혁신방안으로 창의적인 방법을 적용해서 제출하라고 하였다. 이에 따라 중대장은 소대장인 나에게 내일까지 의미있는 방법을 보고하라고 한다.
* 중대 분위기는 과거에도 창의적인 안을 제시했으나 실제 적용되는 경우 없었다. 내가 판단하기에 중대 업무 스타일은 비효율적이고 주먹구구식이라 판단되며 개선을 위한 노력은 별로 없다.
* 나는 소대장으로서 어떻게 하겠는가?</td></tr>
<tr><td>선택
방안</td><td>A안 : 다른 부대에서 하는 일을 벤치마킹하여 적용안을 보고한다.
B안 : 중대장에게 이번 건은 꼭 적용이 되어서 결과를 보자고 약속받는다.
C안 : 분대장과 병사들의 의견을 대충 모아서 제출하는데 의의를 둔다.</td></tr>
<tr><td>나의
선택결과
(이유)</td><td>Best :
Not Bad :
Worst :</td></tr>
</table>

<table>
<tr><td>상황 #38</td><td>중대장이 소대장 활동비에서 비용 각출을 요구한다.</td></tr>
<tr><td colspan="2">* 중대 진지공사 임무를 수행하면서 비닐 및 마대가 부족한 상태이다. 중대장이 지난달 훈련으로 중대 운영비가 부족하여 소대장 활동비에서 5만원씩 진지공사 자재 구매비로 전환하라고 지시하였다.
* 하지만 소대장 활동비가 부족한 상황이어서 개인 돈에서 5만원을 빼서 처리해야 하는 상황이다. 과거에도 중대 운영비가 부족하면 소대장 활동비에서 전환하여 사용했던 사례는 몇 번 있었다.
* 이 상황에서 나는 어떻게 할 것인가?</td></tr>
<tr><td>선택
방안</td><td>A안 : 중대장에게 소대장 활동비가 부족함을 있는 그대로 보고한다.
B안 : 내 개인돈에서 5만원을 빼서 중대 진지공사 준비비에 제출한다.
C안 : 중대장에게 이런 방법은 잘못되었다고 이야기한다.</td></tr>
<tr><td>나의
선택결과
(이유)</td><td>Best :
Not Bad :
Worst :</td></tr>
</table>

상황 #39	중대장 선물을 위해 2만원씩 모으자고 선임소대장이 이야기한다.
* 중대의 선임소대장이 일주일 뒤면 중대장이 새로 취임한지 100일이라면 소대장들끼리 2만원씩만 모아서 중대장을 위한 간단한 선물과 케익을 준비하자고 한다. * 과거에 중대장 선물을 위해 돈을 모아서 선물을 한 적은 있다. 중대장은 소대장들에게 인간적으로 잘해주는 사람이고 능력도 있어서 존경할 만하다. * 이 상황에서 나는 어떻게 할 것인가?	
선택 방안	A안 : 선임소대장 말대로 그냥 2만원을 제출한다. B안 : 내가 보기에는 금전각출은 잘못된 일이라고 선임소대장에게 얘기한다. C안 : 돈은 내지 않고 개인적으로 조그만 것 준비해서 중대장에게 선물한다.
나의 선택결과 (이유)	Best : Not Bad : Worst :

상황 #40	당직사관 임무중 경계초소 투입병력에게 담배/라이터가 발견하였다.
* 중대 당직사관 임무를 수행하고 있다. 야간 외곽 경계초소 근무를 투입하는 병사에 대한 복장을 점검하던 중 고참병사의 주머니에서 담배와 라이터가 확인되었다. * 해당 병사는 3개월 전에도 동일한 내용으로 복장점검에서 지적이 되었던 내용으로 별도 조치가 필요한 상태이다. 이에 대해 당직사관으로서 어떻게 처리할 것인가?	
선택 방안	A안 : 현장에서 교육하고 다시는 이런 일이 없도록 강력하게 교육한다. B안 : 일단, 근무에 투입하고 복귀하여 진술서를 작성하게 한다. C안 : 다음날 중대장에게 해당인원을 보고하여 징계처리한다.
나의 선택결과 (이유)	Best : Not Bad : Worst :

상황 #41	상습적으로 후임병의 담배를 뺏어 피는 선임병을 확인하였다.
* 당직사관으로서 중대를 순찰하던 중 선임병이 후임병에게 담배를 뺏어 피는 모습을 확인하였다. 선임병은 현재 담배를 끊는 중이어서 담배를 구매하지 않았다고 얘기하고 있다. * 후임병들에게 확인해보니 해당 선임병은 1개월 전부터 후임병 담배만 뺏어 피고있다고 한다. 처음에는 부담이 없었는데 계속되니 짜증이 난다고 한다. (징계를 원하지는 않지만 선임병의 행동이 개선되었으면 좋겠다고 한다.) * 해당 선임병은 이번 건을 제외하고 소대에서 생활은 큰 문제는 없는 상태이다.	
선택 방안	A안 : 선임병이 후임병에게 담배를 사주고 찾아가서 사과하라고 지시한다. B안 : 1~2번은 괜찮지만 반복되면 처벌대상이라고 강력하게 교육한다. C안 : 해당인원을 중대장에게 보고하여 처벌한다.
나의 선택결과 (이유)	Best : Not Bad : Worst :

상황 #42	당직사관 임무중 외곽 경계초소 병력이 졸고 있는 것을 확인했다.
* 중대 당직사관 임무를 수행하고 있다. 야간 외곽 경계초소 근무 상태를 확인하기 위해 불시에 확인했더니 사수/부사수 2명이 복장을 해체하고 자고 있다. : 1일전 중대의 큰 훈련이 종료된 상태로 병사들이 전반적으로 피곤한 상태이다. * 해당 병사들은 소대에서 열심히 생활하는 인원으로 나와는 인간적으로 나름대로 친밀한 상태이며 지금 현장에서는 본인의 잘못에 대해 많이 반성하고 있다.	
선택 방안	A안 : 다음부터 그러지 말라고 하고 모른 척하고 지나간다. B안 : 경각심을 주기 위해 현장에서 얼차려를 부여한다. C안 : 다음날 중대장에게 해당인원을 보고하여 징계처리한다.
나의 선택결과 (이유)	Best : Not Bad : Worst :

상황 #43	전역이 얼마남지 않은 병사가 애매하게 반항한다.
* 소대장으로 소대인원 집합시켜 교육준비를 하는데 항상 늦게 나오는 고참병사가 있는 것을 확인하였다. 고참 병사는 전역 2개월 정도 남은 병사로서 평상시 소대장 지시에 대해 반항도 아니고 순종도 아닌 애매한 상태를 유지하고 있다. * 고참 병사의 야간근무 경계 투입을 확인하였더니 초번초와 말번초만 전담으로 계속 투입되고 있는 것을 확인하였고 주간 병기본 교육을 실시하는데 참석하지 않고 생활관에서 자고 있는 것을 확인하였다. * 본인은 아파서 보고를 했다고 하나 확인해 보니 보고를 받은 사람은 없었다.	
선택 방안	A안 : 행보관에게 해당인원의 불량한 상태를 알려준다. B안 : 중대장에게 해당인원을 보고하여 징계처리를 진행한다. C안 : 고참병사를 별도로 불러 이런 일이 반복되면 징계한다고 이야기한다.
나의 선택결과 (이유)	Best : Not Bad : Worst :

상황 #44	너무 열정적, 능력있는 분대장이지만 후임병을 힘들게 한다.
* 소대원 중 열정적이고 내가 너무 믿고 신뢰하는 분대장이 있다. 해당 인원은 전역이 2개월 남은 상태이며 모든 일에 적극적인 모범 분대장이다. * 하지만 소대원 마음의 편지 내용 중에 해당 분대장 때문에 너무 힘들다고 하는 내용이 접수되었고 확인해보니 후임병을 제대로 알려주고자 하는 의욕이 너무 강한 상태에서 군가를 가르쳐주면서 순간적으로 욕을 한 상황이 확인되었다. * 해당병사는 과거에 폭언 및 욕설로 징계를 받은 경험이 있으며 반성을 하면서 다음부터는 절대로 이런 일이 없을 것이라고 약속하고 있다.	
선택 방안	A안 : 전 인원을 대상으로 공개사과를 하라고 지시하고 마무리한다. B안 : 별도 불러 교육하고 마지막 기회임을 교육한다. C안 : 중대장에게 해당인원을 보고하여 징계처리한다.
나의 선택결과 (이유)	Best : Not Bad : Worst :

상황 #45	중대 생활관에서 도난사고가 지속적으로 발생하고 있다.
* 병사들 생활관의 자기 관물대에서 물건 및 돈이 도난 당한다는 마음의 편지 내용이 지속적으로 확인되고 있다. * 의심이 가는 병사가 있지만 증거가 없는 상황이며 생활관에는 CCTV 설치에 대해 비용 및 보안 규정 때문에 추가 설치를 할 수도 없는 상황이다. * 현실적으로 훔치는 병사에 대한 증거를 확인할 수 없는 상태에서 처리방향을 재발방지에 목적을 두고 진행하려고 한다. 어떻게 하면 좋은가?	
선택 방안	A안 : 헌병대에 연락해서 범인을 색출해 달라고 협조한다. B안 : 잃어버린 사람의 책임이 제일 크니 물건관리에 대해 강조/교육한다. C안 : 의심되는 병사를 세심하게 관찰하여 끝까지 찾아내는 노력을 한다.
나의 선택결과 (이유)	Best : Not Bad : Worst :

상황 #46	좋은 관계를 유지해온 부사관에게 듣기 싫은 얘기를 해야한다.
* 소대의 부소대장으로 근무하고 있는 B중사는 나에게 많은 도움을 주는 인원으로 전역이 2개월 남은 상태에서 개인적인 관계는 좋은 상태이다. * 하지만, 소대원 마음의 편지를 접수한 결과, B중사는 일과 이후에 퇴근을 늦게하면서 병사 생활관에 들어가 TV를 보고 침대에 누워 있는 경우가 있어 병사들이 불편한 것은 아닌데 현상태가 개선되기를 희망하는 내용이 접수되었다. * 나와의 관계도 기분 나쁘지 않게 유지되면서 B중사의 행동도 개선되어 병사들의 불만이 사라지게 하는 적절한 방법은 무엇일까?	
선택 방안	A안 : 행보관에게 관련내용을 전달하여 개선될 수 있도록 한다. B안 : 일과이후, 술자리를 만들어서 솔직하게 이야기한다. C안 : 중대장에게 해당인원을 보고하여 처리될 수 있도록 한다.
나의 선택결과 (이유)	Best : Not Bad : Worst :

상황 #47	소대장의 완전군장 안에 내가 모르는 무거운 물건이 들어있다.
* 오늘은 소대장으로 전입 후 처음으로 실시하는 완전군장 행군 훈련을 하는 날이다. 훈련 출발전 군장검사를 하던 중 소대장인 나의 완전군장을 어깨에 걸치니 매우 무거운 무게가 느껴졌다. * 나중에 쉬는 시간 확인해보니 완전군장 내용물로 무전기 예비 건전지가 들어가 있음을 확인하였고 예비 건전지는 훈련에 꼭 필요한 물건이다. * 소대원 중에 불만을 품은 병사가 몰래 소대장 군장에 물건 넣은 것으로 추정된다. 현재 상황은 바로 행군을 바로 출발해야 하는 상황이다.	
선택 방안	A안 : 행군 출발을 잠시 멈추고 무거운 건전지를 빼고 출발한다. B안 : 나를 테스트 해보려는 것이라고 생각하고 힘들지만 끝까지 완수한다. C안 : 중대장에게 보고하고 의심되는 병사를 색출한다.
나의 선택결과 (이유)	Best : Not Bad : Worst :

상황 #48	체력저하자를 데리고 끝까지 행군을 할 것인가 고민이다.
* 소대행군을 하던 중 체력저하자가 발생하여 행군속도가 전체적으로 늦어지고 있다. 계획한 시간까지 도착하는 것을 맞추려면 해당병사를 구급차에 태우게 하고 나머지 병력을 인솔할 수 있다. 계획된 시간 안에 도착하면 전투력 우수소대 명칭이 부여된다. * 다른 방법으로 시간이 늦더라도 전체병력 이끌고 가서 다 같이 완료했다는 성취감을 심어주고 싶기도 하다. 속도가 늦어지는 병사는 군장만 벗게 해주면 완주할 수 있다고 얘기한다. 전인원이 완주하면 소대는 포상휴가 1명을 보낼 수 있다.	
선택 방안	A안 : 체력 저하자는 단독군장으로 다 같이 늦더라도 행군을 완료한다. B안 : 해당인원을 구급차에 태우고 행군속도를 높여 행군을 한다. C안 : 내가 체력 저하자의 군장을 대신 가지고 가면서 행군을 완료한다.
나의 선택결과 (이유)	Best : Not Bad : Worst :

상황 #49	소대가 실세 분대장을 중심으로 모든 것이 움직인다.
* 행군간 중간 대휴식 시간에 식사하는데 병사들이 소대장 식사보다 분대장 식사를 먼저 준비하는 등 소대가 분대장 중심으로 움직이는 상황이다. * 확인해 보니 실세 분대장이 모든 것을 통제하고 있었다. 나중에 알게된 상황은 기존 전임 소대장도 이런 상황을 알고 개선하려고 노력하였으나 결국은 실패하였다. * 현재 행군간 중간 휴식시간에 내가 할 수 있는 가장 좋은 방법은 무엇인가?	
선택 방안	A안 : 분대장을 집합시켜서 밥을 가지고 오라고 지시한다. B안 : 지금은 참고, 시간을 가지고 실력으로 인정 받을 수 있도록 노력한다. C안 : 내가 밥을 안 먹더라도 다른 소대원의 식사상태를 우선 확인한다.
나의 선택결과 (이유)	Best : Not Bad : Worst :

상황 #50	번개통신 응신훈련에 나하고 친한 간부 1명만 미응신하였다.
* 중대 당직사관으로 근무하고 있다. 대대 상황실에서 갑자기 지시된 번개통신을 실시하던 중 다른 간부들은 정해진 응신시간(10분 이내)에 응답하였지만 평상시 친하게 지내던 부소대장 1명만 연락이 안 된 상태이다. * 해당인원은 50분이 지난 시점에서 연락이 왔는데 술을 너무 많이 마셔 정해진 응신시간내 응답을 하지 못하였다고 이번에는 한 번만 넘어가 달라고 부탁한다. * 전체 중대간부 중에 1명만 미응신 상태이며 상황실 근무병사도 내용은 인지하고 있는 상태이다. 나는 어떻게 보고할 것인가?	
선택 방안	A안 : 이번만 넘어간다. 시간내 응신한 것으로 정리하여 보고한다. B안 : 증빙기록도 있고 본 사람도 있으니 어쩔 수 없다고 얘기한다. C안 : 대대에는 미응신으로 보고하고 중대장에게는 응신으로 보고한다.
나의 선택결과 (이유)	Best : Not Bad : Worst :

<table>
<tr><td>상황 #51</td><td>재산 대비 실물이 부족한데 행보관이 자기가 책임진다고 기다리라고 한다.</td></tr>
<tr><td colspan="2">* 중대 전투장비 지휘검열을 준비하면서 P-999K 무전기 부수기재가 편제기준 대비 부족한 것을 확인하였다. 해당장비는 소대장이 관리책임관으로 되어있다.
* 재산상에는 3개로 기록되어 있으나 실제 물건은 2개 뿐인 것을 확인했으며 행보관에게 문의한 결과, 본인도 알고 있는 내용으로 자기가 처리하겠다고 하면서 걱정하지 말라고 한다. 중대장에게는 말하지 말고 기다려 달라고 얘기하고 있다.</td></tr>
<tr><td>선택 방안</td><td>A안 : 행보관을 믿고 기다린다.
B안 : 중대장에게 보고하고 결정을 기다린다.
C안 : 분실되었을 때 책임소재가 어디에 있는지 확인해본다.</td></tr>
<tr><td>나의 선택결과 (이유)</td><td>Best :
Not Bad :
Worst :</td></tr>
</table>

<table>
<tr><td>상황 #52</td><td>보고없이 몰래 라면을 끓여 먹고 있는 병사를 발견하였다.</td></tr>
<tr><td colspan="2">* 당직사관 임무 수행중에 있다. 주둔지 순찰을 하고 있는 상태에서 건물 보일러실에서 사전에 보고없이 몰래 봉지라면을 먹고 있는 고참병사 3명을 확인하였다.
* 해당병사들은 통상적으로 가끔 있는 일이라며 바로 정리할테니 없던 일로 해줄 것을 요청하고 있다. 다른 당직사관들은 보통 넘어가는 경우가 많았다고 한다.</td></tr>
<tr><td>선택 방안</td><td>A안 : 1번은 넘어간다고 교육하고 다음에는 징계할 것임을 강조한다.
B안 : 중대장에게 보고하고 징계처리한다.
C안 : 관련내용에 대해 진술서를 받고 정리한다.</td></tr>
<tr><td>나의 선택결과 (이유)</td><td>Best :
Not Bad :
Worst :</td></tr>
</table>

상황 #53	개인약속이 있는데 오늘, 갑작스럽게 중대장이 회식을 하자고 한다.
* 훈련이 끝나고 중대장이 주관하여 중대회식을 갑자기 하자고 한다. 나는 오늘 저녁에 개인적 약속(야간 수업)이 먼저 계획되어 있어 참석하고 싶지 않다. * 중대장은 회식참석 자율이지만 가능한 참석하여 중대단합을 도모하자고 얘기하고 있다. 지난번 중대회식은 나 혼자만 감기/몸살에 걸려서 참석하지 못하였다.	
선택 방안	[A]안 : 중대회식에 참석하여 단결을 도모한다. [B]안 : 중대장에게 개인적 약속이 있어 참석이 제한된다고 얘기한다. [C]안 : 1차 회식만 참석하고 상황을 보고 일찍 복귀한다.
나의 선택결과 (이유)	Best : Not Bad : Worst :

상황 #54	계속 재촉하였는데 선배들이 약속한 비용을 주지 않는다.
* 중대에서 같이 근무하고 있는 소대장들(3명)과 저녁식사를 하면서 식사비용으로 5만원이 나왔는데 이번 식사비용은 나보고 계산하라고 하고 나중에 입금해 주기로 하였다. * 하지만 소대장들은 2주일 넘도록 입금하지 않고 있다. 소대장들은 나보다 선배인 인원들로 돈을 입금하라고 계속 재촉하기가 조금 껄끄러운 상태이다 2번 정도 재촉하였지만 알았다고만 하고 실행되지 않고 있다.	
선택 방안	[A]안 : 없는 돈이라 생각하고 해당 인원들과 친하게 지내지 않는다. [B]안 : 마지막으로 한번만 더 재촉한다. 월급날, 찾아가서 받아낸다. [C]안 : 상급부대로 해당내용을 보고한다.
나의 선택결과 (이유)	Best : Not Bad : Worst :

상황 #55	재산상 부족한 상황에서 그냥 인수인계서 서명을 강요한다.
* 대대 군수장교로서 임명받고 전임 군수장교(1년 선배)와 인수인계 과정중에 있다. 하지만 인수인계에서 재산상 5개 있어야 하는 장비품목이 3개 뿐인것을 확인하였다. * 전임 군수장교는 본인도 전임자에게 받을 때 3개 뿐인 상태에서 받아서 어쩔 수 없다고 이야기 하고 있다. 그냥 인수인계서에 서명을 하라고 하는 상황이다.	
선택 방안	A안 : 그냥 관례로 생각하고 인수인계서에 서명한다. B안 : 있을 수 없는 일이라 말하며 절대 인수인계서에 서명하지 않는다. C안 : 전임 군수장교에게 해당내용에 대한 확인서를 받고 서명한다.
나의 선택결과 (이유)	Best : Not Bad : Worst :

상황 #56	전화로 한 얘기와 다른 얘기를 하여 내가 억울한 상황이다.
* 대대 교육장교로서 근무를 하면서 연대 교육장교에게서 연대훈련평가 일정이 5.1일에서 5.8일로 변경된다는 얘기를 전화로 직접 들었다. *그에 따라 대대 훈련준비 일정을 1주일 늦추어서 준비하고 있는데 연대훈련평가는 5.1일 계획대로 실시된다는 것을 다른 부대 실무자와 얘기하면서 알게되었고 해당내용에 대해 대대장에게 다시 보고하니 혼나면서 질책을 들은 상황이다. * 억울한 마음이 들어서 연대 교육장교에게 전화해서 물어보니 5.8일이 맞고 자기는 5.1일에 대해 말한 적 없으며 내가 잘못 들은 것이라고 말한다. * 다음부터 억울하지 않으려면 어떻게 해야 하는가?	
선택 방안	A안 : 말을 바꾸는 의심스러운 사람과 통화내용은 계속 녹음한다. B안 : 가능하면 이메일이나 메모로 보내달라고 이야기한다. C안 : 다음부터는 업무적으로 상종하지 않는다.
나의 선택결과 (이유)	Best : Not Bad : Worst :

상황 #57	당직근무 중 고열환자가 발생하였다.
* 중대 당직사관으로서 근무중에 있다. 갑자기 불침번 근무를 서는 병사가 와서 A병사가 고열인 상태에서 힘들어 한다고 보고를 하였다. A병사는 과거에 특별한 병을 앓았던 인원은 아니었던 것으로 확인되었다. * A병사의 현재 체온은 38.2도이며 현재 시간은 새벽 02:30분이다. * 당직사관으로서 어떠한 조치를 취해야 하는가?	
선택 방안	A안 : 대대 당직사령에게 현상태에 대해 그대로 보고한다. B안 : 중대장에게 전화하여 A병사의 상태를 보고한다. C안 : 환자 발생에 대한 대응 메뉴얼 확인하여 내용대로 그대로 실시한다.
나의 선택결과 (이유)	Best : Not Bad : Worst :

상황 #58	꾀병으로 의심가는 병사가 병원외진을 희망하고 있다.
* 나는 소대장으로서 병사들과 상담 중에 B병사가 평소에 거짓말을 잘하며 열외를 하려는 생각이 많은 것을 알고 있다. 그런데 갑자기 B병사가 허리가 아프다며 내일 병원 외진을 희망하고 있다. * 겉보기에 이상없으며 주변인원에게 확인해보니 평시 허리가 아프다는 얘기를 한 적이 없는 것으로 확인되었다. * 소대장으로서 어떻게 처리해야 하는가?	
선택 방안	A안 : 말도 안된다며 병사의 요구사항을 무시한다. B안 : 외진 신청해주고 진료후 군의관 의견서를 가지고 오라고 이야기한다. C안 : 같이 운동을 하면서 병사의 몸상태를 먼저 확인한다.
나의 선택결과 (이유)	Best : Not Bad : Worst :

<table>
<tr><td>상황 #59</td><td>수술을 해야하는 병사인데 경제적 이유로 군 병원 수술을 원하고 있다.</td></tr>
<tr><td colspan="2">* 소대장으로서 외진결과를 확인하던 중 C병사는 지난 달에 무릎통증으로 병원외진을 11회 다녀 온 것으로 확인되었다. 군 병원 군의관에게 전화를 걸어 확인해본 결과, 무릎상태는 수술을 요하는 상태이다.
* C병사의 상태에 대해 군의관은 군 병원에서 수술도 가능하지만 기술적 / 관리적 측면에서 민간 병원에서 수술하는 것을 권하고 있다. 하지만 C병사는 경제적인 이유로 군 병원에서 수술하기를 희망하고 있다.</td></tr>
<tr><td>선택 방안</td><td>A안 : C병사의 부모님께 현재 상태에 대해 자세하게 전달한다.
B안 : 중대장에게 현상태를 보고하고 지침을 받는다.
C안 : 무릎은 중요한 부분이므로 C병사에게 민간병원 수술을 설득한다.</td></tr>
<tr><td>나의 선택결과 (이유)</td><td>Best :
Not Bad :
Worst :</td></tr>
</table>

<table>
<tr><td>상황 #60</td><td>내가 한 일인데 마치 자기가 다 한 것처럼 중대장에게 보고한다.</td></tr>
<tr><td colspan="2">* 선임소대장인 2소대장은 나보다 1년 선배이며 중대장에게 신뢰를 받고 있으며 중대에서 중대장 지시를 받아 많은 일을 해결하고 있다.
* 퇴근할 때쯤, 2소대장이 나를 부르더니 내일 계획된 병기본훈련에 대한 실습계획표를 작성해서 내일 아침 보자고 한다. 나는 한번도 실습계획표 작성을 해본 적이 없으며 지금까지는 2소대장이 전담해 왔다.
* 처음 해보는 일이라 힘들었지만 과거자료 분석하면서 밤 새워 만들었다. 다음날 6시 출근한 2소대장은 내가 한 것을 보더니 작성자를 자기 이름으로 바꾸고 중대장에게 아침에 보고를 하였고 칭찬은 2소대장이 받았다.</td></tr>
<tr><td>선택 방안</td><td>A안 : 중대장에게 내가 한 일이라고 다시 말한다.
B안 : 2소대장에게 왜 내가 한 것을 당신이 보고하냐고 따진다.
C안 : 배웠던 좋은 경험이라 생각하고 2소대장과 앞으로 관계에서 참고한다.</td></tr>
<tr><td>나의 선택결과 (이유)</td><td>Best :
Not Bad :
Worst :</td></tr>
</table>

<table>
<tr><td>상황 #61</td><td>다른 사람 모두 아니라고 하는데 중대장 혼자만 다르게 생각한다.</td></tr>
<tr><td colspan="2">* 나는 소대장으로 1년동안 근무하고 있다. 어느 날 중대장이 내가 보기에 잘못된 것으로 보이는 결정을 내렸다. 나는 중대장을 설득하기 위해 노력했으나 중대장은 확고한 결정을 내렸으니 따르라고 한다.
* 그러나 동료 소대장과 병사들도 모두 중대장이 결정을 잘못했다고 동의하고 있다.
이때 당신은 어떻게 하겠는가?</td></tr>
<tr><td>선택 방안</td><td>A안 : 대대장에게 상황을 설명하고 조치를 건의한다.
B안 : 병사들에게 중대장 결정이니 그냥 따르자고 한다.
C안 : 한시간 정도 지나서 중대장에게 다시 가서 대안을 제시한다.</td></tr>
<tr><td>나의 선택결과 (이유)</td><td>Best :
Not Bad :
Worst :</td></tr>
</table>

<table>
<tr><td>상황 #62</td><td>병사 1명이 여자친구 때문에 급히 무리하게 휴가일정 조정을 원한다.</td></tr>
<tr><td colspan="2">* 평시 부대생활에 적극적이고 열심히 하는 병사 A가 찾아와서 개인적인 부탁이 있다고 한다. 이야기를 들어보니 최근 여자친구와 불화가 생겨 다음 달 계획된 휴가일정을 조정해서 이번 달에 가는 것을 희망하고 있다.
* 휴가 일정은 조정해 줄 수 있으나 병력 출타율 문제로 미리 계획되어 있는 다른 병사들의 일정을 조정해야 한다. 그렇게 되면 다른 병사의 불만이 많아질 것으로 예상된다.
나는 어떻게 하는 것이 좋은가?</td></tr>
<tr><td>선택 방안</td><td>A안 : 중대장에게 출타율이 조금 초과하지만 그냥 보내자고 건의한다.
B안 : 병사A에게 너 때문에 다른 인원이 피해를 보면 안된다고 설득한다.
C안 : 여자친구에게 전화해서 면회를 오라고 연락한다.</td></tr>
<tr><td>나의 선택결과 (이유)</td><td>Best :
Not Bad :
Worst :</td></tr>
</table>

상황 #63	부임한지 얼마되지 않은 중대장이 위험한 결정을 하려고 한다.
* 나는 1년 동안 문제없이 소대장을 해온 나름 경험있는 인원이다. 하지만 1개월전 부임한 중대장이 중대 전술훈련간 야간작전을 수행하면서 고지에서 내려오는 상황에서 중대 병력을 2개조로 나누어 A / B 방향으로 별도로 이동하라고 지시한다. * 중대장은 부임한지 얼마되지 않아 이 지역의 지형지물을 모르고 있으며 지역에서 훈련을 해 본 내가 보기에는 매우 위험한 야간상황으로 판단하였다. * 이때 당신은 어떻게 하겠는가?	
선택 방안	A안 : 내 경험을 얘기하고 안전을 위해 1개조로 이동하자고 건의한다. B안 : 중대장의 명령에 따르고 문제가 생기면 어쩔 수 없다. C안 : 중대장의 결정이 위험하다고 하면서 중대장 명령을 거부한다.
나의 선택결과 (이유)	Best : Not Bad : Worst :

상황 #64	나에 대해 감정을 가지고 있는 동료소대장이 공개적으로 나를 비난한다.
* 나는 소대장으로 근무중이다. 어느 날 중대 회의를 하는데 동기 A장교가 나의 의견을 무시하고 심지어 내 생각이 틀렸다고 회의 참석자에게 공개적으로 비난을 하고 있다. * 동기 A장교는 지난번 소대 대항 체육대회에서 나에게 지고 난 다음에 열등감을 가지고 있으며 그 이후부터 나에 대해 퉁명스럽다. 동기 소대장과 관계설정에 대해 고민스럽다.	
선택 방안	A안 : 회의가 끝난후 별도의 술자리를 만들어 허심탄회하게 얘기한다. B안 : 회의장 현장에서 논리적으로 A장교의 말에 대해 반박한다. C안 : 회의가 끝난 후 다른 간부들에게 A장교에 대해 비난한다.
나의 선택결과 (이유)	Best : Not Bad : Worst :

상황 #65	이미 인원부족으로 힘든 상태인데 중대장이 추가인원 차출을 지시한다.
* 나는 현재 중대장이 어제 지시한 배수로 작업에 집중하고 있다. 인원이 부족하지만 오늘까지 꼭 완료하라는 강조사항이 있어 최선을 다해 열심히 하고 있다. * 그런데 중대장이 갑자기 건물수리에 필요한 병사 3명을 빨리 보내라고 연락이 왔다. 병사 3명을 보내게 되면 배수로 작업은 야간까지 해도 불가능한 상황이다. * 이때 당신은 어떻게 하겠는가?	
선택 방안	A안 : 중대장에게 병사 3명을 추가로 빼면 오늘 작업은 제한된다고 말한다. B안 : 중대장 지시니까 따르고 어떻게 해서든지 야간까지 마무리한다. C안 : 오늘까지 배수로 작업을 해야해서 병사를 못 보낸다고 말한다.
나의 선택결과 (이유)	Best : Not Bad : Worst :

상황 #66	병사들 사이에서 금전거출 사례를 확인하였다.
* 나는 소대장으로 근무중에 있다. 소대는 나름대로 화기애애한 분위기로 주변에서 보기에도 큰 문제가 없는 것으로 평가되고 있다. 그런데 월급날에 병사들이 1만원씩 모아서 전역자 선물을 위해 금전거출을 확인하였다. * 분대장에게 이러면 안된다고 말했지만 소대의 전통이고 전역할 때 받는 것이니 큰 문제 없으며 비용도 1만원이어서 부담이 없다고 한다. * 소대장은 지금 상황에 대해 그냥 못 본 척하고 지나갔으면 한다고 말을 하고 있다.	
선택 방안	A안 : 병사들과 전체 토의를 통해 어떤 문제가 있는지 결론을 맺는다. B안 : 현 상황에 대해 중대장에게 보고하고 지침을 받는다. C안 : 나름 전통이니까 그냥 존중해준다.
나의 선택결과 (이유)	Best : Not Bad : Worst :

상황 #67	다른 소대원까지 통제해야 하는데 잘 따라와 주지 않는다.
* 나는 1소대장이다. 중대장은 나에게 공용화기 시범교육을 준비하라고 지시하였고 준비를 하면서 1,2,3소대원 전체가 함께 참여해야 한다. * 문제는 2,3소대원들이 나에게 잘 협조하지도 않고 지시사항을 잘 따르지도 않는것이다. 현재 2,3소대장은 부재중이라 도움을 받는 것도 제한된다. * 이때 당신은 어떻게 하겠는가?	
선택 방안	A안 : 타 소대원들에게는 간식을 제공한다. B안 : 규정과 방침에 의거 지시를 안 따를 경우 징계대상임을 교육한다. C안 : 2,3소대 분대장을 불러서 이번 임무의 필요성에 대해 공감, 설득한다.
나의 선택결과 (이유)	Best : Not Bad : Worst :

상황 #68	고문관 병사가 있어 조직이 단결되는데 매우 어려운 상태이다.
* 나는 소대장으로 근무이다. 소대에는 고문관으로 불리우는 병사A가 있다. 평가훈련 중 병사A가 속해있는 분대는 병사A로 인해 평가에서 꼴찌를 하게 되었다. * 병사A가 속한 분대장이 찾아와서 매번 훈련성과가 A로 인해 안 되니까 분대원의 사기가 저하된다면서 병사A를 다른 부대로 전출시켜달라고 요구하고 있다.	
선택 방안	A안 : 중대장에게 보고하여 A병사를 타부대로 전출시킨다. B안 : 분대장이 이해하라고 잘 타이른다. C안 : A병사의 문제를 극복할 수 있도록 내가 직접 옆에서 지도한다.
나의 선택결과 (이유)	Best : Not Bad : Worst :

상황 #69	상급자의 부당한 지시에 대해 어떡해 할지 고민 중이다.
* 나는 부대에서 유류품을 담당하는 업무를 하고 있다. 대대장이 여러 가지 개인적 임무를 보면서 평소 2배 가량의 연료를 소비하고 나를 불러 부대에서 관리하는 연료로 충당하라 지시한다. * 부대 연료는 여유가 있는 상태이며 나만 알고 있을 경우, 문제가 안될 것 같다.	
선택 방안	A안 : 그 자리에서 잘못되었음을 밝히고 거절한다. B안 : 알았다고 얘기하고 상급 부대로 신고한다. C안 : 내가 할 수 있는 부분을 설명하고 다시 지시해줄 것을 건의한다.
나의 선택결과 (이유)	Best : Not Bad : Worst :

상황 #70	잘 모르는데 너무 많은 임무가 계획되어 있다.
* 나는 소대장으로 근무중에 있다. 이번주는 5분 전투대기 부대 소대장, 수요일은 주둔지 울타리 보수, 목요일은 병력관리실태 수검, 다음 주 화요일은 개인화기 사격, 다음주 수요일은 매복작전, 이번주/다음주 목요일은 당직근무 등 임무가 산적해 있다. * 어떻게 임무수행 해야 할지 방법은 모르겠고 성과에 대한 부담만 가중되고 있어 자신감도 떨어져 있다.	
선택 방안	A안 : 선배, 동료에게 조언을 구하고 행동한다. B안 : 중대장에게 면담을 요청하고 현재 상태에 대해 도움을 요청한다. C안 : 분대장에게 위임하고 할 수 있는 만큼만 한다.
나의 선택결과 (이유)	Best : Not Bad : Worst :

상황별 추천 / 권장하는 선택결과

구 분	Best Case	Good / Not Bad Case	Worst Case
상황 #1	C	B	A
상황 #2	B	C	A
상황 #3	B	C / A	-
상황 #4	B	A	C
상황 #5	C	B	A
상황 #6	C	B	A
상황 #7	A	C	B
상황 #8	A	C	B
상황 #9	B	A	C
상황 #10	B	C	A
상황 #11	B	A / C	-
상황 #12	C	B / A	
상황 #13	A	B	C
상황 #14	B	C	A
상황 #15	B	A	C
상황 #16	A	B	C
상황 #17	A / B	C	-
상황 #18	A	B	C
상황 #19	A	-	B / C
상황 #20	A	C	B
상황 #21	C	A	B
상황 #22	B	C	A
상황 #23	B	C	A
상황 #24	A	B	C
상황 #25	A	C	B

상황별 추천 / 권장하는 선택결과

구 분	Best Case	Good / Not Bad Case	Worst Case
상황 #26	A	B / C	-
상황 #27	C	B	A
상황 #28	A	B / C	-
상황 #29	B	C	A
상황 #30	A	B	C
상황 #31	C	A	B
상황 #32	C	A / B	-
상황 #33	-	A / B / C	-
상황 #34	C	-	A / B
상황 #35	C	A	B
상황 #36	B	A	C
상황 #37	A	C	B
상황 #38	A	B	C
상황 #39	-	A / B / C	-
상황 #40	B	A / C	-
상황 #41	-	A / B	C
상황 #42	-	C	A / B
상황 #43	B	A / C	-
상황 #44	C	B	A
상황 #45	-	A / B	C
상황 #46	-	A / B	C
상황 #47	B	A	C
상황 #48	C	A / B	-
상황 #49	C	A / B	-
상황 #50	B	A	C

상황별 추천 / 권장하는 선택결과

구 분	Best Case	Good / Not Bad Case	Worst Case
상황 #51	C	A	B
상황 #52	-	A / B / C	-
상황 #53	-	A / B / C	-
상황 #54	A	B	C
상황 #55	-	B	A / C
상황 #56	-	B	A / C
상황 #57	C	A / B	-
상황 #58	B	C	A
상황 #59	-	A / B / C	-
상황 #60	C	-	A / B
상황 #61	C	B	A
상황 #62	A	C	B
상황 #63	A	B	C
상황 #64	A	-	B / C
상황 #65	B	A	C
상황 #66	B	A	C
상황 #67	C	A	B
상황 #68	A	B / C	-
상황 #69	A	C	B
상황 #70	B	A	C

상급자의 애매한 표현 이해하기(사람마다 다른 의도로 이해 가능)

1. 신중하게 검토하라. : 당신의 입장에 대해 나는 반대한다.
2. 긍정적으로 검토하라. : 내가 말한대로 될 수 있게 다시 보고해라.
3. 다음에 다시 검토하자. : 이 내용은 적용할 수 없다.
4. 정식 공문으로 접수하라. : 시간이 오래 걸리기 때문에 안 했으면 좋겠다.
5. 지금 답변 드리기는 어렵습니다. : 당신이 원하는 대로 동의할 수 없다.
6. 다른 방향으로 생각해 봐라. : 지금 당신의 생각은 틀렸다.
7. 예시는 이해하기 쉽다. : 본문은 너무 어렵게 만들어서 이해가 안된다.
8. 당신은 원칙주의자인가? : 왜 이렇게 꽉 막혀 있나 ?
9. A도 좋은데 B도 한번 생각해봐 : A는 하지 말고 B로 해라.
10. 이 정도면 나쁘지 않은데 : 잘했다.
11. OO한 가능성을 배제할 수 없다. : OO한 가능성이 높다.
12. 규정과 방침에 의거 처리해라. : 문제없을 때 다시 진행해라.
13. 시간을 가지고 생각해보자. : 지금은 안된다.
14. 차 한잔 하면서 편하게 얘기하자. : 나는 너에게 할 중요한 말이 있다.
15. 나는 잘 모르겠다. : 나는 당신 생각에 반대한다.
16. 냉면 집에 가서 "여기는 김치가 정말 맛있다." : 냉면 맛은 별로다.
17. 참 착한 것 같다. : 능력은 없는 것 같다.
18. 다시 확인해봐야 하지 않을까? : 지금 당신이 한 거는 틀렸다.
19. OO 책자가 어디 있더라. : 당신이 빨리 가서 찾아와라.
20. 쉽지 않아 보인다. : 불가능하다. 당장 그만 두어라.
21. 한번 더 생각해 보면 어떨까 ? : 지금 방식으로 하지 마라.
22. A 만 더 추가하면 좋을 것 같다. : 반드시 A는 반영해서 해라.
23. 지금까지 말 한 내용을 메일로 보내달라. : 당신이 한 말을 이해 못했다.
24. 조금 아쉬운데 : 많이 부족한 것 같다.
25. 적절하지 않을 수 있다. : 당신의 생각은 잘못되었다.
26. 좋은 질문이기는 한데 나중에 얘기하자. : 쓸데없는 얘기하지 말아라.
27. 안된다는 것은 아니지만... : 당신이 말한 것은 안된다.
28. 옵션으로 생각하고 넘어가자. : 지금은 적용할 수 없다.
29. 조금 더 고민하겠습니다. : 당신의 의견에 동의할 수 없다.
30. 이런 경우는 많지 않다. : 이런 경우는 한 번도 없다.
31. 필요하면 다시 연락 드리겠습니다. : 앞으로 연락할 일 없다.
32. 한번 시도해 보는 것도 좋을 듯하다. : 이대로 꼭 해봐라.
33. 쉽게 생각하고 해 : 당신의 방식은 너무 복잡하다.

■ 상대방에게 신뢰를 주지 못하는 표현

① 어느 정도, 다소, 좀 등 → 정확하지 못하다는 인상. 구체적 수치 필요
② 제 생각에는 … → 지금까지 얘기한 것은 뭐 ? 불필요한 어구 반복
③ 마음에 안 드실지 모르겠지만 ..→ 말하는 순간 마음에 안들기 시작함
④ 빨리 얘기하도록 하겠습니다. → 빨리 얘기한다는 그 시간도 지나가고 있음
⑤ 딱 2분이면 됩니다. → 내 말의 가치를 미리 낮추고 들어감

■ 다른 사람의 신뢰를 얻는 방법 : 효과적으로 사과하는 방법

① 시간이 걸리더라도 내용에 대해 명확한 내 생각을 정리하기
② 상대방 입장에서 내용에 대해 감정을 표현한다.
③ 기존보다 폭 넓은 나의 책임을 인정한다.
④ 상대방의 말을 경청해서 반영한다. (편지로 사과하는 방법은 효과가 있음)

■ 다른 사람의 신뢰를 얻는 방법 : 신뢰를 쌓는 행동하기

① 내가 먼저 믿을 만한 사람이라는 것을 보여준다. 말한 것은 지킨다.
② 약속을 소중히 하고 충분한 시간을 가지고 상대방에게 여유를 준다.
③ 일관된 모습으로 수시로 애정, 관심, 감사를 실천한다.
④ 진심 어린 말을 하면서 상대방보다 내가 더 많은 책임을 진다.
⑤ 진심을 가지고 설명하여 내가 변하고 있다는 것을 보여준다.

■ 다른 사람의 신뢰를 얻는 방법 : 신뢰 형성후 앞으로 나아가기

① 최대한 사실대로 이야기하고 내가 더 인내심을 가진다.
② 거짓말을 했다면 빨리 인정하고 나와 상대의 감정을 존중한다.
③ 상대가 다른 인간관계를 맺는 것에 대해 미리 준비한다.
④ 여러 가지 원하지 않는 결과를 예상하여 마음의 준비를 한다.
⑤ 자진해서 유용한 정보를 상대에게 제공한다.
⑥ 경우에 따라 상세한 부분을 빠뜨지 말고 상대와 공유한다.
⑦ 정말 하고 싶지 않은 것이 있다면 솔직하게 이야기한다.
⑧ 비밀을 들었다면 지키고 상대에게 충성심을 보인다.
⑨ 감정을 조절하고 난폭한 행동을 하지 않는다.
⑩ 오해를 차단하기 위해 돌려서 말하기 보다는 직접적으로 표현한다.

CHAPTER 04

Ⅳ. 장교의도(道)

(이순신 장군을 중심으로)

장교의 책무

장교는 군대의 기간(基幹)이다.

그러므로, 장교는 책임의 중대함을 자각하여 직무수행에 필요한 전문지식과 기술을 습득하고 건전한 인격의 도야와 심신의 수련에 힘쓸 것이며 처사를 공명정대히 하고 법규를 준수하며 솔선수범함으로써 부하로부터 존경과 신뢰를 받아 역경에 처하여서도 올바른 판단과 조치를 할 수 있는 통찰력과 권위를 갖추어야 한다.

학 / 습 / 목 / 차

1. 지도자적 자세 : 리더십
2. 상하 일체의 결속
3. 부하들에 대한 관심과 배려
4. 신상필벌의 자세
5. 철저한 훈련으로 강병 육성
6. 겸양과 희생의 자세
7. 유비무환과 창조의 정신
8. 결연한 위기극복의 자세
9. 날카로운 통찰력
10. 솔선수범하는 용기와 조직에 대한 충성
11. 장교의 도 (道) Keyword
12. 이순신 장군의 어록

1. 지도자적 자세 : 리더십

■ 승패의 결정 : 지휘관의 리더십

- 고대의 전쟁부터 지금까지의 모든 전쟁사에서 영향요소 : 어떤 지휘관이었는가 ?
  - * 마라톤 전투 : 아테네 밀티아데스 장군의 병력 열세를 뛰어넘는 병력배치 전략술
  - * 칸나에 전투 : 카르타고 한니발 장군의 획기적인 포위 섬멸전술
  - * 고올 전역 전투 : 로마 카이사르 장군의 병력에 대한 배려를 통한 감동 감화
  - * 나폴레옹 전투 : 프랑스 나폴레옹 장군의 승리에 대한 자신감과 천재적 포병술
  - * 영불해전 : 영국 넬슨 제독의 명확한 아군 / 적군 전력 및 지형분석
- 지휘관의 능력에 따라 병력의 열세에도 승리한 경우가 너무 많음

▲ 수적 열세를 극복하고 승리한 역사적인 전쟁

1. 아쟁쿠르 전투 : 영국 0.6만 vs 프랑스 2.5만, 영국 승리
2. 가우가멜라 전투 : 마케도니아 4.5만 vs 페르시아 25만, 마케도니아 승리
3. 행주대첩 : 조선 0.3만 vs 일본 3만, 조선 승리
4. 비수전투 : 동진 8만 vs 서진 90만, 동진 승리
5. 출하점 전투 : 여진 0.37만 vs 요 10만, 여진 승리
6. 팽성 전투 : 항우 3.5만 vs 유방 60만, 항우 승리
7. 명량해전 : 조선군선 13척 vs 일본군선 133척, 조선 승리
8. 안시성 전투 : 고구려 2만 vs 당나라 70만, 고구려 승리
9. 베티고지 전투 : 한국군 36명 vs 중공군 1,400명, 한국군 승리
10. 겨울전쟁 : 핀란드 30만, 탱크 30대 vs 소련군 148만, 탱크 6,500대, 핀란드 승리

■ 임진왜란 승리 원인

- 수 많은 애국충정의 의병 + 명나라 원군 + 이순신 장군의 해전 승리
  : 이순신 장군의 해전 승리는 결코 우연의 결과로 얻어진 것이 아님
  - * 지형분석, 판옥선 준비, 장거리 화포, 정보우위, 철저한 교육훈련, 전략전술 등
- 이순신 장군의 탁월한 전략적 안목과 인간적인 리더십의 결과
  : 총 13회 출동, 23번의 대소 전투 수행 → 23전 23승
  - * 일본군 피해 : 적선 731척 격파, 23척 나포, 일본군 수만 명 수장
  - * 조선군 피해 : 조선 수군 2척 파괴, 전사 67명, 부상 148명
- 이순신 장군 리더십의 기본 : 소통 (징비록 기록)

" 수군 통제사로 부임하고 임진왜란이 일어나자 통영 소재 운주당에 모든 수군을 비롯하여 어린아이와 노인들까지 모두 모이게 한 뒤 전쟁을 이길 수 있는 지혜를 경청, 실전에 옮겨 승리의 바탕으로 삼았다."

2. 상하 일체의 결속

■ **리더십의 출발 : 상하의 마음이 하나가 됨**

- 손자병법 : 하나의 마음으로 만드는 것이 도(道)의 경지를 이루는 것임
  * 윗사람과 아랫사람이 하나가 되어 함께 죽고 살 수 있는 경지에 이르러 마음이 하나가 되는 것으로 삶과 죽음을 함께 할 수 있는 상태
- 이순신 장군의 상하일체 결속
  * 여러 사람의 의견에 귀를 기울이고 조직의 결속과 단결을 유지하는데 항상 정열
  * 허심탄회한 대화로 상하의 벽을 무너뜨리면서 최선의 결론을 도출하고자 노력
  * 부대의 단결을 공고히 함을 물론, 싸우면 항상 이기는 부대상 정립

▲ **허심 탄회한 대화**

- 장군이 한산도에 있을 때 밤낮을 군영 안에 거처하면서 여러 장수들과 더불어 군사 일을 논했는데, 비록 졸병이라 할지라도 말하려고 하는 자가 있으면 와서 말하는 것을 허락하여 군정을 통하게 했다.
- 전쟁을 하려고 할 때에는 매번 부하 장수들을 다 불러 모아서 계책을 물어 작전 계획을 정한 뒤에 싸움을 결행했기 때문에 싸움에 패하는 일이 없었다.

■ **인간에 대한 깊은 관심**

- 어느 누구와도 대화를 실시하고 사전에 충분히 의견을 듣고 신중하게 결정
  : 여러 사람의 지혜를 모아 열린 토의문화 정착, 시대를 앞서간 선각자
- 부하들과 인간적인 교류 확대 : 수시로 술과 음식을 장만하여 부하들 위로
  * 밤이 깊도록 이들이 즐겁게 마시고 뛰놀게 한 것은 내 스스로가 즐겁자고 한 것이 아니라 고생한 장병 노고를 풀어주고자 한 것이었다. (난중일기, 1595. 5월)
- 부하들을 진심으로 아껴 주었기에 이순신 장군을 충심으로 따르게 됨

▲ **자신을 알아주는 자를 위해 목숨을 바침 : 자객 예양**

- 예양은 자신을 총애하고 아껴주던 주군 지백이 조양자에 의해 죽자, 몇 번의 걸친 암살시도를 하였으나 실패하고 조양자에 의해 잡히게 되었다. 조양자가 물었다.
- 자네가 모시던 이전의 주군이 죽었을 때는 복수하지 않다가 지백이 죽자 그토록 왜 복수를 하려는 것인가? 예양의 대답은 간단했다.
  "이전의 주군은 나를 신하중 한사람으로 대했지만 지백은 나를 알아봐주고 대우했기에 나는 보답을 하려고 하는 것이오, 주군의 원수를 갚고자 했으나 못하는 것이 너무 원통하니 당신의 옷이라도 한번 칼로 자르게 죽게 해주시오."
- 예양의 충성심에 경의를 표하고 자신 옷을 칼로 자르게 했고 예양은 자살했다.

3. 부하들에 대한 관심과 배려

■ 부하들이 무엇을 원하는지 정확하게 알고 있어야 함

- 조선시대 당시 본인의 발전과 출세를 위한 유일한 수단 : 과거시험
  * 한양과 멀리 떨어진 남해안 바다에서는 과거시험 응시 불가능
  : 똑똑한 인재들은 속으로만 고민하고 감히 말을 할 수 있는 상황이 아니었음
- 이순신 장군의 조치 : 한산도에서 과거시험을 볼 수 있게 해달라고 조정 건의
  "말을 달리면서 활을 쏘는 것은 바다에 떨어져 있는 섬이라 말을 달릴만한 장소가 없으니 대신 편전 쏘는 것으로 시험 받으면 좋을 것 같아서 조정의 선처를 기다립니다."

▲ 부하들의 개인신상에 대해 자상하게 관리

- 이순신 장군의 관심과 노력으로 1594.4.6일 과거 시험장 개설
  : 출장 과거 시험장 개념으로 권율 장군의 도움으로 시험관을 정하고 3일 동안 시험을 치른 후에 100명의 합격자 배출
- 부하들이 진정으로 원하는 것을 지휘관이 조치하여 부하들의 신뢰 획득
  : (부하들 심정) 나를 위해 이렇게 신경 써주는 지휘관이 있었던가?

■ 부하들의 생명을 제일 먼저 고려하였음

- 자신의 명예나 욕심보다는 부하의 생명을 최우선으로 조치
  : 임진왜란 당시, 승리를 인정받기 위해서 적의 수급이 증빙되어야 했음
  * 당시 군 지휘관은 적의 수급을 확보하기 위해 일부러 부하를 위험한 곳으로 투입
- 이순신 장군은 자신의 공로를 보여주기 위해 부하를 이용하지 않음

▲ 이순신 장군의 부하 생명 존중 사례

- 일본군이 전투에서 패하여 뭍으로 도망가면 절대로 따라 들어가지 못하도록 함
  : 적의 수급을 확보할 수는 있지만 적의 매복에 걸리면 부하들의 피해에 대한 우려가 있으며 조선군은 일본군에 비해서 근접전에서는 취약하다는 판단
- 쓸데없는 공명심에 휩싸이지 않고 맹목적인 승리와 명예에 집착하지 않음
  : 조선 수군이 준비가 되지 않은 상태에서는 무작정 출정하지 않았으며 부하들이 전술전기 수준이 자신감이 있을 때 이길 수 있는 여건을 만들어 놓고 출정하였음
- 부하를 친자식과 같이 대우, 1명이라도 부하의 생명을 가볍게 여기지 않았음

- 내 목숨을 소중히 여겨주는 지휘관을 만나 전투에 임해서도 내가 죽지 않을 수 있다는 생각이 들게 된다면 부하로서 지휘관에 대한 어떤 생각이 들 것인가?
  * (존경심 생김) 내가 소속된 부대가 항상 승리, 저 지휘관과 함께라면 내가 안 죽는다.

4. 신상필벌의 자세

■ 신상필벌의 원칙은 공평하고 일관적이게 적용

- 군대에 포상이 없으면 병사는 움직이지 않는다 (삼략)
  - * 처벌해야 할 것을 처벌하지 않으면 간사함을 기르게 된다.
  - : 상벌은 구성원 모두가 인정할 수 있을 정도로 하늘과 땅처럼 공정해야 함
- 포상은 선행을 권하는 수단이며 처벌은 악행을 징계하는 수단
  - * 특히, 처벌에 대해서는 예외없이 반드시 실행되어야 함을 강조 (태공망)

> **▲ 이순신 장군의 신상필벌 사례**
> - 피비린내 나는 전투가 끝나면 부하들 중 전사한 자는 그 유골을 고향에 보내어 장사를 치르게 하고 그 처자는 구휼법에 따라 잘 대우
> - 공이 있는 자는 일일이 등급으로 나누어 조정에 논공행상을 건의하여 조치
>   : 승리에 대한 보고를 할 때 승리에 기여한 병사들의 이름까지 기록하여 건의

■ 신상필벌의 원칙은 엄격하게 확립

- 열심히 임무를 수행하면 반드시 보상을 받을 수 있다는 것을 믿도록 조치
  - : 신분고하를 막론하고 공이 있는 자는 반드시 포상을 받을 수 있도록 적용
- 처벌을 가할 때는 다른 사람인 것처럼 무서울 만큼 엄격하게 집행
  - : 임진왜란 기간 동안 100 여회 걸쳐 엄격하게 군법 시행
    - * 대표적 처벌 기록 : 처형 28 회, 곤장 44 회, 각종 처벌 36 회, 구속 15 회

> **▲ 난중일기에 기록된 세부적 처벌 내용**
> - 방탑 병선 군관과 색리들이 병선을 수리하지 않았기 때문에 곤장을 때렸다.
> - 성 밑에 사는 토병 박몽세는 석수인데, 선생원 돌 뜨는 곳에 가서 해를 끼치고 이웃집 개에게까지 피해를 입혔으므로 곤장 80대를 쳤다.
> - 지휘에 응하지 않고 적의 상황을 빨리 보고하지 않아 색리를 잡아 곤장을 쳤다.
> - 한 어부가 피란민의 소를 훔쳐와서 잡아먹기 위해 적이 쳐들어온다고 허위보고를 하였기에 그의 목을 베어 군중에게 효시했다.

- 전쟁 준비에 관한 미흡한 내용은 절대 용서하지 않음 (구성원 공감대 확보)
  - : 특히, 적정에 관한 신속한 보고를 매우 중요하게 생각하였음
    - * 이순신 장군을 전략 전술보다 정보전의 대가로 보는 군 전문가들도 있음
- 이순신 장군 수군 함대의 특이한 직책 : 참퇴장 (도망병의 목을 베기 위한 직책)
  - * 목은 베었지만, 죽은 자의 가족에게 별도의 음식과 돈을 보내 따뜻한 관심 가졌음

5. 철저한 훈련으로 강병 육성

■ 전투 승리의 핵심적 요소로 인식 : 철저한 훈련

- 파도, 바람, 조류, 지형, 화포 등 복잡한 해전의 성공적 수행을 위해 지속적인 반복훈련을 실시하여 병사들이 스스로 느끼는 자신감 부여
  * 당시 조선 수군의 훈련수준은 매우 미흡 : 실망하지 않고 병사들의 눈높이에 맞추어 인내심을 가지고 하나씩 점차적으로 완성하면서 훈련수준 향상
- 적과 싸워 이길 수 있는 강병 육성 집중 : 조선군에 대한 장점 최대화
  * 판옥선 장점 : 안정적 수평유지, 충격력 양호, 회전반경 짧음, 원거리 화포사격 유리

▲ 피 · 아 전술적 요소에 대한 철저한 분석

- 일본 수군의 승리공식 : 상대적으로 빠른 배를 이용하여 적선에 붙이고 조총을 쏘며 적선에 진입하여 개인 전투력에서 우위에 있는 백병전을 통해 적선에 대한 제압
- 조선 수군 기존 / 기본 전술 : 상대적으로 사정거리 긴 화포를 이용하여 원거리에서 화포를 이용하여 공격하는 적선 제압방식

1. 기존 전술만 고집하지 않고 철저한 정보작전을 통해 적의 상황을 정확히 파악
2. 지형을 유리하게 이용하여 상황에 따라 접근전, 유인전을 통해 화력집중 구역을 설정하여 효과적으로 적선에 대한 제압 (한산도 대첩)

■ 기본 병기에 대한 철저한 숙달

- 수군에게 활쏘기 시험, 군관에게 편을 갈라 활을 수시로 연습할 수 있도록 조치
  : 자신도 틈만 있으면 예하 장수들과 활쏘기 훈련을 수시로 함
  * 당시 해전에서 중요한 기본 병기 활 : 누구나 능숙하게 다룰 줄 알아야 함
- 거북선 / 판옥선의 지자포, 현자포를 사용할 수 있도록 군사를 수시로 훈련
  : 전투에서 화포에 대한 자신감을 가지고 싸울 수 있도록 조직적 훈련 실시
  * 화포 : 상대적으로 일본군에 비해 우월한 사거리를 가진 조선의 기본적 편제화기

▲ 조선군 화포전술의 취약점 극복 노력

문제점 1. 화포를 쏘는데 준비시간이 오래 걸림
문제점 2. 적 방향으로 돌진시 측면만큼 대포를 사용할 수 없음

- 판옥선을 신속하게 회전하는 훈련을 통해 측면방향의 화포 사용
- 화포 재장전 시간을 신속히 하도록 병사들 훈련 철저
- 1열/2열 배치를 통해 재장전 준비시간 동안 교대를 통해 연속적인 화포 사용 연습
- 화포 재장전에 대한 효과적 표준절차 정립 / 신무기(거북선) 개발 노력 및 배치

6. 겸양과 희생의 자세

■ 결코, 자신의 공적을 앞으로 내세우지 않음

- 기적과 같은 승리 뒤에 따라오는 찬사 앞에서도 일부러 그 자신을 힘써 숨김
  : 자신의 공적을 내세우지 않고 반드시 부하들의 공적을 전면에 기록
  * 당시 신분제 사회에서 비천한 종까지도 빠짐없이 승전보고서에 포함하여 격려
- 승리에 대해 자신의 공이 아니라 부대원 전체의 공으로 돌렸음
  * 명량해전을 승리로 끝내고도 그 승리를 천행(天幸)으로 돌렸음

▲ 전투 승리에 대한 이순신 장군의 마음 (난중일기)

"사직의 위엄과 영향에 작은 공을 세웠는데 임금의 총애와 영광이 분에 넘친다. 쓸 만한 공로도 바치지 못했는데 입으로 교서를 외우니 얼굴에는 군인으로서 다만 부끄러움이 있을 뿐이다."

: 작은 승리도 인정받으려는 당시 분위기 속에서 고고한 가치는 더욱 평가 받음

■ 겸손은 더욱 강력한 힘을 발휘

- 승리에 교만하고 성공에 자만하면 반드시 패배와 실패가 따라오게 됨
  : 겸손한 마음으로 적을 헤아렸고 빛나는 전공은 위와 아랫사람에게 돌렸음
  * 적에 대해서도 결코 경시하지 않고 적의 장점을 인정하고 나의 부족함을 반성하였음
- 단호하되 거만하지 않으며 섬세하되 결코 편협하지 않음
  : 부하들로 하여금 이순신을 따르면 최소한 죽지는 않는다는 확신을 부여
  * 벼랑 끝에 몰리더라도 이순신만 바라보면 반드시 어떤 길이 열린다는 믿음 형성

▲ 전시에 가장 따를 만한 지휘관 : 내 목숨을 확실하게 지켜줄 수 있는 지휘관

- 단결된 부대 전투력 + 지휘관의 천재적 전술판단 능력 = 적에게 공포의 대상

▲ 본인이 어려운 상황에서도 주변을 원망하지 않음

- 1번의 투옥, 3번의 파직, 2번의 백의종군 : 한 번도 원망하지 않음

※ 2번의 백의종군(白衣從軍) : 조선시대 군대 형벌로 장수의 제복을 벗기고 속에 입던 백의만 입고 근무하게 하는 가혹한 형벌이며 치욕감을 주는 목적있음

1. 조산보만호 군관시절 : 여진족 침략을 받아 10명 전사하고 백성들 희생
   * 상급자 이일이 자기 책임을 면하기 위해 이순신에게 모조리 책임을 돌림
2. 삼도수군통제사 시절 : 일본 거짓정보에 속아 조정에서 가토를 생포하라는 명령을 내렸지만 일본 계략임을 알고 응하지 않음. 파직투옥후 백의종군
   * 당시 조정의 당파싸움과 상황판단 무지로 현장지휘관의 판단을 무시

7. 유비무환과 창조의 정신

■ 위기 뿐만 아니라 위기가 닥치기 전 예상해서 대비 필요

- 어떤 일이 터져 급하게 막는 것보다 일이 터지기 전 예방하는 것이 더 현명
  : 임진왜란이 발생하기 4개월 전부터 꼼꼼하게 전쟁을 준비
  * 이순신이 임진왜란 前 전라좌수사로 임명되지 않았다면 조선 수군 승리는 없었을 것임
- 선조 임금을 비롯하여 조정 대신들은 전쟁은 없을 것 or 없어야 한다고 낙관
  : 전쟁이 발발할 것이라는 많은 정보가 있었지만 의도적으로 무시한 경향 있음
  * 당시 조선 개국 이후 200 년간 평화의 시대로 국방력 강화에 대한 의지 매우 부족

▲ 임진왜란 前(1590년) 조선통신사로 일본을 다녀온 황윤길 / 김성일의 보고

- 좌의정 정철과 가까운 서인의 황윤길, 영의정 류성룡과 가까웠던 동인의 김성일은 출발부터 의견이 다를 수밖에 없었고 돌아와서 서로 상반된 보고 실시
- 황윤길 : 일본은 조선을 침략한 능력과 의도는 없다고 보고
- 김성일 : 일본이 전쟁에 숙달된 상태, 많은 군사력 준비로 조선 침략할 것이라 보고
- 조정에서는 황윤길의 보고를 채택, 귀국 후 황윤길은 병조판서에 임명

▲ 당시 조선 조정에 대한 분석

1. 당시 조선 조정도 솔직히 일본의 속셈을 파악한 것으로 추정
   : 남부지방에 방어 위해 성 축조하게 했고 경상도 요충지마다 병영을 신축하거나 고치도록 나름대로 준비는 하였음 (문제는 너무 빈약한 수준)
2. 태평시대에 너무 취해 있어 전쟁 준비를 제대로 할 수 없었음
   : 평화시대에 성 쌓는 것에 반발하는 상소가 빗발쳤고 홍문관도 공사의 부당함을 주장, 노역에 동원된 백성들이 불평(반발이 너무 컸음)
3. 동.서인 간의 정치적 사건 해결에 정신이 없었음
   : 역모 성격 정여립 사건으로 동.서인 간 연결되어 있는 후속조치에 대해 민감한 상태였음, 전쟁 준비는 관심사항 아니었음 (관심은 자기 정치세력의 존망)

■ 주어진 기본임무(싸워 이길 수 있는 군대 만들기)에 충실

- 군사훈련과 전략연구 11회, 활쏘기 30회, 대포쏘기 4회, 거북선 건조, 시운전, 시험사격 3회, 군사시설 및 인원점검 20회, 부하격려와 포상 14회
  * 군인으로서 싸울 수 있는 상태를 만들기 위해 전쟁발발 전까지 최선을 다함
- 신무기 거북선 건조 : 일본 수군 전술에 대한 조선 수군의 장점 극대화
  : 조선 태종 때 만든 기본 거북선에서 혁신적인 제작으로 창안 수준의 개발 / 준비
  * 나대용에 의한 거북선 건조 건의를 수용, 군사적 측면에서 효용성 극대화

▲ 임진왜란 당시 조선과 일본의 기본 국력 비교

구 분	조 선	일 본	비교 (조선 : 100%)
국토면적	220천 km^2	377천 km^2	170 %
인구 (추정)	600~700 만	1,000~1,200 만	172 %
쌀생산량 (연간)	12,000 천석	18,500 천석	154 %

▲ 임진왜란 당시 조선과 일본의 국사력 및 군사방식 비교

＊ 근거 : 유성룡 시무치자, 선조실록, 징비록, 조선시대 국가재정과 왕실재정 등

구 분	조 선	일 본
군사 동원능력	14.5 만 (군적상 인원)	46.2 ~ 55 만
개전시 참전병력	중앙군 갑사 0.3만, 지방군 상번군 0.53만, 기타 1만, 의병 1.76만, 수군 1.5만 등 총 17.24만명 ＊ 실제 전투병은 8만명 수준 추정	15.87 만명
전투방식	지상에서 주적 여진족 기마병을 궁기병으로 추격, 활 발사	지상에서 평원이나 들판에서 어울려 싸우는 회전 및 백병전
화약무기	조총 무관심, 공성용 화포만 발전 ＊ 활을 중시하는 중국식 전술 영향	조총 (보병용) ＊ 백병전에서는 화포를 중시하지 않음
전투경험	조선 개국 200년 동안 외적과 전쟁 경험도 없으며 내전도 겪지 않아 평화를 경험하여 군대는 싸우는 방법도 전쟁에 대비도 되지 않은 군대였음	일본 전국통일전쟁을 경험하여 임진왜란에 참전한 다이묘와 무사는 전장에서 살아남은 백전노장, 규모와 전투력에서 당대 최강급으로 평가
전쟁에 임하는 자세	긴 평화 시대는 왕으로부터 백성에 이르기까지 전쟁에 대한 경각심을 잃게 만들었음. 병역은 군포로 대체되고 군적관리도 제대도 되지 않아 군대가 없는 나라였음. 양반은 군역을 면제, 국방과 군사력 유지에 대한 국가적 관심 저하	도요토미 히데요시는 8군 장수에게 점령할 조선의 도를 하나씩 배정, 승전하면 새로운 영지가 생기고 참전한 무사들 에게는 경작할 땅이 생기니 명확한 목적 가지고 참전

▲ 일본 전력이 조선에 비해 압도적 우위였지만 성공하지 못한 이유

1. 수많은 애국 충정의 전국적인 의병 활동
   : 지형 이점을 이용하여 게릴라 전술 등 통해 일본군의 지속적인 전투력 저하
2. 명나라의 원군 및 참전(결정적 원인이기는 하나, 명나라 군에 의한 피해도 심각한 수준)
   : 조선에 대한 성리학적 명분과 일본의 조선 점령 이후 다음 전쟁에 대한 대비 목적
3. 일본군 수륙병진전략의 좌절 (이순신 장군의 해전 승리)
   : 단기간 한성을 점령하여 조선 국왕을 인질로 삼기 위해 빠른 지상군 진격과 병행하여 지상군을 지원하는 수군에 의해 남. 서해를 돌아 전쟁지속물자를 지원하려는 수륙 병진전략이 일본군의 제해권 장악 실패로 전쟁 지속능력에 심대한 차질 발생

8. 결연한 위기극복의 자세

■ 위대한 지도자는 위기에 그 진가를 발휘

- 필사즉생의 리더십 : 죽기를 각오하면 비로소 살 수 있는 길이 열릴 수 있음

▲ **삼도수군 통제사가 되었을 때 이순신의 연설**

"우리들이 지금 임금의 명령을 다 같이 받들었으니 의리상 죽는 것이 마땅하도다. 그렇지만 사태가 이 지경에 이르렀으니 한 번 죽음으로서 나라에 보답하는 것이 무엇이 아깝겠는가 ? 오직, 우리에게는 죽음만이 있을 뿐이다."

: 이왕 죽을 바에야 죽기를 각오하고 한번 해보자.

■ 위기의 순간에도 부하들에게 희망과 비전 제시 : 생즉사 사즉생(生則死 死則生)

- 절체절명 위기에 처해있지만 잘하면 살 수도 있다는 신념 웅변, 방법까지 제시

: 부하들의 마음을 하나로 묶고 반드시 살 수 있다는 희망과 비전 포함

"병법에 이르기를 반드시 죽을 각오로 임하면 살 수 있고 반드시 살려고 한다면 죽게 된다고 했으며 한 명이 길목 지키면 천 명도 두렵게 할 수 있다고 했다. 이것은 모두 모두 우리를 두고 하는 말이다."(명량해전 하루전)

▲ **생즉사 사즉생(生則死 死則生) : 출처 오자 (중국병서, 오기장군)**

- 凡兵戰之場 立屍之地 (범병전지장 립시지지)
  : 무릇 전쟁터란 항상 시체가 나오는 장소이다.
- 必死則生 幸生則死 (필사즉생 행생즉사)
  : 따라서 죽기를 각오하는 자는 반드시 살고, 요행히 살기를 바라는 자는 반드시 죽게 됩니다.

※ 장수의 전쟁에 임하는 결연한 자세

: 훌륭한 장수는 침몰하는 배 안에 있는 것 같고, 불에 타 무너지는 집에 있는 것처럼 결연해야 승리할 수 있음, 臨戰無退(임전무퇴)의 결의 강조

▲ **생즉사 사즉생(生卽死 死卽生) : 불교 용어**

- 生卽死 死卽生(생즉사 사즉생)
  : 불교에서 말하는 부단한 수행에서 깨닫게 되면 생과 사가 실재하는 것이 아니고 '삶이 죽음이고 죽음이 삶'이란 경지가 된다는 가르침
- 흔히 통용하는 必死卽生(필사즉생)의 뜻이 달라질 수도 있음

※ 卽(즉)을 쓰면 '꼭 죽는 것이 사는 것'이 되니 '만일 ~ 라면'의 뜻이 있는 則(즉)이어야 '죽고자 하면 산다' 로 해석 가능

9. 날카로운 통찰력

■ 지도자는 핵심 내용을 파악해야 한다.

- 전쟁 前 불안한 상황에서도 이순신 장군은 부하와 함께 울돌목을 관찰하며 침착하게 해전을 준비 : 전투에서 핵심적으로 작용하는 것이 무엇인지 확인
  * 불리한 상황을 극복하기 위해서는 지형을 이용하는 것이 핵심이라고 판단
  : 조류가 빠르고 물살이 암초에 부딪혀 소용돌이를 치는 울돌목 특성을 이용해 13 척의 배로 10 배가 넘는 왜선 133 척을 격파하였음

■ 통찰력 가지기 위해 다방면의 지식과 끊임없이 학습하는 자세 필요

- 이순신 장군은 다양한 병법서를 읽으며 성인이 되어서도 열정적으로 공부
  : 사서삼경, 소학, 증손전수방략, 동군사, 송사, 자치통감 등 다양한 분야 학습
  * 열렬한 학습욕으로 다른 사람들로부터 끊임없이 새로운 지식과 정보를 수집
- 자기 계발을 통한 필승의 전략 수립 : 우리 바다에 배에 맞는 싸움법 정립
  * 우리나라 남쪽 바다는 바닷길이 복잡하고 물살이 빠름, 물길에 익숙치 않은 일본군은 목숨을 걸어야 하지만 물길에 익숙한 조선 수군에게 하늘이 내린 요새
  * 기본대형으로 사용했던 첨자진은 화살촉 모양으로 판옥선 특징을 잘 이용할 수 있는 양옆과 앞에 힘을 실어주어 언제든지 적의 공격에 맞설 수 있도록 준비

▲ 우리 배와 일본 배, 이것이 달랐다.

1. 배를 만드는 방법이 달랐다.
- (판옥선) 소나무를 두껍게 잘라 사용, 배 골격에 나무판자를 붙일 때 판자들을 겹쳐서 이어 붙여 만들고 물과 만나면 나무들이 불어 이음새가 더욱 튼튼해짐
- (안택선) 삼나무나 전나무를 얇게 잘라 사용, 큰 쇠못을 사용, 처음 튼튼하지만 시간이 갈수록 쇠못이 녹슬어 골격이 헐거워짐

2. 배 모양과 크기가 달랐다.
- (판옥선) 배 바닥이 넓고 평평, 앞뒤 길이가 상대적으로 짧음, 배안 면적이 넓어 군사와 식량을 많이 실을 수 있어 긴 싸움에 유리, 화포를 쏠 때 반동 적음
- (안택선) 배 바닥이 좁고 앞뒤 길이가 상대적으로 길며, 속력은 빠르나 급하게 방향을 바꾸면 전복될 위험 큼, 배안 면적이 좁고 화포를 쏠 때 반동이 심함

3. 노의 각도가 달랐다.
- (판옥선) 노군들이 서서 저을 수 있음, 노의 각도를 배와 수직에 가깝게 만들어 다른 배가 가까이 와도 걸려 넘어지지 않았음, 빠르게 방향을 바꾸기 가능
- (안택선) 노군들이 앉아서 저을 수 있음, 노의 각도를 배와 수평에 가깝게 만들어 다른 배가 가까이 오면 걸려 앞으로 나아가지 못함, 방향 전환 어려움

10. 솔선수범하는 용기와 조직에 대한 충성

■ 자신이 먼저 적진에 나가 싸웠다.

- 대장선의 기본적 역할 : 대부분의 경우, 안전한 지역에서 전체 상황을 통제
  : 하지만, 이순신은 용기 있게 혼자 앞서 많은 수의 함선들과 직접 전투
    * 같은 배에 있던 병사들은 물론, 다른 배의 장수들과 병사들에게 사기를 불러 일으킴
  : 불가능할 것 같은 전투를 솔선수범의 요인으로 승리로 이끄는데 작용함 (명량해전)

▲ 명량해전의 의미

- 1597년 9월 16일, 이순신 장군이 수적 열세를 극복하여 왜군에게 승리한 해전으로 서해안으로 진출하려는 일본의 계획을 좌절시켜 전세에 많은 영향 미침
- 명량해전 때 이순신은 백의종군 중 발령되어 참전하였으며 명량해전 후 이순신은 다시 삼도수군 통제사로 기용되었으며 명량은 지금의 전남 진도 울돌목 일대

▲ 명량해전의 진행경과

1. 일본 함선들은 밀물을 타고 수로에 진입, 수로가 좁아 함대를 충분히 전개하지 못하고 종대대형으로 통과할 수밖에 없었음
2. 선도 함대가 명량 수로를 거의 지나 서쪽 출구에 도착할 무렵 밀물이 썰물로 바뀌면서 조수가 역류하기 시작하였음
3. 역류에 말린 일본 함대의 진격 속도가 늦어지고 대열이 흐트러지자 대장선부터 앞에 나가서 전투를 전개하고 이후 조선군 판옥선이 산개하여 일본함대에 돌격
4. 조선수군은 지자포 / 현자포를 사격하여 일본 군함의 선체를 파괴
5. 일본함대는 조수의 급류에 휩쓸려 서로 충돌하는 등 혼란에 빠졌으며 숫적우세에도 불구하고 일본함대의 선두 선박 31척이 격침됨
6. 선두 제대가 궤멸되자 일본군의 후속 함대는 수로 진입을 포기하고 퇴각

■ 독서 및 기록 통해 아이디어 창출 및 소통 / 조직에 대한 충(忠) 적용

- 꾸준한 학습과 사색, 기록을 통해 자기 발전에 매진하면서 정리된 생각을 끊임없이 부하들과 소통하여 최선의 방안을 찾아내도록 노력
  : 전투작전 수립에는 관련 장수 모두를 참여시켜 자유스럽게 의견 개진
    * 자신의 결정에 지나치게 반대하는 장수의 의견도 묵묵히 경청 (참여형 소통의 자리)
- 개인이 아닌 조직에 대한 충(忠) 개념 정립하여 적용
  : 자신을 핍박한 임금에게 왜 충성하느냐는 아들 이회 질문에 이순신은 답한다.
  "충은 의리이고 의리는 임금을 향하는 게 아니라 백성을 향한 것이다. 백성이 있어야 나라가 있고 나라가 있어야 임금이 있는 법이다."

장교의 도(道) Keyword

겸손 지도력 대담한 공격성

신상필벌 문제해결 희망과 긍정

자제심과 자신감 정직

공평무사 체력단련 창의

열린 마음 의사소통

경청 충성

부하보살피기 책임감 믿음

청렴결백

명예

통찰력 지피지기 신의일관

훌륭한 인격 공감능력 동기부여

희생과 봉사 성심복종 지혜

성실성 열정 비전제시 존중

의사결정 실용 엄격함 추진력

신의와 신뢰 용기 도전정신

의지와 근성 솔선수범

겸손 침착과감 존중 혁신적 사고 완전성

위국헌신 사람관리 교육훈련

이순신 장군의 어록

1. 사람들은 대장부로 태어나서 나라에서 써주면 죽음으로써 충성을 다할 것이요. 써주지 않는다면 밭을 갈아도 족하리라.

2. 진급을 해야 할 사람이 진급을 하지 못하고 순서를 바꿔 아랫사람을 올리는 것은 옳지 못하다. 또한 규정도 고칠 수 없다.

3. 벼슬길에 막 나온 내가 어찌하여 권세 있는 집에 의탁해서 출세를 하겠는가 ?

4. 이 오동나무는 나라의 것이다. 이것은 여러 해 동안 길러온 것이라 하루 아침에 잘라 낼 수 없다.

5. 죽고 사는 것은 천명이다. 죽게 되면 죽는 것이다.

6. 가벼이 움직이지 말고 태산같이 무겁게 행동하라.

7. 한번 이겼다고 해서 가볍게 생각하지 말고 위무하고 다시 정비 해두었다가 출전하여 처음과 끝을 한결 같이 하라.

8. 이 몸이 죽지 않는 동안에는 감히 적이 범하지 못할 것이다.

9. 달빛은 배에 가득차고 온갖 근심이 가슴을 치민다. 홀로 앉아서 이 생각 저 생각을 하니 닭이 울어서야 어렴풋이 잠이 들었다.

10. 작은 이익을 보고 들어 쳤다가는 큰일을 이루지 못할 우려가 있으니 아직 가만히 두었다가 때를 보아 무찔러야 한다.

이순신 장군의 어록

11. 이제 적을 상대하여 승패의 결단이 호흡에 걸려 있다.
장수된 자가 죽지 않았으니 누울 수가 있겠는가 ?

12. 석자 칼로 하늘에 맹세하니 강산이 떨고 한번 휘둘러 쓸어버리니 피가 강산을 물 들이는도다.

13. 촛불을 밝히고 홀로 앉아 나라 일을 생각하니
나도 모르게 눈물이 흘렀다.

14. 밤 세시가 되어도 눈을 붙이지 못하여 눈병이 생겼다.

15. 한 사람이 길목을 지키면 천명도 두렵게 한다는 말이 있는데
이는 모두 오늘 우리를 두고 하는 말이다.

16. 이 원수를 무찌를 수 있다면 지금 죽어도 한이 없겠다.

17. 지금 싸움이 급하다. 내가 죽었다는 말을 하지 마라.
군사들을 놀라게 해서는 안된다.

18. 좋은 직위가 아니라고 불평하지 마라.
나는 14년 동안 변방 오지의 말단 수비장교로 돌았다.

19. 죽고자 하면 필히 살 것이고, 살고자 하면 필히 죽을 것이다.

20. 두려운 것은 상대가 아니라 나의 마음이다.

CHAPTER 05

Ⅴ. 다산 정약용 선생의 인생 명언

리더의 조건 (다산 정약용)

① 말을 많이 하지 말고 격렬하게 성내지 마라.

② 스스로 직위를 구하지 마라.(봉사와 희생의 자리임)

③ 청렴은 목민관 본연의 자세이다.

④ 절약하되 널리 베풀어라.

⑤ 궂은 일도 기쁜 마음으로 행하라.

⑥ 대중을 통솔하는 길은 위엄과 신용 뿐이다.

⑦ 실제적인 배움을 중시하라.

⑧ 유비무환의 자세로 재난에 대비하다.

⑨ 세력자의 횡포를 막아라.

⑩ 청렴하게 물러나라.

다산 정약용 선생의 인생 명언

1. 아무리 좋은 말도 가려서 하고 속 깊은 충고도 살펴서 하라.

2. 일찍 피는 꽃은 그 시듦도 빠르다는 것이 진리이다.

3. 다른 사람을 부러워하지 말고, 오직 어제의 나보다
   오늘의 내가 조금이나마 나아졌는지 살펴봐라.

4. 사람은 그 마음에 무엇이 있느냐에 따라 그 행동이 달라진다.

5. 비범함은 무수한 평범함이 쌓인 결과물이다.

6. 비판과 비난을 구분하라. 칭찬과 아첨을 혼동하지 말라.

7. 미워도 인정할 것은 인정하고 좋아도 잘못은 당당히 비판하라.

8. 편을 갈라 말하지 말며 부화뇌동하지도 말라.
   그래야 그릇이 큰 사람이 될 수 있다.

9. 긍정적인 사고방식을 갖고 적극적으로 도전해라.

10. 아무리 어려운 문제도 해결 방법은 있기 마련이다.

11. 모든 일은 마음먹기에 달렸다, 한 걸음씩 차근차근 내디뎌라.

12. 서두르지 말고 천천히 해라, 절대로 중도에 포기해서는 안 된다.

13. 실패하더라도 다시 일어서겠다는 각오로 임해라.

14. 작고 사소한 일상에 애정을 쏟고 최선을 다하는 것이 위대한 일을 이루는 기반이 된다.

15. 세상에 가장 어려운 일도 그 시작은 미세하다.

16. 하고자 하는 일이 작아 보인다 하여 보잘 것 없다고 여겨서는 아무 일도 일어나지 않는다.

17. 사람들은 흔히 타고난 것이나 주어진 환경에 탓을 돌리지만, 사람은 습관의 노예임을 기억해라.

18. 타고난 본성은 모두 비슷하지만 습관이 차이를 만든다.

19. 습관이 행동이 되고 행동이 인생이 된다.

20. 욕심은 옳고 그름을 나눌 수 없는, 가치 중립적인 것이기에 버리는 게 아니라 잘 다스려야 한다.

21. 나이 들수록 근사한 사람들은 좋은 습관들을 욕심낸다.

22. 기적은 힘차게 내디딘 첫걸음에서 시작되고, 포기하고 싶은 순간에 내디딘 마지막 걸음에서 완성된다.

23. 공부하며 쌓은 지식은 시간이 지나면 희미해지지만, 공부해나갔던 자세만큼은 머리가 아닌 몸에 새겨진다.

24. 의심의 끝에서 발견하는 것은 결국 의심하는 나 자신이다.
의심하는 나를 극복하지 못하면 평생을 의심 속에 살아야 한다.

25. 천하 만물 가운데 지킬 것이 없지만 오직 나만은 지켜야 한다.
천하에 잃기 쉬운 것에 나만 한 것이 없다.

26. 밉게보면 잡초 아닌 풀이 없고 곱게보면 꽃 아닌 사람이 없다.
그대는 자신을 꽃으로 보시게.

27. 지극히 어려운 일도 쉬운 일에서 시작되고
세상의 큰일도 그 시작은 미약하다.

28. 나만의 질문을 찾는 것을 멈추지 않는다면, 세상에 책임을 질 줄 아는 어른이 된다.

29. 회복이란 이전으로 돌아가는 것이 아니라,
이전과 확실하게 결별하는 것이다.

30. 사람들은 잃어버린 나를 찾아 길을 떠나지만,
왜 자신을 잃어버렸는지는 되돌아보지 않는다.

31. 아는 자는 반드시 실천하며, 실천하고 있다면 이미 알고 있는 것이다.

32. 인간을 만드는 것은 태어나면서 얻는 기질이 아니라,
살아가면서 만들어가는 태도이다.

33. 어떤 이는 태어나면서부터 알고, 어떤 이는 배워야 알며,
어떤 이는 곤란을 겪어야 알지만, 과정은 달라도 그 깨달음은 같다.

34. 인생은 속도를 겨루는 시합이 아니다. 세월을 견디고 비바람을 버텨야 나이테가 쌓이니 조급해하지 마라.

35. 살아가며 겪는 세월 가운데 똑같은 날은 단 하루도 없다.
경험에는 한계가 있을지언정 해석에는 한계가 없기 때문이다.

36. 다스림이란 공평무사함이니, 스스로를 다스린다는 것은 나 자신을 있는 그대로 바라보는 것에서 시작한다.

37. 배우기를 좋아하면 지혜로움에 가깝고, 힘써 행하면 인자함에 가깝고, 부끄러움을 알면 용감함에 가깝다.

38. 삶의 가장 큰 걸림돌은 결국 나 자신이었다.
내 마음이 바뀌면 모든 것이 바뀐다.

39. 용기는 두려워하지 않아도 될 것을 두려워하지 않는 지혜이다.
지혜가 없으면 그 반대로 한다.

40. 성공의 길은 다양하지만 실패의 길은 포기, 하나 뿐이다.
하나의 길이 막혔다고 해서 실패한 것은 아니다.

41. 마음을 단단하게 붙잡기 위해서는
먼저 흔들리는 마음을 인정해야 한다.

42. 마음이 담박하지 않으면 뜻을 밝힐 수 없고
마음이 안정되지 않으면 뜻을 이룰 수 없다.

43. 인생 또한 음악이 그러하듯 높은 소리와 낮은 소리가
어우러지는 것이니, 너무 슬퍼하지 말라.

44. 술에 취하는 것은 하룻밤이면 끝나지만,
뜻에 충실하지 않으면 평생을 취해서 산다.

45. 그대가 방에 홀로 있을 때, 방구석에도 부끄러움이 없어야 한다.
드러나지 않는다고 해서 보는 사람이 없다고 말하지 말라.

46. 내 마음이 삐뚤어지면 세상도 어그러진다.
세상을 바꾸고 싶다면 나의 마음부터 바꾸어라.

47. 생각하기를 포기하면 살아가는데 급급해진다.
그러니 삶이 사납게 닥쳐올수록 생각하고 또 생각하라.

48. 굶주린 자는 달게 먹고 목마른 자는 달게 마신다.
굶주림과 목마름이 본래 맛을 가리기 때문이다.

49. 당장의 욕망에 휘둘리지 말고 내가 무엇을
욕망하고 있는지 스스로 돌아보라.

50. 인간에게 쓸모없는 감정은 없다.
단지 다스리지 못하는 감정이 있을 뿐이다.

51. 더 가고 싶을 때 절제하고, 두려울 때 한 걸음 더 나아간다.
탁월함이란 완성이 아니라 완성을 향해 나아가는 것이다.

52. 내가 가진 지식은 입으로 하는 자랑거리가 아니다.
본보기가 되고 싶다면 거쳐 온 세월로 증명하라.

53. 스스로를 속이고 타협한 하루하루가 쌓이다 보면
인생 전체가 거짓말이 된다.

54. 인간을 바닥으로 잡아끄는 것은 '어쩔 수 없다' 생각을
적응으로 착각하게 만드는 체념이다.

55. 군자는 하류에 머무는 것을 싫어한다.
천하의 악이 모두 하류에 모여들기 때문이다.

56. 사자는 갈기가 없더라도 사자다.
선비는 궁한 처지에도 비굴하지 않다.

57. 어제를 돌아본다고 해서 지식이 늘어나지는 않겠지만
얼마나 어리석었는지는 깨달을 수 있다.

58. 오르막 길은 어렵지만 끈기로 성취할 수 있고
내리막 길은 쉽지만 항상 조심해야 한다.

59. 실수를 인정하는 것은 어려운 일이지만
길이 멀다고 해서 거꾸로 걸을 수는 없다.

60. 그 어떤 특별한 순간도 일상만큼 반복하지는 못한다.
평범한 일상을 유지하는 일만큼 비범한 것은 없다.

61. 길은 정해지면 바꿀 수 없지만 걸음은 내가 정할 수 있다.

62. 세상을 지키는 존재는 특별한 소수가 아니라
자신의 자리에서 소중히 일상을 지켜나가는 사람들이다.

63. 좋은 일이 일어났다고 해서 세상을 다 얻은 양 날뛰지도 말고
나쁜 일이 일어났다고 세상이 다 끝난 듯 한숨 쉬지도 말라.

64. 위엄은 청렴한데서 생기고 신의는 충성된 데서 나온다.
청렴하면서 충성되기만 하면 능히 대중을 복종시킬 수 있다.

65. 바람이 불어 흔들 수 있는 것은 물결의 표면 뿐이다.
정작 그 깊은 물속은 미동조차 하지 않는다.

66. 내가 잘한 것이 없는데 남들이 칭찬한다고 우쭐대지 마라.
내가 잘못한 것이 없는데 남들이 뭐라 한다고 안절부절하지 마라.

67. 지혜로운 사람은 회복의 조짐을 미리 헤아리기에
눈앞에 희비에 연연하지 않는다.

68. 나라를 망하게 하는 것은 외침이 아니라,
공직자의 부정부패에 의한 민심의 이반이다.

69. 검소해야 청렴할 수 있고 청렴해야 백성을 사랑할 수 있다.
검소하게 하는 것은 목민관이 된 자가 가장 힘써야 할 일이다.

70. 인간으로 하여금 짐승과 벌레의 부류를 벗어나 저 광대한 우주를 지탱하게 만드니 독서야말로 우리들의 본분이라 할 수 있다.

71. 겸손은 사람을 머물게 하고 칭찬은 사람을 가깝게 하고
넓음은 사람을 따르게 하고 깊음은 사람을 감동케 한다.

72. 내 재물로 어려운 사람을 도우면 흔적없이 사라질 재물이
받은 사람의 마음과 내 마음에 깊이 새겨져 보석이 된다.

73. 평소 사용하는 말부터 그릇된 것을 하나하나 바로잡아
나가는 태도가 우리에게 무엇보다 필요하다.

74. 결과를 두려워하기 전에 먼저 시작하라. 모든 시작은 위대하다.

75. 봄과 겨울이 모두 계절이듯, 살아가면 겪었던
고통과 고난 또한 나를 이루는 것이다.

76. 눈 앞에 돌부리에만 신경쓰다 보면 가야 할 길을 놓치게 된다.

77. 삶을 돌아보면 기뻐할 것도 두려워할 것도 없다.
풍족하지는 않아도 굶어죽지 않으니 애써 다시 근심하지 말자.

78. 남의 말을 할때는 자신의 말처럼 조심하여 해야한다.

79. 마음이 흔들렸다면 한 걸음 물러서서 자신을 바라보라.
그것 만으로 어지러움이 잦아질 것이다.

80. 곁에 있는 사람을 내 몸처럼 사랑하지 않으면
세상을 구제하자는 이상도 헛된 구호에 불과하다.

81. 앞서 난 발자국을 따라 밟아본다. 먼저 간 사람이 길을 냈다면
나 또한 그 길을 따라 걸을 수 있다.

82. 분노는 독한 술과 같아서 내가 분노에 취하는 것이 아니라
분노가 나를 집어삼킨다.

83. 내공은 지어낸 말로 드러내는 것이 아니라,
내가 지나온 길로 드러나는 것이다.

84. 가장 나쁜 거짓은 스스로를 속이는 것이다.
거짓을 말하는 이와 듣는 이가 하나로 겹치기 때문이다.

85. 살아온 세월을 맹신하면 축적한 내공이 편견이 된다.
일가견을 이룬 사람은 아이의 마음을 찾아야 한다.

86. 스스로를 뽐내기 위해 세상을 걱정하는 척하지 말라.
어른의 근심은 과시가 아니라 귀감이 되어야 한다.

87. 무기는 설사 백년 동안 쓸 일이 없다 해도,
단 하루도 갖추지 않을 수 없다.

88. 가장 빠른 길은 지름길을 찾지 않는 것이다.

89. 쉬지말고 기록하라. 기억은 흐려지고 생각은 사라진다.
머리를 믿지말고 손을 믿어라.

90. 생각은 맑게, 용모는 단정하게, 말은 조심스럽게, 행동은 신중하게

91. 지위가 높은 사람의 한마디는
아랫사람의 인생을 들었다 놓았다 한다.

92. 근거없이 비방하면 비난이 내게로 돌아온다.

93. 좋을 말을 할 때도 가려서 해야 하고 충고도 살펴서 하라.

94. 생각없이 무심코 던진 한마디가 비수가 되어 가슴에 박힌다.

95. 뜻 없이 한 행동이 걷잡을 수 없이 커진다.

96. 말과 행동이 사려 깊지 못해 원망을 사고 재앙을 부른다.

97. 부지런하고 부지런하고 부지런하라.

98. 사람이란 허물이 있기 마련이다.
그래서 급선무는 오직 개과(改過) 두 글자 뿐이다.

99. 누구의 눈에 들기는 힘들어도 그 눈 밖에 나기는 한 순간이다.

100. 말을 많이 하지 말려 격렬하게 성내지 말라.

101. 멈추면 보이는 것이 참 많다.

102. 이가 시린 것은 연한 음식만 먹고 소화불량 없게 하는 것이다.

103. 걸음걸이가 부자연스러운 것은
매사에 조심하고 멀리 가지 말라는 것이다.

104. 머리가 하얗게 되는 것은 멀리 있어도
나이 든 사람인 것을 알아보게 한다.

105. 정신이 깜박거리는 것은 살아온 세월을 다 기억하지 말라는
것이다. 좋은 기억, 아름다운 추억만 기억하라는 것이다.

106. 나이가 들면서 눈이 침침한 것은 필요 없는 작은 것에
연연하지 말고 필요한 큰 것만 보라는 것이다.

107. 일을 처리할 때는 언제나 선례만 좇지 말고 반드시 백성을
이롭게 하기 위해 법도의 범위 안에서 융통성을 발휘해야 한다.

108. 깨달음이 있다면 반드시 기록하라.

109. 나를 깨닫는 과정은 나를 아는 데에서 시작한다.
그 끝은 나를 사랑하는 것이다.

110. 일의 본질을 아는 사람은 그 어떤 일을 맡아도
정상의 자리에 설 수 있다.

111. 공부란 환경에 굴하지 않는 꾸준함이다.

112. 나의 일생을 함께할 인연을 즐거워하라.

113. 그들이 했다면 나 또한 할 수 있다!

114. 오늘 고치지 않으면 내일은 없다!

115. 즐거움은 괴로움에서 나온다. 그러니 괴로움은 즐거움의 뿌리다.
괴로움은 즐거움에서 나온다. 따라서 즐거움은 괴로움의 뿌리다.
움직임과 고요함, 그리고 음과 양이 서로 뿌리가 되는 것과 같다.

116. 학습을 했다면 기억할 수 있어야 하고 이를 가려뽑아
내 것으로 정리하는 힘이 있어야 한다.

117. 가득차면 반드시 망하고 겸허하면 반드시 존경을 받는다.

118. 새벽은 어제의 나와 헤어지게 해주고
새해는 작년의 나를 허물게 해준다.

119. 고되더라도 힘주어 뻗은 걸음이 발자국이 깊고
느리더라도 우직한 걸음이 가장 먼 곳을 간다.

120. 아득해 보이는 먼 곳일지라도 한 걸음 내딛을 수 있는
용기를 지닌 사람이 어른이 된다.

121. 인간은 격하게 행동했을 때가 아니라
잠시 멈추었을 때 오히려 길을 찾아낸다.

122. 존경은 돌려받는 것이지 억지로 가져오는 것이 아니다.
먼저 베푸는 것이 존경받는 비결이다.

123. 가까운 사이일수록 애틋하게 여기고
익숙한 사이일수록 어렵게 여겨라.

124. 노력하지 않고 얻어 모두 예사롭게 간주하여 저절로 하늘에서
이루어진 것으로 치부해 버리면 살갗에 깊이 와 닿는 것이 없다.

125. 여유가 생긴 뒤에 남을 도우려 하면 그런 날은 없을 것이고
여유가 생긴 뒤에 책을 읽으려 하면 그런 기회는 없다.

126. 잘못은 숨길수록 커진다.

127. 인간은 자신의 죽음을 자각하는 순간부터 스스로에게 솔직해진다.

128. 바람처럼 다가오는 시간을 선물처럼 받아들여
가끔 힘들면 한숨 한번 쉬고 하늘을 바라보라.

129. 기술을 천히 여겨서는 안된다. 기술이 인간 생활에서 차지하는
비중과 역할은 대단히 크다. 이를 올바로 인식해야 한다.

130. 배움은 깨달음이다. 깨달음은 그릇된 것을 아는 것이다.

131. 뉘우침에도 도가 있다. 큰 잘못을 했다면 비록 고쳤더라도
매일 뉘우침을 잊어서는 안된다.

132. 공부는 모름지기 먼저 거짓말하지 않는 일부터 신경써야 한다.

133. 인간의 격은 축적된 지식이 아닌 드러난 태도로 증명된다.

134. 사람들은 노력에 한계를 두고서는 재능에 한계를 느꼈다고 한다.

135. 두려워할 만한 것을 두려워하고 맞서야 할 만한 것에 맞서라. 그것이 참된 용기이다.

136. 모두가 각자의 전장에서 힘들게 싸우고 있으니 비록 타인에게서 지옥을 마주하더라도 그에게 친절을 베풀라.

137. 사람을 만나는 가장 어른스러운 태도는 사람에 대해 미리 실망하지 않는 것이다.

138. 허물을 지적하는 말은 나의 잘못을 고백하듯 조심스럽게 해야 겨우 상대에게 닿는다.

139. 꿈은 마냥 기다려야 할 신기루가 아니라 나의 실천으로 이루어질 현실이다.

140. 말을 잘하는 것은 유창하게 하는 것이 아니라 때와 장소, 상황에 맞게 하는 것이다.

141. 양식 많은 집은 자식이 귀하고 아들 많은 집은 굶주림이 있다. 완전한 복을 갖춘 집은 드물다.

142. 내가 어떻게 남을 비난하는지 살펴보면
나에게 가장 부족한 부분이 무엇인지를 알 수 있다.

143. 어른은 행동으로 말을 증명하고 아이는 말로 행동을 변명한다.

144. 닥치는 대로 벌면 닥치는 대로 쓴다.
사람답게 쓰기 위해서는 사람답게 벌어야 한다.

145. 발은 무겁게, 손은 공손하게, 입은 다물고 머리는 곧게 하고,
눈은 단정하게 가지고 인상은 정숙하게 가져라.

146. 빨리 잘 외우는 자는 제 머리를 믿고 대충 소홀히 하고
글을 날래게 잘 짓는 자는 생각이 자꾸 들뜨는 폐단이 있고
이해가 빠른 자는 끝까지 파고들지 않고 대충 넘겨짚는다.

147. 불행하다고 말하지 마라. 나의 꿈은 컸지만 세상은 나의 꿈을
받아들여 주지 않았다. 그러나 나는 책으로 꿈을 실현하였다.

148. 동트기 전에 일어나라.

149. 차를 마시는 백성들은 흥하고 술을 마시는 백성은 망한다.

150. 되는 일이 없다고 말하지 마라. 나는 많은 지식을 가졌지만
현실적으로 인정해주는 사람이 없어서 글로만 표현을 해야 했다.

151. 배운게 없다고 말하지 마라. 나는 유배지에서 수도 없이 책을
읽으며 공부를 하였고 530권의 책을 썼다.

참고문헌 (단행본)

강재상, 이복연, 『일의 기본기, 일 잘하는 사람이 지키는 99가지』, Reference by B, 2019.
고미야 노부루,『조력 전문가를 위한 공감적 경청』, 한국코칭수퍼비전아카데미, 2021.
공병우, 『군대에서 토익 900, 3개월 만에 독학으로 토익 정복하기』, 한월북스, 2019.
국방부 일자리정책과, 『2021년 전역간부 안내서』. 국군인쇄창, 2021.
권민창, 『군대는 스펙이다, 내 삶을 변화시킨 군대라는 스펙』, 세종미디어, 2018.
권해영, 『군대생활 사용설명서』, 플래닛미디어, 2014.
김경연, 『나의 직업은 군인입니다, 군인 만이 말할 수 있는 군대 이야기』, 예미, 2022.
김경익, 박성현, 『신뢰의 마법, 직원들의 마음을 움직이는 35가지 방법』, 다산, 2014.
김대식, 『칭찬받는 보고서 작성 가이드』, 지스쿨, 2022.
김민주, 『하인리히 법칙』, 토네이도, 2008.
김영설, 『응급상황 자신있게 대처하기』, 대한의학서적, 2017.
김원중, 『손자병법, 시공을 초월한 전쟁론의 고전』, 휴머니스트, 2020.
김성근, 『울타리와 군대에서 축구한 이야기』, 지식과 감성, 2019.
김성완, 『슬기로운 군대생활, 정보에서 경험담까지 현역장교의 스마트한 군생활 안내서』, 미션그라운드, 2021.
김성진, 『한국 육군의 장교단 충원제도와 직업안정성』, 백산서당, 2016.
김재성, 『당신을 위한 따뜻하고 냉정한 이야기』, 평단, 2022.
김재홍, 『동고동락, 함께 가는 군대 리더십』, 비전과 리더십, 2011.
김형석, 『초급장교 야전근무 석도의 투혼』, 지식공감, 2016.
나대빈, 『군대에서 부조리를 하면 안 되는 이유』, 좋은 땅, 2016.
남기봉, 정재극, 신상우, 『군대예절 및 제식』, 진영사, 2020.
남문기, 『성공한 사람의 인생을 벤치마킹하라』, 예가, 2017.
데일카네기, 『적과 경쟁자를 친구로 만들어 성공하는 31가지 비결』, 뜻이 있는 사람들, 2003.
로버스 앤서니, 『자신감 : 나를 믿는 긍정의 힘』, 청림출판, 2010.
류재석, 『군대 눈높이 멘토링』, 이담북스, 2010.
린다 골드맨, 『첫인상의 힘, 짧지만 강한 승부』, 큰나무, 2006.
마이클하얏트, 『탁월한 인생을 만드는 법, 인생 목표를 달성하기 위한 5단계 계획』, 안드로메디안, 2019.
미 해군사관학교 교수부, 『초급장교를 위한 해군 리더십』, 연경문화사, 2011.
미리내공방, 『누구나 한번쯤 읽어야 할 목민심서』, 정민미디어, 2017.
박균열, 박재주, 김진만, 윤영돈, 윤경호, 『국가안보와 군대윤리』, 한국학술정보, 2008.
박수왕, 『나는 세상의 모든 것을 군대에서 배웠다』, 다산라이프, 2010.
박성수, 『약속의 무게』, 지와수, 2022.
박정현, 『정약용 코드, 21세기형 실천적 하이브리드 지식인』, 새움, 2022.
박훈, 『인생의 절반쯤 왔을 때 읽어야 할 대학·중용』, 탐나는 책, 2020.

참고문헌 (단행본)

사이쇼 히로시, 『아침형 인간, 인생을 두 배로 사는』, 한스미디어, 2021.

3사관학교 체육교재 편찬회, 『초급장교를 위한 체육지도 지침서』, 공학사, 2007.

서준혁, 『군, 우리의 가장 가까운 미래 : 일반 병사들과 초급간부를 위한 100% 군생활 지침서』, 북랩, 2016.

설흔, 『젊은 정약용 말꽃모음』, 단비, 2018.

송형래, 윤재용, 김영득, 임계환, 김종호, 『독도법 및 군대부호』, 진영사, 2023.

손유섭, 『손 병장은 어떻게 군대에서 2,000만원을 벌었을까?』, 라온북, 2019.

센티멘탈, 『인간관계에도 설명서가 필요합니다, 사람이 어려운 당신을 위한 심리 가이드』, 새벽세시, 2021.

안장원, 『군대에서 자격증 몇 개나 땄니 ?』, 넥센미디어, 2019.

여인택, 『군대 심리학』, 책이 있는 풍경, 2013.

오광세, 『전술학, 과학과 술 그리고 전쟁사』, 북코리아, 2021.

온만금, 『군대와 사회』, 황금알, 2014.

유홍준, 『나의 문화유산답사기 1 (남도답사 일번지)』, 창비, 2011.

육군본부 인사참모부, 『초급간부 지도지침서 : 연대급 이하 지휘관용』, 육군본부, 2009.

이미정, 『군대내 성폭력 제한적 신고제도 도입방안 연구』, 한국여성정책연구원, 2017.

이재열, 『위풍당당 군 생활 가이드!』, 파수꾼, 2015.

이진석, 『발표공포 탈출 솔루션』, 청년정신, 2021.

임용한, 『명장, 그들은 이기는 싸움만 한다 』, 위즈덤하우스, 2014.

2작전사 헌병대, 『초임장교를 위한 안전활동 길라잡이』, 2작전사, 2014.

장용운, 『이순신의 삶과 장교의 도』, 양서각, 2015.

재정처, 『한눈에 보고 배우는 예산집행 매뉴얼』, 국회예산정책처, 2018.

정문정, 『무례한 사람에게 웃으며 대처하는 법』, 가나출판사, 2018.

정명박, 『대학 장학금과 적금으로 시작하는 스마트한 군대백서』, 커리어 북스, 2023.

정진호, 기민경, 『가치관으로 경영하라』, 생각지도, 2019.

조은영, 정은진, 김상수, 홍진혁, 조재현, 『사례 중심 군대윤리』, 집문당, 2017.

진홍대, 『ECL 단어장』, Sir 24, 2022.

최병순, 전영수, 『육군 여군장교 병과별, 계급별 인력관리 모형 연구 : 병과별, 계급별 진출관리 모형을 중심으로』, 국방부 여군발전단, 2004.

최수민, 『군대에서 하는 미라클 독서법, ROTC 장교 출신이 말하는 군대 자기계발 핵심 지침서』, 미다스북스, 2020.

토머스 G. 맨켄, 『궁극의 군대, 미군은 어떻게 세계 최강의 군대가 되었나?』, 미지북스, 2018.

한동협, 『ROTC 가이드북』, 공책, 2016.

한만민,『NSC 기반 군 초급간부를 위한 군대윤리』, 진영사, 2018.

홍창식, 『군대와 법』, 지식과 감성, 2020.

참고문헌 (논문)

곽상엽, "육군 초급장교 인적자원관리 발전방향 : 포병병과 초급장교 선발과 교육훈련을 중심으로", 경희대 경영대학원, 국내석사, 2013.

김명렬, 김충관,"전략적 인적자원관리 측면의 육군 ROTC 획득방안 : 인적자원 유인 및 선발체계를 중심으로",『한국군사학논총』, 2022.

김정수, "학군장교 리더십 향상방안 연구",『한국데이터정보과학회지』, 제27권 6호, 2016.

김지덕, "군 단기복무장교의 전역후 취업지원 방안 연구",『융합보안논문지』, 제18권 5호, 2018.

김현곤,"신세대 병사들이 선호하는 초급장교 리더십에 대한 조사연구", 부산대학교, 국내석사, 2012.

남재준, "장교의 도",『국방저널』, 국방홍보원, 2008.

민계료, "장교 출신별 진출율을 고려한 다목표 인력계획모형",『한국국방경영분석학 회지』, 제24권 1호, 1998.

이성식, "군 조직 특성과 초급 지휘관의 리더십 개선방안에 관한 연구", 한남대학교 사회문화대학원, 국내석사, 2005.

이종혁,"초급 지휘자 리더십에 관한 연구", 아주대학교, 국내석사, 2021.

이태복, 백승령,"ATCIS 성능개량체계 만족 및 지속사용 의도에 미치는 영향요인",『정보시스템연구』, 제31권 1호, 2022.

양충식,"육군 초급장교의 정예화 방안에 관한 연구", 조선대 대학원, 국내박사, 2016.

우웅기, 이진규, 권상순,"군대조직의 경력거래 모형에 관한 연구: 군 장교를 대상으로",『한국국방경영분석학회지』, 제35권 3호, 2009.

원홍규, "초급장교 양성체계 발전방안에 대한 연구",『대한정치학회보』, 제24권 4호, 2016.

윤호동, "학군사관후보생 제도의 교육훈련 발전방안 : 육군 초급 지휘자의 장병 기본훈련 지도역량을 중심으로", 상명대학교 일반대학원, 국내석사, 2019.

정재극 ,"장교, 부사관 갈등해결 방안에 대한 연구",『융합보안논문지』, 제21권 2호, 2021.

최광현, 김혜인, "육군장교 선발 도구 타당성 확보방안",『국방정책연구』, 제73권, 2016.

최영종, 김용훈, "군 영관급 장교의 서번트 리더십에 관한 연구",『리더십연구』, 2016.

최병순, 문영세, "직업군인제 발전을 위한 정책 대안 분석 - 육군장교 인사관리제도를 중심으로",『한국정책과학학회보』, 제10권 1호, 2006.

차현우, 임유신, 박상중,"육군 초급장교의 감정노동이 직무스트레스에 미치는 영향 -사회적 지원의 조절효과를 중심으로",『산업연구』, 2021.

최희숙, "경험학습 기반의 전장리더십 훈련이 초급장교들의 역량에 미치는 효과", 대구대학교, 국내박사, 2013.

황태남, 이정언, "학군사관후보생의 리더십 유효성과 영향요인",『한국콘텐츠학회논문지』, 제16권 9호, 2016.

과학화전투훈련단, www.kctc.mil.kr
국가법령정보센터, www.law.go.kr
국가보훈처, www.mpva.go.kr
국군복지단, www.welfare.mil.kr
국방과학연구소, www.add.re.kr
국방부 국방혁신 4.0, www.mnd.go.kr
국방부 군인연금, www.mps.mil.kr
국방부 나라배움터, www.nhi.go.kr
국방전직교육원, moti.or.kr
국방홍보원, www.dema.mil.kr
국방헬프콜, helpcall.mnd.mil.kr
나라사랑배움터, edu.mpa.go.kr
드론봇세계, dronebot.mil.kr
대한민국육군협회, www.aroka.kr
병무청, www.mma.go.kr
인사혁신처, www.mpm.go.kr
육군공병학교, www.engsch.mil.kr
육군기계화학교, www.armorsch.mil.kr
육군모집, www.goarmy.mil.kr
육군미래혁신연구센터, karcfi.mil.kr
육군박물관, museum.kma.ac.kr
육군본부, www.army.mil.kr
육군보병학교, www.inftsch.mil.kr
육군정보통신학교, www.signal.mil.kr
육군종합군수학교, www.clsch.mil.kr
육군중앙경리단, www.acfc.mil.kr
육군수사단, www.mp.mil.kr
육군의무사령부, www.medcmd.mil.kr
육군항공학교, www.ass.mil.kr
학생중앙군사학교, www.armyofficer.mil.kr

저자소개

저 자 : 배 영 민

학력

- 육군사관학교 토목공학과
- 고려대학교 산업시스템정보공학과 석사
- 연세대학교 산업공학과 박사

주요경력

- 8사단 21연대 7중대 소총소대장
- 군수사 군수사령관 전속부관
- 군수사 2탄약창 2중대 탄약소대장
- 군수사 5탄약창 탄약정비대장
- 11보병사단 정비대대 근접정비1중대장
- 미19지원사 탄약연락장교
- 1군지사 59탄약대대 591탄약보급소장
- 1군지사 군수계획처 보급정비계획장교
- 종군교 병기교육단 화력처 K1전차정비교관
- 3사단 정비대대장
- 1군지사 58탄약대대장
- 육본 군참부 급식혁신추진장교
- 육본 군참부 탄약과 비군사화계획장교
- 김천대학교 군사학과 조교수(2020. 4. 1.~ 2022. 3. 31.)
- 경남대학교 군사학과 부교수(2022. 4. 1.~ 현재)

초급장교를 위한
슬기로운 장교생활

초판인쇄 | 2023년 12월 20일
초판발행 | 2023년 12월 29일
저　　자 | 배영민
발 행 인 | 이성범
발 행 처 | 문운당
주　　소 | 서울시 종로구 혜화로5길 16(명륜1가 45-3)
전　　화 | (02)762-6010
팩　　스 | 영업 (02)745-0265 / 편집 02)762-8758
이 메 일 | 영업 munun2@chol.com
편집 munundang@naver.com
홈페이지 | http://mununDang.co.kr

ISBN 979-11-5692-686-3 03390

정가 27,000원